高等院校电子信息类规划教材

现代通信技术与社会文明

尹 珊 编著

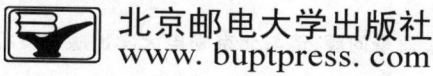
北京邮电大学出版社
www.buptpress.com

内容简介

在数字化浪潮席卷全球的今天,通信技术成为推动人类文明发展的核心力量。本书采用历时性叙事与共时性分析相结合的方式,第1章至第5章构建通信技术的时空坐标系:从古代烽火到现代卫星通信,揭示信息载体与文明的共生关系,解码香农定理对数字世界的奠基意义,剖析电子元件与通信系统构成的物理基座。第6章至第8章聚焦技术融合新范式:探讨算力网络、"东数西算"工程、元宇宙与人工智能通信架构的迭代逻辑,以及计算社会科学通过大数据建模解码社会行为的研究路径。第9章至第12章深入分析通信技术在经济、教育、艺术和生态领域的广泛应用,揭示通信技术对社会文明进步的推动作用。

本书融合技术哲学、工程思维与人文思考,既可作为高校新工科与新文科融合课程的教材,也可为科技从业者、人文思考者和政策制定者提供跨界对话的工具,助力读者洞察人类文明的进化轨迹。

图书在版编目(CIP)数据

现代通信技术与社会文明 / 尹珊编著. -- 北京:北京邮电大学出版社,2025. -- ISBN 978-7-5635-7624-1

Ⅰ. TP91;K02

中国国家版本馆 CIP 数据核字第 2025E6P108 号

策划编辑:刘纳新   责任编辑:王晓丹   廖国军   责任校对:张会良   封面设计:七星博纳

出版发行:	北京邮电大学出版社
社 址:	北京市海淀区西土城路 10 号
邮政编码:	100876
发 行 部:	电话:010-62282185 传真:010-62283578
E-mail:	publish@bupt.edu.cn
经 销:	各地新华书店
印 刷:	保定市中画美凯印刷有限公司
开 本:	720 mm×1 000 mm 1/16
印 张:	13.75
字 数:	282 千字
版 次:	2025 年 8 月第 1 版
印 次:	2025 年 8 月第 1 次印刷

ISBN 978-7-5635-7624-1   定价:48.00 元

・如有印装质量问题,请与北京邮电大学出版社发行部联系・

前　　言

在数字文明重构人类生存范式的当下,通信技术的革命性突破正以前所未有的强度重塑社会根基。从殷商甲骨文到量子卫星通信,从商周烽燧到6G空天地一体化网络,信息载体的每次跃迁都深刻重构着人类认知世界的维度。这场始于信息传递方式变革的技术演进,已演变为推动文明形态质变的底层力量。

本书深入浅出地阐述了通信技术的复杂原理和广泛应用,梳理了通信技术的发展脉络。本书通过解析香农信息论奠定的数字世界基本法则,剖析光纤与电磁波构筑的物理传输基座,追溯从电报交换机到云计算中心的架构演进,为读者构建理解现代通信体系的认知坐标。在技术史维度之外,本书更着力探讨社会网络分析揭示的群体行为规律、区块链与数字货币重构的金融信任体系、在线教育重塑的知识传播范式等技术引发的文明形态转型相关问题。

作为联结工程技术与人文思考的交叉课程教材,本书在编写过程中坚持三个原则:以技术原理的透彻解析为根基,以前沿应用的场景化拆解为路径,以文明影响的批判性思考为旨归。希望本书不仅能为相关专业的学生和研究人员提供具有参考价值的知识体系,还能为对通信技术感兴趣的普通读者提供通俗易懂的知识普及。

谨向所有为本书提供支持与帮助的个人和机构致以诚挚谢忱。本书期冀成为科技从业者理解技术人文价值的窗口、人文思考者掌握数字基石的阶梯、政策制定者洞察技术社会影响的透镜。当算力网络成为文明的新一代节拍器时,愿本书的思想坐标仍能指引人类追问通信本质这一永恒命题。

目　　录

第1章　绪论 ·· 1
　1.1　通信的概念 ·· 1
　1.2　通信技术的发展 ·· 2
　1.3　现代通信技术与社会文明 ··· 4
　本章小结 ·· 5

第2章　现代通信技术的理论基础——信息论 ···································· 7
　2.1　信息论的诞生与发展 ·· 7
　　2.1.1　香农与信息论的诞生 ··· 7
　　2.1.2　信息量与信息熵 ·· 9
　　2.1.3　信息论的发展 ·· 11
　2.2　信息论关键理论概述 ·· 15
　　2.2.1　香农定理 ·· 15
　　2.2.2　可变长无失真信源编码定理 ··· 16
　　2.2.3　限失真信源编码定理 ··· 18
　2.3　信息论在现代通信中的地位 ··· 19
　本章小结 ··· 21

第3章　现代通信技术的器件基础——电子元器件 ···························· 22
　3.1　电子元器件的初期阶段 ··· 22
　　3.1.1　电阻、电容与电感的诞生 ·· 22
　　3.1.2　电子管的诞生与影响 ··· 23
　3.2　晶体管时代 ··· 25
　　3.2.1　晶体管的诞生 ·· 25
　　3.2.2　晶体管革命与硅谷的起源 ·· 27
　　3.2.3　晶体管的发展 ·· 29

3.3 集成电路时代 ………………………………………………… 30
　　3.3.1 集成电路的发展 ……………………………………… 31
　　3.3.2 集成电路制程的演变 …………………………………… 32
　　3.3.3 芯片产业的发展现状 …………………………………… 33
3.4 电子元器件的未来发展趋势 …………………………………… 39
本章小结 …………………………………………………………… 40

第4章 有线通信技术 …………………………………………… 42

4.1 有线通信 ………………………………………………………… 42
　　4.1.1 有线通信的发展 ………………………………………… 42
　　4.1.2 有线通信的特点及应用 ………………………………… 45
4.2 光纤通信技术 …………………………………………………… 47
　　4.2.1 光纤通信的发展 ………………………………………… 47
　　4.2.2 光纤通信系统的组成 …………………………………… 48
　　4.2.3 光纤通信的应用 ………………………………………… 52
4.3 计算机网络 ……………………………………………………… 55
　　4.3.1 计算机网络概述 ………………………………………… 55
　　4.3.2 计算机网络的发展 ……………………………………… 56
　　4.3.3 计算机网络的体系结构 ………………………………… 59
　　4.3.4 计算机网络的类别 ……………………………………… 60
本章小结 …………………………………………………………… 61

第5章 无线通信技术 …………………………………………… 63

5.1 无线通信 ………………………………………………………… 63
　　5.1.1 无线通信概述 …………………………………………… 63
　　5.1.2 无线通信的发展 ………………………………………… 65
5.2 无线通信技术 …………………………………………………… 73
　　5.2.1 无线通信系统的基本组成 ……………………………… 73
　　5.2.2 调制与扩频技术 ………………………………………… 74
　　5.2.3 无线信道中的典型现象 ………………………………… 77
5.3 无线通信的应用 ………………………………………………… 79
　　5.3.1 移动通信 ………………………………………………… 79
　　5.3.2 无线局域网与物联网 …………………………………… 83
　　5.3.3 卫星通信系统与数字微波通信系统 …………………… 85
本章小结 …………………………………………………………… 86

第6章 算力网络 ... 87

6.1 算力概述 ... 87
6.1.1 "东数西算"工程 ... 87
6.1.2 算力的概念 ... 91
6.2 算力网络架构与技术 ... 92
6.2.1 算力网络的架构 ... 92
6.2.2 算力网络的功能与核心技术 ... 94
6.2.3 算力网络的技术要求 ... 95
6.3 算力网络协同与关键挑战 ... 98
6.3.1 算力网络核心问题 ... 98
6.3.2 算力网络协同与发展 ... 100
本章小结 ... 101

第7章 元宇宙与人工智能 ... 102

7.1 元宇宙概述与发展 ... 102
7.1.1 元宇宙概念与特征 ... 102
7.1.2 元宇宙发展历程 ... 104
7.1.3 元宇宙关键技术与应用 ... 106
7.2 人工智能与机器学习 ... 110
7.2.1 人工智能 ... 110
7.2.2 机器学习 ... 113
7.2.3 强化学习 ... 116
7.3 元宇宙与人工智能对现代通信技术的影响 ... 120
7.3.1 现代通信技术支撑元宇宙发展 ... 120
7.3.2 人工智能在现代通信技术中的应用 ... 122
本章小结 ... 125

第8章 计算社会科学 ... 126

8.1 计算社会科学概述与发展 ... 126
8.1.1 计算社会科学概述 ... 126
8.1.2 计算社会学发展历程 ... 127
8.1.3 计算社会科学研究案例 ... 129
8.2 计算社会科学方法体系 ... 131
8.2.1 信息提取 ... 132

  8.2.2 数据分析 ········· 132
  8.2.3 模型驱动 ········· 133
 8.3 社会网络与图论 ········· 134
  8.3.1 图论在社会网络分析中的作用 ········· 134
  8.3.2 社会网络分析方法 ········· 137
  8.3.3 社会网络主要理论 ········· 139
 本章小结 ········· 141

第 9 章 现代通信技术与经济发展 ········· 142

 9.1 通信技术驱动经济发展 ········· 142
  9.1.1 通信技术对经济发展的直接贡献 ········· 142
  9.1.2 通信技术对经济发展的间接影响 ········· 145
 9.2 新兴通信技术助力通信经济 ········· 146
  9.2.1 区块链技术与数字货币的相关概念 ········· 147
  9.2.2 区块链技术与数字货币在通信领域的应用 ········· 150
  9.2.3 区块链技术与数字货币对通信领域的影响 ········· 152
 9.3 通信技术与经济发展的展望与挑战 ········· 154
  9.3.1 未来经济发展格局与通信技术前沿 ········· 155
  9.3.2 主要面临的风险与挑战 ········· 156
  9.3.3 推动经济可持续发展的策略 ········· 157
 本章小结 ········· 159

第 10 章 现代通信技术与教育 ········· 160

 10.1 教育发展史 ········· 160
  10.1.1 中国古代教育 ········· 160
  10.1.2 中国近代教育 ········· 163
  10.1.3 西方古代教育 ········· 166
  10.1.4 西方近代教育 ········· 168
  10.1.5 通信技术在教育发展中的作用 ········· 170
 10.2 学校教育中的现代通信技术 ········· 171
  10.2.1 面向学生的"学" ········· 171
  10.2.2 面向教师的"教" ········· 173
  10.2.3 面向教育的"管" ········· 173
  10.2.4 面向教育的"评" ········· 174
 10.3 大众教育中的现代通信技术 ········· 175

10.4 挑战与展望 ·· 177
本章小结 ··· 178

第 11 章 现代通信技术与艺术 ··· 179

11.1 古典艺术史 ·· 180
11.2 通信对视听技术发展的影响 ··· 182
    11.2.1 通信技术与音乐艺术的演变：从留声机到数字时代 ········ 183
    11.2.2 无线电与电影艺术的突破：广播与有声电影的兴起 ········ 187
    11.2.3 数字化转型：CD、MV 与流媒体的音乐革命 ················ 191
    11.2.4 21 世纪的音乐与电影：技术革新与艺术发展的未来 ······· 193
11.3 现代通信技术对艺术的帮助 ··· 196
    11.3.1 人工智能对艺术创作的帮助 ······································ 196
    11.3.2 跨越传统艺术界限的互动 ··· 197
本章小结 ··· 200

第 12 章 现代通信技术与生态 ··· 201

12.1 现代环境保护发展趋势 ··· 201
    12.1.1 环境保护意识的发展 ·· 201
    12.1.2 现代通信技术与生态环境的融合发展趋势 ··················· 201
12.2 现代通信技术在环境治理中的应用 ······································· 202
    12.2.1 智能监测与数据采集 ·· 202
    12.2.2 污染源监控与管理 ··· 204
    12.2.3 环境信息传播与公众参与 ··· 205
12.3 现代通信技术推动各行业低碳转型 ······································· 206
    12.3.1 无纸化办公 ··· 206
    12.3.2 线上教育 ·· 206
    12.3.3 智慧家居 ·· 206
12.4 现代通信技术对生态环境造成的负面影响 ····························· 207
    12.4.1 能源消耗 ·· 207
    12.4.2 电子污染 ·· 207
    12.4.3 信息污染 ·· 207
12.5 现代通信技术与生态环境融合发展的挑战与展望 ··················· 208
本章小结 ··· 209

第 1 章　绪　　论

> 从长城上的烽火,到苍穹中翱翔的信鸽;从书信传递的千里跋涉,到横跨大洋的光缆铺设,通信技术始终承载着人类对信息传递的渴望,深深嵌入了文明的每一个进步节点。本书将带领读者穿越时光,探寻那些改变人类交流方式的关键创新。从最初的信物传递到今日的万物互联,通信技术不仅跨越了空间和时间的界限,更以其无可替代的作用构筑起一个相连的世界。本书将从科学与人文的视角出发,带领读者把握技术发展的脉动,感知它如何塑造现代社会的方方面面,从而引导读者肩负起构建未来社会的责任与使命。

1.1　通信的概念

通信是指通过多种技术手段在两个或多个终端之间传递信息的过程。信息可以是文字、语言、图像、声音或数据等形式,而通信的核心目的是在不同个体或系统之间建立联系,促进信息的共享与交流。通信不仅是人类社会进步的基石之一,它还在文化传播、科技发展、社会治理、经济活动等方面扮演着至关重要的角色。

从最初的简单信号开始,通信逐步衍生出多种多样的复杂方式。早期的信号形式,如烟雾信号、鼓声、火炬信号等,虽然简单粗糙,但它们起到了将信息传递至远方的作用,是通信的雏形。在更为发达的社会中,信息传递的需求变得更加复杂和多样,因此,人类通过不断探索、创新,逐步发展出更加高效、精确的通信手段。随着科技的进步,通信技术不断深化,信息传递不再受制于空间和时间。

现代通信技术可以依据信息的表现形式和传输媒介分为不同类别。按照表现形式的不同,现代通信技术可分为模拟通信和数字通信。模拟通信是最早的通信形式,其原理是将连续的信号(如声音、图像)通过技术手段传递,在电话、广播等领域有广泛应用。随着电子计算技术的出现和数字化进程的推进,信息开始以"0"和"1"的形式进行传输,数字通信得到了普及。数字通信不仅具有抗干扰能力强、传输速度快的优点,还使信息存储、处理和传递变得更加便利,从而成为现代通信系统的核心技术。此外,按照传输媒介的不同,现代通信技术还可以分为有线通信和无线通信两类。有线通信是指通过电缆、光纤等物理媒介进行数据传输的方式,包括早期的电报、电缆电话和现代的光纤通信等。有线通信的优点在于信号稳定、抗干扰能力强,适合长距离的数据传输。无线通信则利用电磁波或无线电波传输数据,包括手机网络、卫星通信、Wi-Fi等。无线通信因其灵活性和便捷性,而适合移动场景,并且在应急通信、远程监控等领域得到广泛应用。

通信系统的核心在于如何确保信息的有效传递,并减少信息在传输过程中的失真和丢失。现代通信技术在信道的抗干扰性和传输速度上不断优化,并发展出多种传输协议和信道编码技术,以确保信息的准确性和完整性。例如,在光纤通信中,信息在传输过程中会受到散射和衰减的影响,为此,科学家们开发了信道均衡和误差检测纠正技术,使信息可以以接近光速的速度稳定地传输数千公里。此外,在无线通信中,不断发展的调制解调和多重接入技术使得无线频谱资源得到了高效利用,从而大幅提升了无线网络的传输容量和传输质量。

不同形式的通信系统共同构建了一个庞大的网络体系,将全球的个人、组织和设备无缝地连接起来。一个典型的通信系统通常由信源、信道和信宿三部分组成。信源是信息的发出方,可以是一个人、一台计算机或一个智能设备;信道是信息的传输路径,可以是有线或无线媒介;信宿则是信息的接收方。这种系统结构可以是点对点的,如电话通信;也可以是多点分布的,如广播通信。随着互联网的普及,通信不再仅仅局限于"点对点"的传输模式,而是发展为一个覆盖全球的多层次、多节点的复杂网络。这种通信网络不仅连通了人类的日常生活,更使得全球范围内的设备、数据实现了互联互通。物联网、云计算和5G等新兴技术的融合进一步扩展了通信系统的应用场景,使得"万物互联"逐渐成为现实。在这样的系统中,传感器、数据中心和终端设备共同协作,实现了自动化、智能化的信息流转与数据交互,为社会的进步提供了源源不断的动力。

1.2 通信技术的发展

通信作为人类社会发展的重要组成部分,始终伴随着文明的进步,成为连接个体、族群和国家的关键纽带。在上古时代,古人类依靠象征符和结绳记事的方式传递信息,同时借助手势和烟火等信号进行沟通,这些早期的信号形式是通信的雏形。在战国时期,长城上的烽火成为军事防御的重要手段,通过点燃狼烟迅速传递消息，遥远的都城便能及时察觉到边境的敌情。这种迅捷而广泛的信息传播方式不仅是古代军事通信的创举，也展示了人类在信息传递方面的独特智慧。随着社会的发展，信使、驿站等制度逐步完善，通信的覆盖范围不断拓展，从核心区域延伸至更为广袤的区域。古代的信鸽和驿站系统使得信息能够跨越千里，这些通信方式为跨国外交、贸易往来提供了便利。尤其是在丝绸之路的商贸通道上，车马与信使的往来不仅传递着货物，也带来了文化的交流，促进了东西方文明的相互联系与社会进步。

进入近代，随着科技的发展，通信技术经历了巨大的变革。1837年，塞缪尔·莫尔斯（Samuel Morse）发明了电报，彻底改变了传统的通信模式。电报利用电信号替代了传统的信件和信物，成为长距离通信的核心手段。1844年，美国华盛顿与巴尔的摩之间铺设了第一条电报线路，摩尔斯电码通过电线迅速传递信息，标志着现代通信时代的开启。电报技术迅速扩展到全球，极大地加快了信息传递的速度，并为国家之间、社会内部建立了新的通信网络。1876年，亚历山大·贝尔（Alexander Bell）获得了电话的专利权。进一步推进了通信的变革。电话的发明使得人类能够实现实时的语音交流，打破了传统书信的时间延迟，为经济、商业、政治等领域的沟通提供了新的、便捷的工具。在这一阶段，电话的普及极大地促进了全球工业化进程，工厂、企业之间的交流加快了信息流动的速度，奠定了现代社会的基础。

20世纪初，无线电波的发现为通信技术带来了飞跃。1901年，意大利工程师伽利尔摩·马可尼（Guglielmo Marconi）成功地实现了跨越大西洋的无线电通信，这一成就标志着全球无线通信时代的开启。无线电技术的发展使得信息传递不再受到物理媒介的限制，它被广泛应用于军事、广播和民用通信等领域。全球通信网络逐步扩展，跨越自然障碍，实现了更大范围的覆盖。随着科技的不断进步，光纤通信技术的出现为信息传输带来了新的革命。1966年，华裔科学家高锟与其同事乔治·霍克汉姆（George Hockham）共同提出光纤传输光信号的理论，该理论指出数据可以以光速在透明介质中传输，基于该理论，数据传输带宽与稳定性得到了前所未有的提升。与传统铜线电缆相比，光纤不仅数据传输速度更快，抗干扰能力更强，还更为安全和耐用。光纤通信的广泛应用为现代互联网的崛起奠定了技术基础，同时，信息论的发展使得数字通信成为主流，香农的理论为数据的高效、精确传输提供了理论支持。

进入21世纪，通信技术再次迎来迅猛的发展。从21世纪初期的3G、4G，到如今的5G网络，移动通信技术的不断演进使得全球进入了"万物互联"的时代。5G提供了超高速、低延迟的通信能力，推动了物联网、人工智能、车联网等新兴技术的普及与应用，智能设备成为日常生活中不可或缺的一部分。人类与科技的融合进入了一个崭新的阶段，通信技术不仅在日常沟通中得到应用，远程工作、智能家居、自动驾驶等领域也因通信技术的发展而不断创新。

1.3 现代通信技术与社会文明

  现代通信技术作为推动社会发展的重要力量,已不仅仅是物质文明与技术进步的支撑,更是深刻影响着全球的政治、经济、文化等各个领域,成为塑造当代社会的关键因素。从信息的快速传递到全球范围的互联互通,通信技术的发展使得世界变得更加紧密,带来了社会结构和文化形态的根本变革。随着通信技术的不断演进,信息在全球范围内自由流动,人与人、国家与国家之间的联系愈加紧密。过去单一、局限的沟通方式已被高效、快捷的全球网络所取代,信息可以在瞬间跨越地理、时空的界限。这种变革不仅加快了全球化进程的速度,也催生了一个更加智能、高效的社会形态。在这一过程中,通信技术不仅改变了我们的工作和生活方式,还对社会的各个层面产生了深远的影响。

  首先,在经济层面,现代通信技术的飞速发展对全球经济产生了深刻的影响。信息技术突破了时空的限制,世界各地的市场可以随时进行交流和互动。跨国公司、供应链的管理、电子商务,以及国际金融市场的互动都离不开高效的通信网络。现代通信技术降低了企业之间交易的成本,提高了全球经济的运行效率,也为企业提供了更加广阔的发展空间。在全球贸易中,通信技术的普及不仅促进了商品和服务的跨境流动,还为发展中国家提供了与发达国家平等竞争的机会。一方面,网络技术帮助许多小型企业和创业者跨越了地域和规模的限制,进入全球市场;另一方面,金融科技的兴起使得传统的银行业务和支付系统发生了革命性变化,数字货币、区块链等新兴技术的出现也在重塑全球经济的结构。

  其次,通信技术在文化领域的影响同样深远。过去,文化的传播通常受到时间和空间的限制,而如今,借助互联网和卫星通信等技术,文化的传播已不再有国界,全球文化正呈现出高度交融与多元化的发展趋势。各种文化形式通过网络平台、社交媒体和数字化形式传遍世界各地。电影、音乐、书籍、艺术品等文化产品可以迅速跨越国界,触达全球的观众和消费者。在全球化的背景下,通信技术不仅使得世界各地的文化得以相互影响和融合,还推动了文化多样性的保护和传承。通过网络平台,世界各地的文化和艺术作品得到了更加广泛的传播,许多小众的、地方性的文化也可以在全球范围内找到自己的观众。与此同时,全球化和技术的推动也促使人们对于文化认同、文化传承、文化多样性等问题进行了深刻的反思和讨论。

  再次,在教育领域,通信技术在信息获取、教育资源共享、远程教育和个性化学习等方面发挥了革命性的作用。在过去,教育资源的分配受到地理、经济、时间等

第 1 章 绪 论

多方面因素的制约;但如今,通信技术打破了这些限制,使得全球范围内的教育资源能够更加平等地共享。无论是偏远地区的孩子,还是在家自学的成年人,都可以通过互联网获取到与城市中心学校相当的教育资源。此外,在线教育、慕课(MOOC)等新兴教育形式正在快速发展,利用通信技术,教师可以轻松地通过网络平台与学生互动,远程教学不仅使得学生能够根据自己的节奏进行学习,还提高了教育的普及性和灵活性。未来,人工智能和大数据将进一步推动教育的个性化和智能化发展,为学生提供更加精准和高效的学习体验。

最后,在环境保护与可持续发展方面,通信技术的作用也不容忽视。通过物联网技术、智能传感器和大数据分析,社会资源的监控和管理变得更加精准和实时。在能源管理方面,智能电网技术的推广使得能源的使用更加高效、节约,减少了能源浪费和污染排放。交通领域的智能化管理、绿色出行的推动,也得益于通信技术的应用。通过互联网和大数据分析,城市可以更好地规划交通路线,减少交通拥堵,提高公共交通的效率,从而降低碳排放。此外,通信技术在环境教育和社会参与方面也起到了积极作用,人们通过网络平台可以更加方便地了解环境保护的知识,并参与到环保行动中,共同推动可持续发展目标的实现。

总的来说,现代通信技术不仅改变了社会的工作方式、生活方式,也为全球化进程提供了动力,推动了经济、文化、教育和环境的深刻变革。它为社会提供了更加智能化、高效化的解决方案,促进了全球范围内的互联互通,助力人类文明向更加和谐与可持续的方向发展。理解现代通信技术的理论基础和应用前景,对于深入认识当今社会的发展趋势与未来潜力至关重要。

本 章 小 结

通信技术的广泛应用带来了巨大的社会变革,但也伴随着一些伦理和社会责任的挑战。作为通信行业的从业者,尤其是信息与通信技术(ICT)工程师,我们肩负着巨大的社会责任。在未来,随着人工智能、大数据、物联网等新兴技术的快速发展,现代通信技术将对全球社会产生更深远的影响。如何在技术发展的同时,实现技术与伦理的平衡,如何维护信息安全,如何推动全球信息的公平与平等,是通信行业从业者必须关注的问题。同时,在全球信息化的背景下,ICT 工程师需要肩负起推动信息共享,维护社会公平正义的责任,为建设更加和谐、智能、可持续的未来贡献力量。

在此背景下,现代通信技术与社会文明课程应运而生。它不仅带领我们了解通信技术的辉煌历史,也将指导我们探索现代通信技术在当今社会中的重要地位。在接下来的章节中,我们将深入探讨现代通信技术的理论基础,以及现代通信技术的器件基础;同时,我们还将详细分析有线通信技术和无线通信技术的演变与发展,探讨算力网络、人工智能与元宇宙对通信技术的影响。随着技术的不断突破,通信领域的未来将展现出无限可能,这不仅对科技发展具有重大意义,也为社会的全面进步提供了广阔的前景。同时,作为未来的通信从业者,读者们将被赋予深厚的社会责任,不仅要精通技术,更要认识到通信技术对人类福祉的深远影响。在信息高度发达的当今时代,如何平衡技术发展与社会发展,如何将新技术更好地应用于人们的生产生活,如何利用新技术解决当今人类面临的难题与挑战,都是本课程要探讨的重要议题。

第 2 章　现代通信技术的理论基础——信息论

信息论是现代通信技术的理论基石,其提出为信息的量化、传输和处理提供了科学的框架。在1948年发表的奠基性论文中,克劳德·艾尔伍德·香农(Claude Elwood Shannon)首次定义了信息的数学意义,揭示了信息的基本属性,以及其在通信中的作用。他引入了信息熵、信源编码、信道容量等核心概念,开创了一个新的科学领域。作为现代通信技术的理论核心,信息论回答了如何以最小的资源代价进行信息的高效传输与处理这一关键问题。信息论从理论上揭示了数据压缩和可靠通信的极限,推动了现代通信系统的设计与优化,并对数据存储、加密和压缩技术的发展产生了深远影响。本章将系统阐述信息论的基本原理,分析香农理论的核心内容与其在现代通信中的应用价值。通过对这些理论的学习,我们不仅能更深刻地理解现代通信技术的内在逻辑,也能认识信息论是如何作为科学工具,支撑起数字化时代的信息传递与处理体系的。

2.1　信息论的诞生与发展

2.1.1　香农与信息论的诞生

香农(图2-1)是20世纪最重要的数学家和工程学家之一,被誉为"信息论之父"。香农的工作彻底改变了通信、计算机科学、密码学和人工智能等多个学科的基础,并为现代信息社会的构建奠定了坚实的理论基础。他的研究成果不仅推动了数字通信的革命,还为计算机的设计和发展、数据压缩、加密技术、人工智能等领域提供了深远的理论支持。

图2-1 "现代信息之父"香农

在20世纪中叶,通信技术正经历着前所未有的变革。电话、电报和无线电的普及使得信息传输的需求激增,但随之而来的噪声、干扰和带宽限制成为巨大的障碍。香农在贝尔实验室工作期间,积累了丰富的实践经验,尤其是在密码学和信号处理领域的研究为他后来的理论突破提供了重要支持。1948年,香农发表了划时代的论文《通信的数学理论》,这篇论文标志着信息论的正式诞生。香农的《通信的数学理论》首次提出了信息熵的概念,即用来度量信息的不确定性或"混乱度"。熵的引入为信息量的量化提供了理论基础,使人们能够在数学框架内对信息进行定量分析,从而为后来的数据压缩、编码理论、信道理论等领域提供了强大的理论支持。

香农的信源编码定理指出,信息的压缩率不能低于信源的熵,这意味着信息源的平均不确定性(熵)决定了信息压缩的理论极限。基于这一理论,霍夫曼编码等压缩算法得以诞生,极大地推动了无损压缩技术的发展。香农的信道编码定理则证明了,即便在噪声环境下,依然可以通过合理的编码方法,实现接近信道容量的可靠通信。信道容量是指在给定噪声条件下,信道传输信息的最大速率。信道编码定理表明,只要传输速率低于信道容量,并且采用适当的纠错编码,就能在极小的错误概率下完成信息传输。这一理论为现代通信系统(如无线通信、光纤通信等)设计提供了理论基础。

香农的研究并非一帆风顺。在信息论发展的早期阶段,许多人对其理论的实际意义持怀疑态度。毕竟,香农的论文中充斥着复杂的数学公式和高度抽象的概念,这些内容与当时通信工程的实际问题似乎相距甚远。通信工程师们更习惯于解决具体的硬件设计和信号处理问题,而香农的理论却将信息传输问题抽象为数学模型,提出了诸如"信息熵"和"信道容量"等看似晦涩的概念。这种理论与实践的脱节使得信息论在初期并未得到广泛认可。然而,香农并未因此退缩。他坚信,数学是解决通信问题的关键工具。在他看来,通信的本质并非仅仅是信号的物理传输,而是信息的有效传递。通过将信息传输问题抽象为数学模型,香农成功地将复杂的工程问题转化为可计算的数学问题。这种抽象化的思维方式使得信息论不仅能够解决具体的通信问题,还能够揭示信息传输的普遍规律。

香农的工作不仅对通信和信息科学产生了深远影响,还为计算机科学的蓬勃发展提供了重要支撑。他的布尔代数思想为计算机硬件和数字电路的设计提供了理论依据,其理论帮助计算机科学家们构建了更加高效的计算模型,推动了现代计算机的发展。在计算机科学方面,香农被视为"计算机科学的奠基人之一",他的布尔逻辑和电路设计思想直接影响了现代计算机的架构和操作系统的设计。此外，香农的研究对现代加密技术的影响也不容忽视。他在密码学领域的贡献同样具有开创性。香农提出了"完全安全的加密"概念，最著名的例子就是 One-time Pad 加密方法，这种方法在理论上能够提供绝对安全的通信。香农还为现代对称加密和公开密钥加密的数学理论提供了支撑，他的工作为密码学奠定了数学基础。香农的理论对人工智能产生了深远的影响。通过为信息传输提供量化模型，香农为后来的人工智能研究提供了理论框架。香农曾设计并研究了早期的智能机器，如"游戏机"与"象棋程序"，这些研究为人工智能领域的进一步发展提供了启示。

香农的贡献是多方面的，涵盖数字通信、数据压缩、密码学、计算机硬件设计等多个领域。他通过深刻的数学理论研究，解决了长期困扰通信领域的关键问题，并提出了许多开创性的思想。他被誉为"信息时代的开创者"，他的理论为全球信息技术革命和数字社会的形成提供了坚实的理论基石。香农不仅改变了通信领域，也为今天的互联网、人工智能、智能手机、云计算等技术的发展提供了理论支持。香农为后世留下了宝贵的遗产。他不仅通过理论创新推动了科技进步，也为人类社会的数字化和信息化奠定了基础。作为一位真正的数学家和工程师，香农的工作将继续对未来的技术进步产生深远影响。

2.1.2 信息量与信息熵

信息的本质在于它的不确定性和可测量性。任何已确定的事物都不包含任何信息：若事件的发生已完全确定，则没有信息传递的必要；反之，事件的不确定性越高，信息的潜在价值越大。例如，在掷骰子时，如果骰子每一面的数字都一样，那么掷骰子并不产生任何信息，因为无论掷骰子与否，我们都知道最终的结果；但如果骰子六面的数字各不相同，那么每次投掷都会带来一定量的信息。同时，信息可以被量化，拥有具有数学意义的度量单位。香农提出用概率的倒数来表示事件的信息量，如下：

$$I(x) = -\log P(x) \tag{2-1}$$

其中，$I(x)$为事件x的信息量，其单位与所用的对数底有关，当对数底为 2 时，信息量的单位为比特(bit)，$P(x)$为事件x发生的概率。

假设一个信源只发出 0 和 1 两种符号，其中 $P(1)=0.75, P(0)=0.25$，则这两个符号所包含的信息量为 $I(1)=-\log_2 P(1)=0.415 \text{ bit}, I(0)=-\log_2 P(0)=2 \text{ bit}$。因为出现 0 的概率比较小，因此，0 一旦出现，将给予观察者比较大的信息量。信息量$I(x)$只是表征各个符号的不确定度，而一个信源总是包含多个符号信息，各个符号信息又按照概率空间的先验概率分布，故各个符号的信息量都不同。因此，信息量是一个与发出符号有关的随机变量，不能作为信源总体的信息度量。我们可以采用求平均的方法衡量随机变量。平均自信息量在香农的论文中被称为信息熵(entropy),简称熵,它表示平均每个符号所能提供的平均信息量,可以用式(2-2)来表征信源输出信息的总体特征,即

$$H(X) = E[I(X)] = \sum_i p(x_i) I(x_i)$$
$$= -\sum_i p(x_i) \log p(x_i) \qquad (2\text{-}2)$$

例如,一个公平的二进制信源(即每个比特的取值概率均为0.5)的信息熵可表示为

$$H(X) = -\left(\frac{1}{2}\log_2\frac{1}{2} + \frac{1}{2}\log_2\frac{1}{2}\right) = 1 \text{ bit/symbol} \qquad (2\text{-}3)$$

信息熵具有以下性质:

① 非负性:熵总是非负的,当且仅当 X 是确定事件时 $H(X)=0$。
② 对称性:熵的值只取决于概率分布,与具体事件无关。
③ 极大值:当所有可能值的概率均等时,熵达到最大值。

为了更加深入地理解和应用熵这一概念,信息论引入了条件熵、联合熵和相对熵(KL散度)这三个重要概念。

① 条件熵 $H(Y|X)$ 描述了在已知随机变量 X 的情况下,另一个随机变量 Y 的剩余不确定性,其定义为式(2-4)。条件熵衡量了变量之间的依赖关系。在通信系统中,条件熵可以解释噪声信道下的信号不确定性。已知输入信号 X,接收端 Y 的剩余不确定性越低,通信的可靠性越高。

$$H(Y|X) = -\sum_{x,y} P(x,y) \log P(y|x) \qquad (2\text{-}4)$$

② 联合熵 $H(X,Y)$ 表示两个随机变量 X 和 Y 的总体不确定性,可表示为

$$H(X,Y) = -\sum_{x,y} P(x,y) \log P(x,y) \qquad (2\text{-}5)$$

联合熵表示两个变量的"联合信息量",联合熵与条件熵的关系如下:

$$H(X,Y) = H(X) + H(Y|X) = H(Y) + H(X|Y) \qquad (2\text{-}6)$$

当 X 和 Y 完全独立时,联合熵等于两者的熵之和,可表示为

$$H(X,Y) = H(X) + H(Y) \qquad (2\text{-}7)$$

在通信中,联合熵用于衡量信源与信道输入、输出的整体不确定性。

③ 相对熵被用来度量两个概率分布 P 和 Q 的差异,其定义为式(2-8)。KL散度反映了当假设分布 Q 代替真实分布 P 时,产生的额外信息损失。

$$D_{\text{KL}}(P \| Q) = \sum_x P(x) \log \frac{P(x)}{Q(x)} \qquad (2\text{-}8)$$

本小节提到一个信源的自信息量 $I(x)$,结合有关熵的定义,我们可以推导出两个随机变量之间共享的信息量,即对于两个随机变量 X 和 Y,已知 Y 后 X 的不确定度减小的程度为 $I(X;Y) = H(X) - H(X|Y)$。根据式(2-6)可得

$$I(X;Y) = H(X) + H(Y) - H(X,Y) \qquad (2\text{-}9)$$

2.1.3 信息论的发展

自从香农提出信息论以来,它迅速成为各类工程和科学领域的核心理论之一。尽管信息论最初是为了优化通信系统而发展出来的,但它的应用远超通信领域,逐渐成为信息科学的基石。信息科学作为一门跨学科的学科,涉及信息的获取、存储、处理、传输和利用等各个方面,而信息论为这些过程提供了理论支持。信息论的核心概念,如熵、互信息、信道容量等,为数据处理、压缩、加密等技术提供了基础框架,并与计算机科学、统计学、物理学等多个学科交叉融合。

在现代通信系统中,信息论的应用无处不在。从无线通信到光纤通信,从卫星通信到互联网,信息论的基本原理为这些系统的设计和优化提供了理论依据。香农的信道容量定理为通信系统提供了传输信息的理论极限,帮助工程师设计出能够高效利用信道资源的通信系统。信息论在信道编码与纠错技术中的应用推动了冗余编码(如卷积编码、Turbo 编码、LDPC 编码等)的发展,提高了系统的抗干扰能力,确保系统在有噪声的信道中以接近香农极限的速率进行可靠的传输。这些编码方案的核心就是通过增加冗余信息来减少误码率,使得系统在较低的信噪比条件下仍能稳定运行。信息论中的编码理论和调制理论为应对多径传播等问题提供了有效的方法。在现代无线通信系统中,由于多径效应,信号会经历多个反射路径,最终到达接收端,这会导致信号衰减和时延扩展。信息论的框架为这些复杂环境下通信系统设计提供了理论支持,使得现代移动通信系统能够在复杂的传输环境中高效工作。信息论不仅帮助我们理解信道的容量,还帮助我们应对信号处理中的许多问题。例如,在数据压缩领域,信息论中的信源编码定理为压缩技术提供了理论基础。香农的定理指出,对于一个具有已知概率分布的信源,存在一个理论上的最优编码方案,该方案可以将信息压缩到与信源熵相等的程度。通过高效的编码方法,如霍夫曼编码、算术编码等,现代计算机能够高效地存储和传输数据。例如,MP3 音频压缩、JPEG 图像压缩等技术都基于这一理论。高效的编码方法推动了信息存储和传输技术的革新。

信息论与计算机科学的融合始于对信息处理基本问题的深入研究,尤其是在数据压缩、密码学和计算复杂性等领域。信息论的许多概念和定理被直接应用于计算机科学的多个分支,成为这些领域的核心工具。在数据压缩技术中,信息论为压缩算法提供了量化工具,基于香农的理论,研究人员设计出了高效的无失真压缩方案。霍夫曼编码、算术编码等技术基于信息论的原理,在现代存储和传输系统中得到了广泛应用。在密码学中,信息论提供了加密系统的安全性分析工具,特别是在公钥加密和密钥管理方面,香农的熵理论为对称加密算法(如 AES)的安全性提供了理论支持。此外,信息论的互信息概念也可用于分析密钥的安全性和加密系统的强度,量子密码学的发展更是离不开信息论的支持。信息论还为计算机科学中的计算复杂性分析提供了理论工具。基于信息论对算法的输入、输出信息量进行分析，我们可以更好地理解某些问题的计算复杂性。NP问题和可计算性问题的研究涉及信息论中的熵和复杂度概念。信息论与学习理论紧密相关，为机器学习中的模型选择、特征选择等任务提供了理论支持。

随着人工智能和机器学习的迅猛发展，信息论的概念和工具在这些领域的应用日益增多，特别是在深度学习、强化学习、模型选择、特征选择等任务中，信息论为这些技术的发展提供了理论支持。在深度学习中，信息论的熵和互信息被用于评估模型的训练过程和数据的相关性，互信息被用于衡量特征和标签之间的关系，从而帮助我们选择包含最大信息量的特征，减少冗余特征。信息论的概念还被用来设计自监督学习算法，优化模型的训练过程。在生成对抗网络（GAN）中，信息论提供了理论指导，通过调整生成器和判别器的训练目标，使其达到均衡状态，GAN能够生成与真实数据分布相匹配的样本。在强化学习中，信息论被用来设计奖励函数，评估智能体与环境之间的信息交换，从而使智能体能够更有效地学习策略。信息论还帮助智能体优化其行为策略，以提高智能体在不确定环境中的决策能力。

受信息论影响的学科不仅限于通信和计算机科学，生物学、经济学、物理学等多个学科也受其深远影响。在生物学中，信息论的熵和互信息被用来研究基因之间的相互作用和生物系统的复杂性。在经济学中，信息论被用来分析市场中的信息流动和决策过程。在物理学中，信息论为量子力学和黑洞信息悖论提供了新的视角，特别是在量子计算和量子通信领域，信息论为其安全性和效率提供了理论基础。随着科技的不断进步，信息论与各学科的融合将会更加紧密，为人类解决复杂的科学问题提供更加精准和高效的工具。

从信息论到信息科学，信息论不仅在通信领域发挥了至关重要的作用，而且在计算机科学、人工智能、数据压缩、密码学等多个领域都得到了广泛的应用。信息论的基本原理为这些领域提供了量化工具，从而帮助我们理解信息的传递、处理和存储的极限。随着学科的融合和技术的发展，信息论的应用范围将不断拓展，继续推动现代科技的进步。

1. 网络信息论的发展

网络信息论作为信息论的一个分支，研究的是多个通信实体（如多个发送端、接收端及网络节点）之间的通信和信息传输问题。随着互联网、移动通信、传感器网络等复杂网络的快速发展，传统的点对点信道模型逐渐无法满足现代网络的需求，网络信息论应运而生。它致力于研究如何在复杂网络环境中更高效地传输信息，尤其是在面对多用户、多信道等场景时，如何最大化信息传输效率。传统信息论侧重于单一信道中的信息传输效率，而网络信息论则进一步扩展了这一理论，研究了多用户环境下的信息传输问题，尤其是多用户信道中的干扰管理、资源分配等问题。在多用户信道的情况下,多个用户共享同一个信道,因此,如何有效地避免信号干扰,提升通信效率成为核心问题。为了应对干扰,信息论提出了多种编码与资源分配策略,其中最典型的做法是采用多输入多输出(MIMO)系统。在这一系统中,多个发送端和多个接收端通过多个天线进行通信,能够通过空间复用技术减小干扰,提高数据传输的效率。此外,时分多址(TDMA)、频分多址(FDMA)和码分多址(CDMA)等传统多址接入方式也成为多用户信道中的常见解决方案。

随着网络复杂性的增加,传统的点对点信道模型逐渐无法应对日益复杂的多用户环境。因此,网络信息论引入新的通信技术,如非正交多址接入(NOMA)。该技术通过在同一频带内为多个用户分配不同的功率来实现信道资源的高效共享。这样,在减少干扰的同时,也提高了系统的容量和频谱效率。随着无线通信技术的发展,网络信息论为多用户信道问题的研究提供了新的理论框架,使得现代通信系统能够在资源有限的环境中实现更高效的数据传输。

除了多用户信道,网络信息论还有一个重要研究方向是网络编码。网络编码理论提出了在网络中间节点进行信息编码的思想,从而提高网络的数据传输效率。在传统的网络通信方式中,节点只进行数据的转发。然而,在复杂的网络环境中,单纯的转发无法充分利用网络资源,导致带宽浪费和数据传输效率低下。网络编码理论则通过在中间节点对数据进行组合,实现了网络资源的高效利用。在网络编码的框架下,节点不仅转发数据,还通过将多个数据流进行编码后传输,最终帮助网络减少瓶颈,提高网络的吞吐量和可靠性。网络编码技术能够有效缓解数据丢失问题,特别适用于无线网络和多路径网络等不稳定的环境。例如,在无线网络中,由于信号衰减、干扰等因素,传统的转发策略往往会导致数据丢包,而网络编码通过将不同信息流组合传输,有效降低了丢包的概率。此外,网络编码还可以提供更强的容错能力,这使得其在很多应用场景中得到了广泛应用,特别是在需要保证可靠性的网络中,如卫星通信、无线传感器网络等。随着研究的深入,网络编码不再局限于传统的通信网络,而是与现代的分布式计算和存储系统相结合。在一些云计算和分布式存储系统中,数据需要在多个节点之间传输,网络编码技术能够提高数据传输效率,减少冗余数据,并加快数据的处理和存储过程。尤其是在内容分发网络(CDN)和视频流媒体传输等领域,网络编码大幅提升了数据传输的效率,减轻了网络的负担,提高了网络整体的服务质量。

在现代通信系统中,结合多用户信道问题与网络编码技术,通信系统能够更好地提升信道容量并提高系统的鲁棒性。通过联合多用户信道的资源分配与网络编码,通信系统可以更有效地利用信道资源,同时避免网络拥堵、降低干扰。这种方法不仅提高了网络的传输效率,还改善了系统的抗干扰能力,尤其在面临高流量和复杂干扰环境时,系统表现得格外出色。

网络信息论的发展,特别是有关多用户信道和网络编码的研究,为现代通信技术的发展提供了坚实的理论基础。随着通信技术的不断发展，网络信息论将继续发挥重要作用，从而促进更高效的资源利用和更可靠的数据传输，推动无线通信、互联网、卫星通信等领域的技术进步。

2. 量子信息论的发展

量子信息论是基于量子力学原理发展起来的一个新兴领域，研究量子系统中信息的表示、处理、传输和存储。量子信息论的兴起标志着信息论从经典信息处理的框架扩展到了量子物理领域，揭示了量子力学和信息理论之间的深刻联系，并为解决传统信息论中一些无法实现的问题提供了新的视角。随着量子计算、量子通信等技术的不断发展，量子信息论成为现代物理学和信息科学中的重要分支，并引发了人们对传统信息论的深刻反思。

量子比特（qubit）是量子信息论的基本单元，与经典信息中的比特不同，量子比特不仅可以处于 0 或 1 两种状态，还可以同时处于 0 和 1 的叠加状态。这一特性被称为量子叠加。这意味着量子比特的状态可以是一个概率分布，代表多种状态的叠加。量子比特的引入使得信息的表示更加丰富和复杂，也为信息处理提供了全新的可能。与经典信息论中的香农熵不同，量子信息论需要扩展熵的概念。量子系统的状态不再仅仅由经典概率分布描述，还需要考虑量子叠加和量子纠缠等量子效应。量子熵，特别是冯·诺依曼熵（von Neumann entropy），是量子信息论中熵的扩展形式，用于量化量子系统的不确定性。冯·诺依曼熵被定义为量子系统的密度矩阵的本征值的对数和，是量子信息的度量工具之一。它与香农熵类似，但能够处理量子系统的非经典特性。

量子纠缠是量子信息论中的一个重要概念，描述的是量子比特之间的一种特殊关联关系。在量子纠缠态中，两个或多个量子比特的状态无法独立描述，而是必须作为一个整体来描述，即一个量子比特的状态无法单独确定，只有在整个系统的背景下才能理解其性质。量子纠缠不仅在量子计算中起到关键作用，也为量子通信提供了新的手段。量子纠缠使得量子信息的处理和传输与经典信息截然不同。量子纠缠被认为是量子计算和量子通信的核心资源之一。在量子计算中，量子比特的叠加与量子纠缠使得量子计算机能够在一些问题上拥有超越经典计算机的能力。例如，通过量子叠加，量子计算机可以并行处理多个计算路径；通过量子纠缠，量子计算机可以在多个量子比特之间实现高度的并行计算，显著加快某些特定问题的求解速度，如大数因式分解、数据库搜索等。此外，量子纠缠还为量子算法的发展提供了新思路，即经典的算法设计思想需要在量子环境中进行重新思考和改进。在量子通信中，量子纠缠也发挥着至关重要的作用。量子密钥分发（QKD）是一种利用量子纠缠的技术，通过量子比特的纠缠状态来安全地交换密钥。在 QKD 协议中，量子态的不可克隆定理和量子纠缠特性保证了密钥交换过程的安全性，即使通信过程中存在窃听者，其也无法获得完整的密钥信息。此外，量子隐形传态技术利用量子纠缠,实现了量子信息的远程传输。通过量子纠缠,量子信息可以在没有物理介质传输的情况下,从一个位置"瞬间"传输到另一个位置。

随着量子信息论的深入发展,研究人员不仅在量子计算和量子通信领域取得了重要进展,还在量子信息的存储、量子纠错等问题上做出了大量贡献。量子纠错是量子信息处理中的一大挑战。因为量子信息极易受到环境的干扰,导致信息丢失或错误,所以量子纠错码的设计不仅需要考虑量子比特的叠加和纠缠特性,还需要有效地应对噪声和误差对量子信息的影响。量子纠错码的提出为实际量子计算机的构建和量子通信网络的可靠性提供了理论保障。

综上所述,量子信息论作为信息论的一个扩展,借助量子力学的奇异性质,不仅重新定义了信息的表示与处理方式,还为现代通信系统和计算技术的革命性发展提供了新的思路。量子比特、量子纠缠及量子纠错等概念的提出和应用,使得量子信息处理和量子通信技术逐步走向实际应用,展现出巨大的潜力。随着量子技术的不断进步,量子信息论将在未来的科技革命中扮演越来越重要的角色。

2.2 信息论关键理论概述

2.2.1 香农定理

香农定理是信息理论的基础之一,它描述了在给定噪声信道的条件下,数据传输的最大速率(信道容量),以及如何通过编码使得信息能够在噪声环境中以最高的效率传输。香农定理表明,在极限情况下(独立同分布随机变量数据流的长度趋于无穷)数据压缩后的码率(每个符号比特的平均数)不可能比信源的香农熵还小。若不满足这一点,则可以肯定,信息必然丢失。但是码率可以无限接近香农熵,且信息损失的概率极低。

香农定理表明,在一个具有噪声的通信信道上,存在一个最大数据传输速率——信道容量。信息容量是指在该信道上传输信息的最大速率(bit/s),并且能够以任意小的错误概率来实现。这一速率依赖于信道的带宽、信号强度及噪声的强度。设一个信道的带宽为 $B(\mathrm{Hz})$,信号的平均功率为 P,噪声的功率谱密度为 N_0,则信道容量 $C(\mathrm{bit/s})$ 如下:

$$C = B\log_2\left(1 + \frac{P}{N_0 B}\right) \tag{2-10}$$

其中:C 是信道容量,表示单位时间内可以无误差地传输的信息量(bit/s)。

信道容量表示在信道中传输数据的最大速率。如果我们试图以更高的速率传输数据,就会不可避免地出现错误。香农定理告诉我们,对于给定的噪声信道,只有以低于信道容量的速率传输数据才能保证零误差的可靠通信。当信号平均功率 P 较高或噪声较小（N_0 较小）时，信道容量较大，意味着能够以更高的速率传输信息。当信道带宽 B 较大时，信道容量也会增大，但增幅会逐渐减小，因为 $\log_2\left(1+\dfrac{P}{N_0 B}\right)$ 是一个对数函数。香农定理的核心在于它为编码提供了一个理论框架。通过合适的编码方法，传输速率可以接近信道容量，并将误差率降得尽可能低。

香农定理为现代通信系统奠定了理论基础，帮助工程师了解在给定条件下如何实现最优的数据传输速率。5G 及更早的无线通信标准（如 LTE、Wi-Fi 等）都是基于香农理论来设计信道编码和调制方案的，以实现接近信道容量的传输速率。而在光纤传输系统中，香农定理则用于计算光纤信道的容量，指导工程师如何优化带宽和信噪比以实现高效传输。

香农定理直接促进了编码理论的发展，推动了纠错码和压缩算法的研究。由于定理指出了可以实现零误差传输的最大速率，因此，研究人员开发了纠错编码方法来逼近这一极限，如低密度奇偶校验码（LDPC 码）和涡轮码。香农的理论帮助研究人员理解信息的熵及其与数据压缩的关系，带来了高效的压缩算法，如霍夫曼（Huffman）编码和算术编码。这使得现代多媒体应用和数据传输能够更有效地利用带宽和存储空间。在信息安全领域，香农定理激发了研究人员对加密和信道编码之间关系的研究。理论上，一个理想的加密方案可以将加密的数据传输速率逼近信道容量，从而提供高效和安全的通信。香农定理的应用不仅涵盖了电信领域，还涵盖了互联网和数据网络。高效的数据传输协议和网络编码技术都受到其理论的启发，从而实现了低延迟、高带宽利用率的传输。香农的理论成为信息论领域的基石，其内容广泛用于大学课程和科研工作，激励了大批科学家和工程师探索如何提高信息传输的效率和可靠性。香农第一定理为信息论提供了一个标准，揭示了噪声信道的极限传输能力，为现代通信系统的优化和开发提供了方向。这不仅推动了技术的飞速进步，还启发了跨领域的研究与创新，使得信息技术可以更高效、更可靠地服务于人类社会。

2.2.2 可变长无失真信源编码定理

可变长无失真信源编码定理是香农信息论中的一个核心结论，它明确指出在无失真条件下，对信源数据进行压缩的理论极限。这一定理的数学表达式为

$$L_{\min} \geqslant H(X) \tag{2-11}$$

其中：$L_{\min}$ 是可变长无失真信源编码的平均码长下界；$H(X)$ 是信源熵（简称熵），表示每个符号的平均信息量。

这一定理表明，对于任何离散无记忆信源 X，其符号序列的理论最优压缩长度

受限于熵 $H(X)$，即熵定义了无失真压缩的下界。这为设计高效的压缩算法提供了理论依据。

无失真压缩是指在数据还原过程中不丢失任何信息。可变长无失真信源编码定理告诉我们，只要信源编码的平均码长达到或接近熵 $H(X)$，就可以实现数据的最优压缩。然而，在实际应用中，实际编码长度可能略高于熵，因为算法通常需要处理边界条件、数据分布的非均匀性，以及整数约束等问题。例如，假设有一个离散无记忆信源，其输出符号为 $\{a,b,c\}$，对应的概率分布为 $\{0.5,0.3,0.2\}$。根据熵的定义

$$H(X) = -\sum_i p(x_i)\log P(x_i) \tag{2-12}$$

计算得 $H(X)=1.485$ bit/symbol，这意味着任何编码方案的平均码长都不能低于 1.485 bit/symbol。

霍夫曼编码是实现无失真压缩的一种经典算法，其核心思想是根据信源符号的概率分布为其分配不等长的编码，高概率信源符号分配较短码字，低概率信源符号分配较长码字，从而接近理论最优平均码长。霍夫曼编码的基本步骤如下：

① 构造优先队列：将信源符号及其概率作为初始节点，构建一个最小堆。

② 生成二叉树：从堆中取出两个概率最小的节点，合并为一个新节点，并将其概率设为两节点概率之和，然后将新节点插入堆中，重复这一过程直到仅剩一个根节点。

③ 分配码字：从根节点出发，左分支赋值"0"，右分支赋值"1"，从而为每个符号生成唯一的二进制编码。

以式(2-12)信源为例，霍夫曼编码的结果可能为 $a=0,b=10,c=11$，其平均码长为 $L_{avg}=1.5$ bit/symbol，接近理论下界 1.485 bit/symbol。

霍夫曼编码的优点是简单高效，其编码结果是前缀码(任意一个码字都不是另一个码字的前缀)，便于快速解码。该方法被广泛应用于文件压缩(如 ZIP 格式)、图像编码(如 JPEG 的部分步骤)和通信系统。

尽管霍夫曼编码已经接近理论极限，但在某些场景下，算术编码可以实现更高效的数据压缩。算术编码不是为单个符号分配固定码字，而是将整个符号序列映射为一个区间，通过区间的大小精确表示概率分布。具体过程如下：

① 初始化区间：从 $[0,1)$ 开始，将每个符号的概率分布划分为区间。

② 递归细化：按序处理信源符号，每次根据当前符号的区间进一步缩小区间范围。

③ 编码结果：最终区间内的任意一个点都可作为编码结果。

算术编码的优势在于其灵活性高，可以处理复杂信源概率分布，并接近熵的下界。然而，其计算复杂度较高，解码过程也较为复杂，因此，通常应用于需要高压缩率的场景，如视频压缩标准 H.264 和 H.265。

可变长无失真信源编码定理及其相关技术在现代通信与计算机领域具有重要应用。例如，在文件存储中，压缩算法能够显著减少空间占用；在图像与音视频处理（如JPEG、MP3、H.264）中，压缩算法提升了传输效率和存储能力；在无线通信中，信源编码与信道编码的结合实现了数据的高效、可靠传输。然而，压缩算法在实际应用中也面临诸多挑战，如信源概率分布的动态变化可能需要自适应的编码策略，复杂场景下的计算成本可能限制编码的应用范围。此外，为了应对噪声干扰，压缩算法还需与容错编码技术相结合。尽管如此，可变长无失真信源编码定理为所有压缩技术奠定了理论基础，是通信系统不可或缺的重要工具。

2.2.3 限失真信源编码定理

在信息论中，除了无失真信源编码定理外，还有一个重要的理论分支是限失真信源编码定理。它主要研究在允许一定失真的前提下，如何尽可能高效地压缩信源的信息率。与无失真信源编码不同，限失真信源编码接受一定程度的误差，从而实现更高的压缩效率，这在图像、音频和视频等多媒体信号处理中具有广泛的应用价值。

我们可以将信源编码器等效为一个"试验信道"，其中无失真信源编码对应确定性信道，而有失真信源编码对应带有随机性的信道。限失真信源编码的核心任务是在给定平均失真约束的前提下，使编码所需的信息率尽可能小。

对于一个离散无记忆信源 X，其信息率失真函数记为 $R(D)$。香农第三定理指出：若编码速率 $R>R(D)$，则当信源序列长度足够长时，总存在一种编码方式，使得平均失真不超过 $D+\varepsilon$，其中 $\varepsilon>0$ 是任意小的常数。进一步地，对任何信源，每个符号所需的平均比特数 L 满足如下不等式：

$$R(D) \leqslant L < R(D) + \varepsilon$$

这表明，在允许的平均失真 D 范围内，通过编码策略信息率可以无限接近 $R(D)$。然而，若试图将信息率压缩至低于 $R(D)$，则无法保证平均失真不超过 D，即失真必将超出设定阈值。

换句话说，$R(D)$ 表示在给定失真限制下，信源可以压缩的最小信息率。它是信息率与失真之间权衡关系的理论极限。限失真信源编码定理不仅指导了图像、音频、视频等多媒体信号压缩标准的设计，也为现代数据压缩算法提供了坚实的理论基础。

在图像处理方面，JPEG 和 JPEG2000 等标准利用变换编码和量化技术，去除视觉冗余，实现高效压缩。尤其是 JPEG2000，它通过引入小波变换和率控制模块，更加贴近 $R(D)$ 的理论极限。在音频压缩中，MP3 与 AAC 标准基于心理声学模型去除人耳不易察觉的声音成分，从而实现高效率的音频编码。这类方法在降低码率的同时，保持了良好的听觉体验。

视频压缩技术更是限失真信源编码的典型应用场景。H.264/AVC、H.265/HEVC、AV1和VVC等主流视频编码标准都采用运动估计、变换编码、量化和熵编码相结合的方式,通过调节量化参数来平衡图像质量与码率。这些系统的率控制模块本质上就是在逼近$R(D)$曲线,以实现最佳的率失真性能。此外,遥感图像、X射线摄影胶片、MRI等专业图像也广泛采用限失真压缩技术。这些场景虽然对失真的要求更为严格,但通过合理定义失真测度(如PSNR、SSIM),可以在保留关键信息的前提下显著提升压缩效率。

随着人工智能和语义理解的进步,未来的限失真信源编码正在向更智能化、更个性化的方向发展。首先,深度神经网络已被广泛应用于图像和视频压缩中。基于CNN或Transformer的压缩模型能够在训练过程中联合优化重建误差和码率,直接逼近$R(D)$曲线,展现出比传统方法更强的灵活性和适应性。其次,传统的均方误差(MSE)等像素级失真度量已难以满足高级感知的需求。因此,"面向语义的压缩"成为新的研究热点,目标是在压缩过程中优先保留对任务有用的信息,例如,自动驾驶中的道路特征、医疗影像中的病灶区域等。最后,跨模态压缩也成为新兴趋势。在虚拟现实、增强现实和AI生成内容(AIGC)等融合系统中,图像、音频、文本等多种模态的信息率与失真控制需要统一考虑,构建多模态联合压缩模型可以实现整体最优的信息传输与存储效率。

限失真信源编码定理揭示了在允许一定失真的前提下,信源压缩所能达到的理论极限。它不仅为多媒体压缩技术提供了数学基础,也成为现代图像、音频、视频编码标准的设计指南。从JPEG到H.265,从MP3到AV1,所有主流压缩标准的背后,都体现了对$R(D)$函数的逼近与优化。随着人工智能、语义理解和多模态压缩的发展,限失真信源编码定理将继续推动信息压缩技术向更高效、更智能化的方向演进。

2.3 信息论在现代通信中的地位

信息论在现代通信中的地位是不可替代的,它不仅为通信系统的设计和优化提供了理论基础,还对计算机科学、人工智能、量子通信等领域产生了深远影响。随着通信技术的飞速发展,信息论从最初的理论框架逐步转化为指导实践的重要工具,并在多个学科交叉领域中展现了强大的适应性和拓展性。本节将从理论指导实践和前沿研究方向两个方面进一步探讨信息论的重要性和未来发展。

信息论为现代通信技术的发展提供了重要的理论支持。从经典的有线通信到无线通信,从单一信道到多用户网络,信息论为这些不同场景下的通信系统提供了普适性的指导。例如,在通信协议的设计中,信息论为高效的数据编码、信道分配及干扰管理提供了理论依据。基于香农提出的信道容量定理，现代通信系统能够以接近理论极限的方式设计调制和编码方案，以确保信号在噪声和干扰条件下实现最大化的可靠传输。这种理论支持在5G通信系统中表现尤为突出，例如，大规模MIMO技术和非正交多址接入（NOMA）技术的实现都非常依赖于信息论关于多用户信道容量和资源分配的理论分析。在数据压缩和纠错编码方面，信息论的指导作用更为显著。香农信息论定义了数据压缩的理论极限——信源熵。这使得通信系统能够在保证数据完整性的前提下，极大地提高传输效率。例如，霍夫曼编码等经典的压缩算法直接利用了信源熵的概念，为现代数据存储和传输提供了高效的解决方案。同样，纠错编码技术，如低密度奇偶校验码（LDPC码）和涡轮码，则是基于信息论中的信道容量定理设计的，能够使通信系统在噪声环境下接近无误地传输的理论极限。5G通信中的LDPC编码技术就是这种理论与实际相结合的典范，其不仅提高了传输效率，还显著降低了误码率。

随着信息技术的进一步发展，信息论的应用已经扩展到许多前沿领域。例如，在未来的6G网络中，信息论的重要性进一步提升。6G网络需要满足极高的带宽、极低的时延和极高的可靠性需求，同时还需要支持多样化的应用场景，例如，智能工厂、无人驾驶、虚拟现实和远程医疗。信息论在这些应用中的作用主要体现在两方面：一是通过信道容量和资源分配理论优化网络性能，二是通过多用户信道理论和网络编码理论解决复杂场景下的资源共享问题。特别是在6G的天地一体化网络中，信息论为卫星通信、无人机通信和地面网络的融合提供了理论支持，使得网络能够实现更高的灵活性和适应性。

算力网络是正在被信息论重塑的一个领域。算力网络通过将计算资源与网络资源进行深度融合，实现了计算任务的动态调度与高效执行。在算力网络的设计中，信息论提供了关于数据传输效率和资源利用率的理论框架。例如，基于多用户信道理论的资源分配算法可以优化算力网络中计算节点的负载均衡，降低任务的延迟；而基于网络编码理论的技术则可以提高数据传输的可靠性和效率。此外，算力网络与人工智能的结合也为信息论的进一步应用提供了新契机。例如，在分布式深度学习中，信息论的概念被用于优化模型的通信开销和训练效率。

在人工智能和机器学习领域，信息论的影响在持续扩大。互信息等概念被广泛用于特征选择和模型优化。例如，在特征选择中，互信息可以帮助我们筛选出与目标变量相关性最强的特征，从而提高模型的预测性能。同时，信息论的基本原理也被应用于GAN、变分自编码器（VAE）等前沿模型中，为这些方法提供了新的优化思路。例如，GAN中的对抗目标可以被视为一种基于信息论的最优化问题，而VAE则通过最大化证据下界（ELBO）间接优化了数据的互信息。

量子通信的发展得益于信息论的深度启发。传统的信息论概念，如熵和互信息，已经被扩展到量子信息论中，用于量化量子系统中的不确定性和信息量。例如，量子纠缠作为量子信息论的核心现象，其信息理论描述不仅揭示了量子系统独特的特性，还为量子密钥分发等量子通信技术的实现提供了理论依据。量子信息论的进一步发展将为下一代通信技术带来革命性变化。

总的来说，信息论在现代通信技术中的地位是不可或缺的。它不仅为现代通信系统的设计和优化提供了强有力的理论支撑，还通过与其他领域的深度融合推动了科技的创新和进步。展望未来，信息论将在 6G 网络、算力网络、人工智能和量子通信等领域继续发挥重要作用，为下一代信息技术的发展注入新动力。

本 章 小 结

现代通信技术的理论发展在过去几十年中经历了从模拟到数字、从单点通信到复杂网络的演进，成为推动全球信息技术和经济发展的核心力量。经典的通信理论以香农信息论为基础，为数据压缩、信道编码和容量限制等关键技术提供了坚实的理论支撑，这为实现高效、稳定的信息传输奠定了基础。随着技术的演进，通信理论不仅限于传统的有线和无线传输，还扩展到更复杂的系统中，如卫星通信、移动通信和互联网架构。如今，以 5G 为代表的新一代通信技术将高速率、低延迟和大连接特性推向极限，使得智能设备和物联网的全面部署成为可能。这些技术也为智慧城市、自动驾驶、远程医疗和虚拟现实等应用提供了强大支撑。

第3章 现代通信技术的器件基础——电子元器件

> 电子元器件是构成电子设备的基本单元,它们种类繁多,功能各异。电子元器件作为现代电子技术的基石,其发展历程见证了人类科技文明的巨大飞跃。从最初简单的电阻、电容等基础元器件到如今的复杂集成电路,电子元器件的发展经历了漫长的历史。电子元器件的演变不仅推动了信息技术的进步,也深刻影响着社会生活的各个方面。本章将详细阐述电子元器件的初期阶段、晶体管时代、集成电路时代,以及电子元器件的未来发展趋势。

3.1 电子元器件的初期阶段

3.1.1 电阻、电容与电感的诞生

科学家们通过对电磁现象和电流传导的研究,为电阻、电容和电感等基础元器件的发明奠定了理论基础。例如,欧姆定律的发现揭示了电阻的基本性质,法拉第电磁感应定律则揭示了电磁感应现象。在深入探究电磁现象的过程中,电阻、电容和电感这些基本的电子元器件逐步出现。其中,电阻的作用是限制电流大小,电容的作用是储存电荷,而电感的作用是储存磁场能量。这些基础元器件的发明和应用为后续的电子技术发展提供了必要的支撑。

电阻、电容和电感的诞生与电学的发展密切相关,是科学探索逐步深入的结果。随着科学家们对电学研究的不断推进,电阻的概念逐渐萌生。意大利科学家路易吉·伽尔瓦尼(Luigi Galvani)和亚历山德罗·伏特(Alessandro Volta)的实

验进一步揭示了电流的产生机制,为电学研究提供了重要的实验基础。1827年,德国物理学家乔治·西蒙·欧姆(Georg Simon Ohm)系统阐述了电压、电流与电阻之间的关系,并总结出著名的欧姆定律,标志着电阻理论的确立。

电容器的出现同样得益于早期电学研究的推进。荷兰学者彼得·范·穆森布罗克(Pieter van Musschenbroek)发明的莱顿瓶是最早的电能储存装置,其揭示了储存静电的可能性。詹姆斯·克拉克·麦克斯韦(James Clerk Maxwell)在电磁理论中对电场和磁场的关系进行了系统阐述,为电容器的理论基础提供了更深入的理论支持。电感的概念与电流产生磁场及电磁感应现象密切相关。1820年,汉斯·克里斯蒂安·奥斯特(Hans Christian Ørsted)首次发现电流能产生磁场,揭示了电与磁之间的内在联系。1831年,迈克尔·法拉第(Michael Faraday)通过电磁感应实验证明了变化的磁场能够在导体中感应出电流,为电感理论奠定了基础。约瑟夫·亨利(Joseph Henry)等科学家随后对自感和互感展开深入研究,使得电感器的概念得以完善,并在无线电等技术领域得到广泛应用。

电阻、电容和电感不仅是独立的元器件,而且它们的组合和相互作用构成了复杂电路的基础。例如,LC电路(由电感和电容组成)是无线电通信中的核心元器件,而RLC电路(由电阻、电感和电容组成)则广泛应用于滤波器和振荡器中。这些元器件的协同作用使得现代电子设备能够实现信号处理、能量转换和信息传输等功能。在现代电子技术中,电阻、电容和电感的应用无处不在。从智能手机、计算机到卫星通信和能源系统,这些元器件都扮演着关键角色。随着纳米技术和集成电路的发展,电阻、电容和电感的尺寸不断缩小,性能不断提升,推动着电子设备向更小、更快、更高效的方向发展。随着新材料和新技术的出现,电阻、电容和电感的性能将继续增强,应用领域将继续扩展。例如,石墨烯等新型材料的应用有望大幅提升电容器的能量密度,而超导材料的研究则可能彻底改变电感器的设计。此外,随着物联网、5G通信和人工智能技术的高速发展,电阻、电容和电感将在未来的智能设备和系统中发挥更加重要的作用。

电阻、电容和电感的发展史是电学发展的缩影。这三种元器件的发现及理论突破不仅推动了电学的进步,也奠定了现代电子技术的基础。如今,它们作为电路设计、通信、能源等领域不可或缺的核心元器件,持续发挥着重要作用。从早期的实验探索到现代电子技术的广泛应用,电阻、电容和电感的发明与完善见证了人类对电磁现象认识的不断深化,也为现代科技的飞速发展提供了坚实的理论和技术支撑。

3.1.2 电子管的诞生与影响

电子管(图3-1),又称真空管,是电子元器件发展初期阶段的重要成果之一,也是最早的电信号放大器件。它由灯丝、阴极、阳极、栅极等部分组成,这些部件被密封在一个玻璃外壳内,形成一个真空环境。其中:阴极负责发射电子,控制栅极和加速栅极,以调节电子流;而阳极则负责收集电子并输出信号。电子管通过电场对真空中的控制栅极注入电子调制信号,在阳极得到放大或反馈振荡后的信号。这一原理使得电子管成为早期电子设备中不可或缺的核心元器件。作为打开电子时代大门的钥匙,电子管的诞生不仅标志着电子学的开端,也为后续晶体管、集成电路的发展奠定了坚实的基础。电子管的出现解决了信号检测和放大的技术难题,成为现代电子技术的起点。

图 3-1 电子管

电子管的诞生离不开一系列关键实验的推动。1883年,托马斯·爱迪生在研究延长电灯泡碳丝寿命时,无意间发现当一根未接电路的铜丝靠近碳丝时,铜丝会产生微弱电流。这一现象被命名为"爱迪生效应",即炽热金属向外辐射电子。尽管爱迪生并未深入研究其原理,但他敏锐地意识到了这一现象的重要性,并迅速为其申请了专利。将"爱迪生效应"应用于实践的是英国物理学家约翰·安布罗斯·弗莱明(John Ambrose Fleming)。1884年,弗莱明与爱迪生讨论"爱迪生效应"后深受启发。回到英国后,他与无线电通信发明家伽利尔摩·马可尼(Guglielmo Marconi)合作,研究如何改进无线电检波器的性能。弗莱明在灯丝旁添加金属片,并进一步改进装置,使"爱迪生效应"更加显著。1904年,弗莱明基于这一研究成果发明了电子二极管并获得专利。这种装置能够单向导电,显著提高了无线电信号的稳定性,成为电子管的雏形。

然而,电子二极管的信号放大能力有限,无法满足日益增长的通信需求。这一问题的解决得益于美国发明家李·德·福雷斯特(Lee de Forest)的突破性创新。福雷斯特在二极管的阴极和阳极之间添加了一根细金属丝栅极,实现了信号放大功能。通过进一步优化栅极结构,他成功研制出真空三极管,并于1907年提交专利申请。1908年,德福雷斯特的真空三极管获得美国专利,标志着电子管的正式诞生。

电子管的发明是电子技术史上的重要里程碑。电子管不仅解决了信号检测和放大的技术难题,还为无线电通信、广播、电视、雷达等技术的发展提供了关键支持。20世纪上半叶,电子管被广泛应用于各种电子设备,成为电子工业的核心元器件。它的出现极大地提高了无线电信号的稳定性和传输距离,推动了全球无线电通信的普及。例如,马可尼的无线电通信系统因电子管的加入而变得更加高效、可靠。同时,电子管的放大功能使得广播和电视信号的传输成为可能。20世纪20年代,广播电台开始在全球范围内兴起,电子管作为广播设备的核心部件,发挥了不可或缺的作用。

电子管的诞生是科学探索与技术创新的完美结合。从"爱迪生效应"的偶然发现,到弗莱明的电子二极管,再到德福雷斯特的真空三极管,电子管的发明历程体现了人类对电学规律的深入理解和巧妙应用。作为电子技术的起点，电子管不仅推动了20世纪的科技革命，也为现代电子技术的发展奠定了坚实的基础。它的历史意义和技术贡献将永远铭刻在电子学的史册中。

3.2 晶体管时代

晶体管是信息时代的伟大发明，它的诞生是现代电子科技发展的重要里程碑。这项发明涉及科学和技术、团体和社会之间的微妙关系，背后凝聚了众多科学家的智慧和努力。晶体管的出现为集成电路、微处理器及计算机内存的产生奠定了坚实的基础。20世纪40年代末至20世纪50年代初，晶体管的诞生标志着电子元器件进入了一个全新的时代。晶体管是一种固体电子器件，具有体积小、重量轻、功耗低、性能稳定等优点。它可以用于检波、整流、放大、开关、稳压、信号调制等许多场景。它的出现极大地推动了电子技术的发展，使得电子设备更加小型化、高效化和可靠化。晶体管不仅解决了电子管存在的问题，如体积大、功耗高、寿命短等，推动了电子计算机、通信设备等领域的快速发展，还为后续的集成电路技术奠定了基础。晶体管的广泛应用极大地推动了电子计算机、通信设备等领域的快速发展。

3.2.1 晶体管的诞生

晶体管的发明过程是一段充满挑战与艰辛的历程。在贝尔实验室，一群科研精英在威廉·肖克利（William Shockley）（图 3-2）、约翰·巴丁（John Bardeen）、沃尔特·布拉顿（Walter Brattain）等杰出科学家的领导下，历经无数次试验与探究，逐渐揭示了半导体材料中电流放大现象的奥秘，最终研制出了首个基于锗的半导体晶体管。这种晶体管采用了点接触式设计，具备电流放大功能。由于这一开创性的成就，肖克利、巴丁和布拉顿三人共同荣获了1956年诺贝尔物理学奖。

晶体管的发明并非一蹴而就，而是建立在近一个世纪的科学探索基础之上的。19世纪初，科学家们开始对半导体材料产生兴趣，研究聚焦于自然界的矿石晶体。1833年，法拉第首次观察到硫化银的负温度系数现象，即电阻随温度升高而下降。1873年，威洛比·史密斯（Willoughby Smith）在硒中发现光电导效应，为光电子学的发展埋下伏笔。1874年，卡尔·布劳恩（Karl Braun）在金属硫化物中观察到整流效应，而1876年，亚当斯与戴伊在

图 3-2 肖克利

硒的研究中揭示了光伏效应。1879年，埃德温·霍尔(Edwin Hall)发现的霍尔效应和正电荷载流子为半导体科学认知提供了新视角。在晶体管问世前的七十年间，科学家们已揭示了半导体的若干基本特性：负温度系数、光电导效应、光伏效应、整流效应，以及正电荷载流子的存在。这些早期发现为晶体管的诞生奠定了理论基础，但限于当时的材料与技术，人们对半导体性质的认识尚不系统。尽管如此，金属-半导体接触型整流器等发明仍对无线电通信的发展起到了至关重要的作用。布劳恩与马可尼因此荣获1909年诺贝尔物理学奖。

20世纪20年代，量子力学的问世推动了半导体理论的发展。1931年，英国科学家威尔逊提出能带理论，阐明了金属、半导体和绝缘体的电导性差异，揭示了能隙的关键作用。1932年，他进一步提出杂质能级和缺陷能级的概念，为掺杂半导体的导电机制提供了理论支持。1939年，威尔逊出版《半导体与金属》，而达维多夫、莫特和肖特基则分别提出势垒理论，解释了金属与半导体接触时的整流现象。这些研究为晶体管的诞生奠定了坚实的理论基础。与此同时，半导体材料制备技术取得了重要突破。20世纪40年代，垂直冷却法被用于硅和锗的制备，PN结首次被观察到，拉晶法和逐区精炼法也相继问世。通过这些方法，人们成功从熔融液中拉制出高品质单晶，为半导体技术的发展提供了关键的物质基础。

1945年，贝尔实验室成立了一个专注于半导体研究的小组，由肖克利、巴丁和布拉顿领导，研究目标是改进电子管的性能。肖克利提出了一项大胆设想——利用半导体材料制作"场效应"晶体管。然而，实验屡次失败，研究团队认为问题可能出在半导体表面的缺陷上，这些缺陷影响了电场的穿透效果。研究方向因此转向解决表面钝化问题。1947年，肖克利通过硅材料进行实验，但持续的表面干扰问题使实验难以推进。关键时刻，布拉顿提出将整个装置浸入水中以减少干扰。结果表明，装置展现出了电流放大作用。巴丁进一步建议使用金属点代替电极，并用蒸馏水包裹。新设计的装置成功实现了电流放大功能，虽然放大倍数不大，但性能稳定，标志着实验取得了关键突破。随后，研究团队尝试使用不同材料和设置方法。当使用锗取代硅作为实验材料时，他们获得了突破性结果：电流被放大了330倍。这一成功奠定了晶体管的基础，也标志着半导体技术进入了新的阶段，为现代电子产业的兴起打开了大门。

1947年，贝尔实验室的肖克利、巴丁和布拉顿(图3-3)在探索半导体晶体在导体电路中放大声音信号的实验中，取得了科技史上里程碑式的突破——他们成功发明了首个半导体晶体管。这一基于锗半导体的点接触式晶体管具有显著的放大功能。该晶体管的体积较火柴棍略短但更为粗壮，能够将音频信号增强100倍。由于它的发明恰逢圣诞节前夕，且对人类未来生活产生了深远的影响，因此被誉为"赠予世界的圣诞礼物"。这一发明不仅标志着现代半导体产业的兴起，也为信息时代的到来奠定了坚实的基石。

第 3 章 现代通信技术的器件基础——电子元器件

图 3-3 1947 年贝尔实验室，巴丁（左）、肖克利（中）、布拉顿（右）

晶体管的发明不仅解决了电子管体积大、能耗高、寿命短等问题，还推动了电子计算机、通信设备等领域的快速发展。它的出现使得电子设备更加小型化、高效化和可靠化，为后来的集成电路和微处理器的发展奠定了坚实的基础。晶体管的诞生开启了电子技术的新纪元，为现代信息技术的飞速发展提供了核心支撑。从半导体的早期探索到晶体管的发明，这一历程体现了科学探索与技术创新的紧密结合。晶体管的诞生不仅是电子技术史上的里程碑，更是人类智慧与毅力的结晶，为现代科技文明的进步注入了强大动力。

3.2.2 晶体管革命与硅谷的起源

晶体管的发明不仅标志着半导体时代的开启，也改变了人类科技发展的进程。然而，这项伟大发明的背后却充满了纷争与分裂的故事。肖克利、巴丁和布拉顿，这三位科学家在 1947 年共同完成了第一款点接触式晶体管的发明，被誉为"晶体管三人组"。尽管如此，这个曾经璀璨的合作团队在发明问世后不久便因名誉与利益问题解体。

在晶体管的专利申请过程中，肖克利因其在关键实验中缺席，以及理论专利冲突的原因而被排除在外。这一决定引发了他的强烈不满，他认为晶体管的发明完全基于自己提出的"场效应"理论，并坚信自己理应获得相应的荣誉。然而，他的态度让团队内部矛盾进一步加剧，最终导致巴丁和布拉顿选择离开贝尔实验室。巴丁转向超导理论的研究，而布拉顿则加入其他研究团队，彻底与晶体管研究划清界限。

1955 年，肖克利离开贝尔实验室，与阿诺德·贝克曼合作创立了肖克利半导体实验室，目标是推动半导体事业的进一步发展。他将实验室设在加州山景城，吸引了包括戈登·摩尔和罗伯特·诺依斯在内的一批顶尖科学家。然而，尽管肖克利在人才招募方面成绩斐然，但他的独裁式管理风格和缺乏沟通的领导方式成为实验室发展的桎梏。他要求团队在严格的监督下工作,甚至对会议进行全程录音,这种做法让员工感到极大的不信任和压迫,内部矛盾愈演愈烈。1957年,肖克利实验室的八名核心成员联合辞职,这八位科学家分别是罗伯特·诺依斯、戈登·摩尔、尤金·克莱纳、朱利亚斯·布兰克、杰·拉斯特、金·赫尔尼、维克多·格里尼克和谢尔顿·罗伯茨(图3-4)。他们共同创立了仙童半导体公司,这八位科学家被肖克利称为"八叛逆"。这一事件不仅在业界引起了巨大轰动,也成为半导体产业格局转变的里程碑事件。

图3-4 "八叛逆"

一方面,在"八叛逆"的领导下,仙童半导体公司迅速成为半导体行业的先驱力量,仙童半导体公司如图3-5所示。他们开发了革命性的平面工艺技术,并成功生产出一系列集成电路和硅晶体管产品。仙童半导体公司的创新不仅奠定了现代半导体工业的基础,也催生了许多著名科技企业,如英特尔、AMD等。这些企业的崛起吸引了大量半导体人才涌向旧金山湾区,使这里成为全球科技创新的中心,硅谷的雏形也由此诞生。另一方面,肖克利半导体实验室因内部矛盾和管理问题而逐渐衰退。尽管肖克利继续尝试推动四层二极管等技术的发展,但实验室始终无法实现盈利。最终,肖克利半导体实验室于1960年被出售,而肖克利本人也转向了学术领域,成为斯坦福大学的一名教授。

由"八叛逆"创立的仙童半导体公司不仅加速了半导体技术的发展,还奠定了硅谷的技术与文化基础。他们的创业精神和创新实践推动了整个行业的进步,形成了独特的企业文化和创新生态。仙童半导体公司的成功不仅激励了后续一系列半导体企业的创立,还塑造了当今全球科技产业的格局。晶体管革命所引发的这场科技裂变既是合作与竞争的生动写照,又是推动人类科技不断向前的原动力。

图 3-5 "八叛逆"创办的仙童半导体公司

3.2.3 晶体管的发展

自晶体管问世起,多种新型晶体管相继出现。1950 年,日本科学家西泽润一和渡边宁研发出了结型场效应晶体管(JFET)。到了 1952 年,市场开始销售使用晶体管的助听器和收音机。1954 年,贝尔实验室的坦南鲍姆制成了首个硅晶体管。同年,蒂尔在加入德州仪器公司后,成功实现了硅晶体管的商业化。1956 年,通用电气公司推出了晶闸管。1959 年,贝尔实验室的研究员卡恩与艾塔拉共同发明了一种新型晶体管——金属氧化物半导体场效应晶体管(MOSFET)。这一发明实体化了利林菲尔德(Lilienfeld)在 1925 年提出的场效应晶体管概念,为半导体技术的发展开启了新篇章。紧接着在 1967 年,卡恩与施敏携手,成功研制出了浮栅型 MOSFET,该晶体管的出现为半导体存储技术的发展奠定了重要基础。

仙童半导体公司的戈登·摩尔是英特尔公司的联合创始人,他提出了著名的摩尔定律。摩尔定律预言集成电路上晶体管的数量每 18 至 24 个月就将翻一番。这一预言后来成为指导半导体行业发展的黄金法则。在集成电路技术成熟之前,电子电路的晶体管化是通过将单个半导体器件用导线连接而成的。这种早期的半导体器件已经展现出了其巨大的潜力。以电子计算机的发展为例,1946 年,第一台通用电子计算机 ENIAC 投入使用,并于 1956 年退役。退役时,它已经配备了大约 2 万根真空三极管,占地面积达 167 平方米,耗电 150 千瓦。ENIAC 的计算能力在当时是每秒能执行约 5 000 次 20 位十进制数的加减运算。随后,在 1954 年,贝尔实验室推出了第一台全晶体管化的计算机 TRADIC。TRADIC 使用了大约 700 个晶体管和 1 万个锗二极管,其计算速度显著提升,即能够每秒执行 100 万次逻辑操作,而功耗仅为 100 瓦。这一突破性的进展不仅展示了晶体管在计算领域的巨大潜力,也预示着电子设备将向着更小、更高效的方向发展。1955年,IBM公司开发了含有2 000个晶体管的商用计算机。商用计算机的问世进一步推动了晶体管技术在商业领域的应用。晶体管计算机的体积更小、功耗更低、可靠性更高,这些优势使其迅速取代了体积庞大、耗电严重的真空管计算机。

随着晶体管技术的不断进步,电子设备开始进入一个新的时代。晶体管的小型化和集成化为后来的集成电路和微处理器的发展奠定了基础。集成电路的出现使得人们可以将成千上万个晶体管集成在单个芯片上。这不仅大幅提升了电子设备的性能,还极大地降低了成本,使得电子设备得以普及到千家万户。

在晶体管和集成电路的推动下,计算机技术、通信技术及各种电子消费产品都取得了飞速的发展。从大型机到个人电脑,从固定电话到移动电话,从简单的计算器到复杂的游戏机,晶体管和集成电路的应用无处不在。这些技术的发展不仅极大地改变了人们的生活方式,也推动了整个信息时代的到来。在此过程中,贝尔实验室和其他研究机构的研究人员不断探索新的材料和技术,以期进一步提高晶体管的性能和集成度。随着技术的不断进步,半导体行业逐渐形成了以硅谷为代表的高科技产业集群,这些地区成为创新和发展的代名词,引领着全球科技的发展。晶体管的诞生是贝尔实验室在科技创新方面取得的重大成果之一。它不仅推动了半导体技术的发展,还为后来的计算机、通信、信息技术等多个领域的发展奠定了坚实的基础。贝尔实验室的科研人员以他们的智慧和勇气,为人类文明的进步做出了不可磨灭的贡献,他们的创新精神和实践经验将永远激励着后人不断前行。

3.3 集成电路时代

集成电路(integrated circuit,IC)是现代电子科技的基石,其发展历程可以追溯到20世纪50年代。在当时的技术背景下,电子设备普遍依赖于真空管和分立元件,虽然这种方式推动了早期电子技术的发展,但也带来了诸多局限。例如,设备体积庞大、功耗高、故障率高、可靠性差,以及制造成本昂贵。在这一背景下,人们迫切需要一种全新的技术,以集成更多的功能,同时减小设备的体积并提高其性能和可靠性。集成电路的出现正是对这一需求的完美回应。芯片作为集成电路的载体,是现代电子设备的"大脑"。如今,从播放音乐、合成语音、存储数据、数码摄影、GPS定位到传输和处理互联网上的海量数据,芯片已经成为不可或缺的产品。集成电路的发展历程不仅反映了电子元器件技术的进步,也体现了各国在科技领域的竞争态势。

3.3.1 集成电路的发展

集成电路的发展可以追溯到 20 世纪 50 年代。当时,电子设备普遍依赖于真空管和分立元件,体积庞大、功耗高且复杂度高。在这一背景下,越来越多的工程师开始设想集成电路的概念,即将一批微缩的晶体管及电阻、电容等元器件,集中放置在一块面积不大的晶片上,连接成一个电子电路。最终将这一创新设想变为现实的是杰克·基尔比(图 3-6)和罗伯特·诺伊斯(图 3-7)二人,他们分别独立完成了集成电路的研制,被公认为是集成电路的共同发明者。这两位先驱的工作为电子技术的发展开启了新的篇章。

图 3-6 基尔比

图 3-7 诺伊斯

1958 年,基尔比首次在德州仪器公司成功制作出第一块集成电路,标志着集成电路时代的开始。基尔比将多个电子元器件集成在同一块半导体材料上,实现了电路的小型化和集成化,从而降低了成本,提高了性能。1959 年 2 月 6 日,基尔比向美国专利局申报专利,这种由半导体器件构成的微型固体组合件从此被命名为"集成电路"。

当基尔比利用锗成功研制出集成电路的消息传到硅谷时,仙童半导体公司的诺伊斯提出:可以用平面处理技术来实现集成电路的大批量生产。仅仅 6 个月后,诺伊斯便成功发明了世界上首个采用硅材料制成的集成电路,其性能超越了锗集成电路,且更加实用、便于生产。诺伊斯的这一创新发明使得仙童公司生产的集成电路迅速成为市场上极具吸引力的商品。曾经占地 170 平方米的庞大计算机,如今可以被一块仅如火柴盒大小的微处理器所替代,这极大地推动了集成电路的大规模商业化。

20 世纪 60 年代初期,随着晶体管技术和封装工艺的改进,小规模集成电路

(small scale integration circuit,SSI)开始兴起。小规模集成电路通常包含几十个晶体管,用于简单的逻辑运算和信号处理。例如,最早的逻辑门电路和计数器芯片便属于这一类别。尽管其功能有限,但它显著提高了电子设备的可靠性,并减少了组件之间的连接复杂性。随着技术的不断进步,工程师们逐步提升了晶体管的集成度,进入了中规模集成电路(medium scale integration circuit,MSI)阶段。在这一阶段,单块芯片上的晶体管数量达到上百甚至上千个,集成电路能够完成更复杂的逻辑功能,例如,加法器、移位寄存器等。在这一时期,集成电路开始广泛应用于军事设备、通信设备和早期计算机领域。

20世纪60年代末到20世纪70年代初,随着制造技术的进一步改进,大规模集成电路(large scale integration circuit,LSI)时代到来。大规模集成电路通常包含几千至上万个晶体管,其典型应用包括存储器芯片和微处理器。例如,英特尔公司在1971年推出的4004微处理器便是LSI的典型代表。4004微处理器仅包含2 300个晶体管,但它可以实现基本的计算和控制功能,被广泛认为是现代微处理器的开端。

进入20世纪80年代,超大规模集成电路(very large scale integration circuit,VLSI)逐渐成为主流。在这一阶段,单块芯片的晶体管数量突破了十万级别,芯片性能显著提高。微处理器开始变得功能更强大,同时价格更低廉,使得个人计算机得以普及。英特尔的8086处理器是这一时期的重要产品,它不仅为早期的个人计算机提供了强大的计算能力,还奠定了x86架构在计算机领域的主导地位。20世纪90年代后,极大规模集成电路(ultra large scale integration circuit,ULSI)逐渐发展成熟。此时,单块芯片的晶体管数量达到了数百万甚至上亿级别,制造工艺从1微米缩小至90纳米以下。多核处理器的出现进一步提升了计算性能,使得并行计算成为可能。

3.3.2 集成电路制程的演变

集成电路制造工艺的发展经历了多个阶段。早期的工艺主要集中在微米级别,随着晶体管尺寸的不断缩小,制程逐步进入纳米级别。20世纪70年代,制程从10微米缩小至3微米,芯片的集成度大幅提升。进入20世纪90年代后,随着光刻技术的发展,制程进一步缩小至180纳米和130纳米,这一阶段的技术进步主要得益于材料科学和制造设备的创新。进入21世纪后,制程快速地向更小的节点迈进。从90纳米到65纳米,再到45纳米和28纳米,晶体管尺寸的缩小使得芯片性能不断提升,同时功耗也得以降低。然而,随着技术进入7纳米以下,传统的平面晶体管逐渐被三栅极(FinFET)晶体管所取代。极紫外光刻(EUV)技术成为7纳米及以下制程的关键,使得3纳米节点的量产成为可能。尽管制程的缩小带来了功耗和性能的优化,但也面临诸如热管理、功率泄漏和制造成本激增等挑战。

随着晶体管尺寸逐渐接近物理极限,摩尔定律的延续变得越发困难。为了应对这一挑战,行业开始探索新的技术路线,例如,三维集成电路、异构计算架构、光子计算和量子计算等。此外,新材料的研发,如高介电常数材料、石墨烯和碳纳米管,也为集成电路技术的未来发展提供了新的可能性。

集成电路的发明与普及深刻改变了社会,推动了计算机、通信、消费电子、工业自动化、医疗诊断和航空航天技术的发展。作为信息技术核心,芯片产业直接关系到经济增长、科技竞争力和国防安全,成为全球战略竞争的重要领域。未来,随着人工智能、物联网和5G的发展,集成电路的应用范围将更加广泛,高性能计算芯片、智能传感器和边缘计算芯片将成为数字化转型的核心技术。同时,量子计算和神经形态芯片等新兴技术有望突破瓶颈,为产业发展注入新动力。

3.3.3 芯片产业的发展现状

自集成电路诞生以来,中国、美国、日本等在芯片技术方面取得了显著的成就。这些国家通过不断的技术创新和产业升级,逐步形成了完整的芯片产业链和强大的市场竞争力。近年来,随着全球化和信息化的深入发展,芯片技术已成为各国竞相争夺的战略制高点。

1. 芯片制造的产业链分析

芯片制造的产业链包含从设计到制造,再到封装测试及设备材料的完整流程。在这一高度全球化的体系中,各个环节都有特定的技术特点和关键角色,共同支撑着现代通信行业对高性能芯片的需求。

芯片设计是整个芯片产业链的起点,决定了芯片的功能、性能及适用领域。随着技术的不断发展,芯片设计环节正逐步向更加模块化和高效化的方向发展。无工厂(fabless)模式的崛起是一种创新的分工模式。芯片设计企业专注于电路设计和架构优化,而将芯片制造和封装测试外包给专业的晶圆代工和封测企业。fabless模式的优势在于显著降低了资本支出,无须建设昂贵的制造设施;通过降低生产环节的复杂度,芯片设计企业能够专注于创新,从而更快速地响应市场需求;同时,这种模式提高了芯片设计企业的灵活性,芯片设计企业可以选择全球最先进的制造工艺,例如,台积电和三星电子的先进制程。

芯片制造是将设计蓝图转化为实际产品的关键过程,这一环节需要先进的工艺和设备支持。晶圆代工厂(foundry)在芯片制造中扮演了核心角色,其专注于芯片制造并具备强大的技术实力和产能规模。其中,台积电(TSMC)(图3-8)作为全球最大的晶圆代工企业,占据超过50%的市场份额,提供从7纳米到5纳米甚至3纳米的先进制程,为通信芯片提供更高的能效比。台积电服务于高通、苹果和英伟达等众多设计企业,是行业中的技术领导者。

三星电子是全球第二大晶圆代工厂,与台积电在先进制程领域展开激烈竞争,三星电子总部如图 3-9 所示。作为 IDM 厂商,三星电子不仅提供代工服务,还支持自有芯片的生产,如 Exynos 系列,展现了其在制造和设计领域的综合实力。

图 3-8 台积电总公司

图 3-9 韩国首尔三星电子总部

此外,中芯国际(SMIC)是中国大陆最大的晶圆代工企业,主攻 28 纳米及以上的成熟工艺,同时积极开发 14 纳米及以下制程,为中国芯片产业的自主化做出了重要贡献。通信行业对芯片性能的要求包括高频率、低功耗和稳定性,这些需求推动了先进制程技术的持续进步。例如,先进制程(如 7 纳米、5 纳米)显著提升了晶体管的密度,能够支持 5G 基站和智能手机对高性能芯片的需求。此外,高带宽存储(HBM)和低延迟通信处理器等新兴应用对制造工艺提出了更高的挑战,进一步推动了芯片制造技术的快速发展。

芯片封装测试是制造环节中不可或缺的后端工艺,其作用不仅在于保护芯片免受外部环境的影响,还会直接影响芯片的性能、使用寿命和稳定性。封装测试在提升芯片性能方面具有重要作用。通过3D封装和异构集成技术,人们可以在有限的芯片面积内堆叠更多的功能模块。这种高密度集成不仅能够显著提升数据吞吐量,还能在降低功耗的同时满足通信设备的高性能需求。此外,先进的封装技术还确保了芯片在高频、高温等苛刻运行环境中的稳定性。例如,封装过程中的热管理技术能够有效散热,而电气互联技术则确保了芯片内部信号传输的可靠性,从而提升通信设备的整体性能。在封测行业中,日月光(ASE Group)是领军企业,市场占有率位居全球首位。该公司提供先进的封装解决方案,如扇出型封装(FO-WLP),这类技术已广泛应用于高性能通信设备。长电科技则是中国大陆最大的封装测试企业,其产品被广泛应用于通信设备和智能终端。面对行业需求,长电科技正加速布局高端封装技术,如系统级封装(SiP),以增强其竞争力并满足通信行业对复杂芯片封装的需求。

2. 芯片制造的全球格局

(1) 美国

美国是集成电路的发源地,其发展历程贯穿了现代半导体工业的整个历史进程。20世纪50年代,德州仪器的杰克·基尔比发明了世界上第一块集成电路,这标志着集成电路时代的开启,也为后续的电子科技发展奠定了基石。同一时期,仙童半导体公司通过引入平面工艺技术,极大地降低了集成电路的制造成本,使得其能够进行大规模商业化生产,进一步推动了产业的快速发展。20世纪70年代,美国再度引领半导体技术的变革,即英特尔推出了全球首款微处理器4004。这款芯片集成了数千个晶体管,可以实现基本的计算和控制功能,被广泛认为是现代计算机技术的开端。自此,美国逐渐确立了其在芯片设计领域的技术优势,成为全球半导体产业的风向标。

如今,美国在全球芯片产业中仍然处于绝对领先地位,其核心优势体现在高端芯片设计、先进制造设备和技术研发领域。英特尔、AMD、英伟达和高通等行业巨头控制了高性能处理器、图形处理器和通信芯片市场;而Cadence、Synopsys等EDA软件公司则主导了芯片设计工具的开发与应用,构成了其他国家难以撼动的技术壁垒。此外,美国在极紫外光刻机(EUV)关键零部件、材料,以及先进封装测试领域也拥有独特的技术优势,为全球芯片产业的供应链提供了关键支持。

尽管近年来芯片制造的重心逐渐向东亚转移,但是美国正通过出台《芯片与科学法案》等政策,积极干预该问题,试图推动本土制造业复兴,以减少对海外制造能力的依赖。该法案不仅包含巨额补贴计划,还重点支持先进制造技术研发,以吸引全球主要芯片制造商在美国投资建厂,强化其在高端半导体制造领域的竞争力。这一战略举措,不仅增强了美国的供应链韧性,也巩固了其在全球芯片产业中的领导地位。

(2) 欧洲

欧洲的集成电路产业起步于20世纪60年代,但相较于美国,其发展速度较为缓慢,起初主要依赖于跨国技术转移和合作。20世纪80年代,欧洲为应对国际竞争,通过"尤里卡计划"加强跨国研发合作,催生了一批具有国际竞争力的企业,如飞利浦和西门子。这些企业的崛起不仅奠定了欧洲在半导体领域的基础,也为后来的高端技术发展提供了支撑。随着市场需求的变化,欧洲逐渐在高端模拟芯片、汽车电子和功率半导体等细分领域确立了其全球领先地位。英飞凌、意法半导体(STMicroelectronics)和恩智浦等公司成为行业领军者,其产品广泛应用于汽车工业、工业控制和可再生能源领域。例如,英飞凌在功率半导体领域的技术突破,为电动汽车和智能电网提供了高效解决方案;意法半导体则在智能传感器和工业物联网芯片市场占据重要地位。

近年来,为应对全球供应链的不确定性,欧洲出台了"欧洲芯片法案",旨在提升区域内半导体制造能力,减少对亚洲代工厂的依赖。该法案不仅通过资金支持推动芯片设计和制造项目,还强调跨国合作和技术生态的构建,试图在先进制程制造领域实现突破。然而,欧洲在尖端制程方面仍依赖于台积电和三星电子,尤其是在5纳米及以下技术节点上缺乏自主能力,这也反映了欧洲半导体产业在技术竞争中的短板。尽管如此,欧洲在制造设备、材料和工艺技术上仍具有较强实力,并保持着一定的全球影响力。例如,荷兰的阿斯麦(ASML)是全球唯一一个能够量产极紫外光刻机(EUV)的公司,掌握了先进芯片制造的关键技术。未来,欧洲将继续专注于高附加值领域,并通过政策和市场引导进一步增强供应链安全,力争在全球半导体市场中保持其独特优势。

(3) 日本

20世纪80年代是日本芯片产业的黄金时期,其在全球半导体市场占据重要地位,尤其是在存储器、图像传感器和功率半导体领域表现突出。通过政府的大力支持与企业的大规模投资,日立、富士通和松下等公司在存储器市场取得了显著成功,日本一度占据全球DRAM市场份额的70%以上。然而,进入20世纪90年代后,随着韩国半导体产业的迅速崛起,日本的市场份额逐渐被三星电子和海力士等企业蚕食,存储器业务陷入低谷。面对竞争压力,日本芯片产业进行了战略调整,研究方向逐步转向半导体设备、材料和高附加值领域。索尼凭借其在图像传感器领域的技术优势,成为全球领先的供应商,其产品广泛应用于智能手机、相机和自动驾驶系统。东京电子则在光刻设备和清洗设备领域占据重要市场地位,为全球芯片制造企业提供关键技术支持。此外,日本在材料领域保持领先地位,尤其是在光刻胶、硅片和精密仪器方面,例如,信越化学和 SUMCO 提供的高纯度硅片几乎垄断了全球市场。

近年来,瑞萨电子通过收购海外技术企业,不断加强其在汽车芯片和工业芯片领域的竞争力,成为全球汽车半导体市场的重要参与者。然而,随着日韩关系的紧张和国际竞争的加剧,日本芯片产业面临着进一步创新和升级的挑战。高端制程领域的落后,国内市场需求的不足,以及对外部市场的高度依赖,成为日本芯片产业亟待解决的问题。尽管如此,日本芯片产业在供应链上的关键角色仍难以被取代,其设备和材料技术为全球半导体制造提供了强有力的支持。未来,日本可能继续深化在图像传感器、功率半导体和材料领域的技术创新,通过强化与国际企业的合作和实现技术突破,在全球芯片产业中保持独特的优势地位。

(4) 韩国

韩国集成电路产业的发展始于 20 世纪 80 年代,在政府政策支持和企业大规模投入下迅速崛起。韩国通过技术引进与自主研发相结合的模式,逐步在全球半导体产业中占据重要地位。三星电子和海力士成为推动这一进程的核心力量,特别是在存储芯片领域表现卓越。20 世纪 90 年代,三星电子推出了全球第一款 64M DRAM,该技术突破不仅巩固了其在全球存储芯片市场的领导地位,还奠定了韩国在 DRAM 领域的长期优势。目前,三星电子和海力士控制了全球 DRAM 和闪存(NAND)市场的大部分份额,是存储芯片领域的双寡头。同时,随着存储需求的持续增长,韩国企业在高密度、高速存储芯片开发方面不断取得技术进步,为云计算、人工智能和数据中心等领域提供了关键支持。近年来,三星电子进一步向先进逻辑芯片制造领域扩展,力图挑战台积电在全球代工市场的领导地位。通过巨额投资和技术研发,三星电子在 5 纳米及以下制程技术上取得了重要突破,并吸引了包括高通、英伟达等客户。然而,与台积电相比,三星电子在工艺稳定性和产能利用率上仍有提升空间。

韩国芯片产业尽管在存储芯片和逻辑芯片制造方面具有全球竞争力,但在高端芯片设计和设备领域依然高度依赖于美国。例如,在 EDA 软件和关键制造设备(如光刻机)上,韩国需要进口美国和荷兰的先进产品。此外,随着国际技术竞争加剧和供应链安全问题的凸显,韩国面临着减少对外依赖、提高自主研发能力的紧迫任务。韩国凭借其存储芯片的主导地位和逻辑芯片领域的潜力,成为全球半导体产业的重要参与者。未来,韩国需要通过加强高端技术研发和国际合作,巩固其在存储芯片市场的领先地位,同时逐步实现逻辑芯片领域的技术突破,以应对全球半导体行业日益激烈的竞争和快速变化的市场需求。

(5) 中国台湾地区

中国台湾地区在全球集成电路产业中占据制造核心地位,其崛起始于政策扶持和产业布局的成功实践。1974 年,工业技术研究院(工研院)成立,通过引入先进技术和培养本地人才,为集成电路产业奠定了基础。1987年,台积电(TSMC)成立,开创了代工模式,TSMC专注于芯片制造而非设计。这一模式迅速获得全球市场的认可,使台积电成为全球领先的半导体制造商,并在5纳米及以下先进制程领域占据绝对领先地位,为全球科技产业提供关键支持。台积电不仅在技术上遥遥领先,还通过高效的产能管理和卓越的客户服务吸引了苹果、英伟达、AMD等国际顶尖客户,成为全球半导体产业供应链中不可替代的一环。此外,联发科作为中国台湾地区的另一家重要企业,在无线通信芯片设计领域取得了显著成功,其产品广泛应用于中高端智能手机市场,并逐渐向5G和AI芯片领域扩展,进一步巩固其在全球芯片设计领域的地位。

中国台湾地区的半导体产业依托于完整的供应链和政策支持,形成了从设计、制造到封装测试的全产业链优势。然而,这一产业也面临地缘政治风险和高端设备技术依赖的问题。尽管如此,中国台湾地区仍凭借其技术实力和市场影响力,在全球半导体产业格局中扮演着不可或缺的角色。随着芯片制造技术的不断演进和高性能计算需求的持续增长,中国台湾地区有望继续引领全球先进制程的发展,并通过与国际科技企业的深度合作,保持其在集成电路产业中的核心竞争力。与此同时,加强对供应链的韧性建设和技术自主能力的提升,将成为中国台湾地区芯片产业进一步发展的关键所在。

(6) 中国大陆

中国大陆的集成电路产业虽然面临诸多挑战,但近年来在政策扶持和市场需求的推动下,实现了迅速发展。20世纪90年代,中国大陆通过引进外资、技术转移和政策激励,逐步建立起半导体产业基础,尤其是在制造和封测领域实现了一定突破。进入21世纪,中芯国际等企业的成立标志着中国大陆芯片制造业迈向规模化发展,为国内芯片产业链的构建奠定了基础。近年来,中国大陆在多个关键领域取得显著进展。在5G和AI芯片方面,华为海思通过自研芯片打造了一系列高性能产品,并成功应用于智能手机、基站设备和数据中心。在存储芯片领域,长江存储开发出具有竞争力的NAND闪存产品,并推动3D NAND技术实现量产。同时,中芯国际在14纳米及以上制程技术上正逐步接近国际领先水平,其先进制程工艺已应用于部分高端产品的量产。

作为全球最大的芯片消费市场,中国大陆对半导体产业的需求不断增长。然而,核心技术被西方国家"卡脖子"的问题仍是中国大陆芯片产业面临的重大挑战。高端设备(如光刻机)和关键材料的短缺,限制了中国大陆在先进制程技术(如7纳米及以下节点)上的进一步突破。此外,受国际制裁和技术封锁的影响,中国大陆企业在EDA软件和芯片设计工具等基础技术上高度依赖进口,迫切需要实现自主化。

为应对这些挑战,中国大陆通过政策支持和大规模投资,推动本土半导体产业的快速发展。一方面,通过设立国家集成电路产业投资基金(大基金),加大对关键技术研发和本土企业的支持力度;另一方面,鼓励产学研深度合作,加强基础研究和技术创新,力求在 AI 芯片、存储器和特色工艺领域实现"弯道超车"。中国大陆芯片产业的目标不仅在于满足国内市场需求,更希望通过技术突破和产业链协同提升其在全球市场中的竞争力。在新兴领域如人工智能、物联网和新能源车中,中国大陆企业已经展现出了一定的优势。通过持续创新和国际合作,中国大陆有望逐步缩小与领先国家和地区在技术上的差距,为全球半导体产业注入更多活力。

3.4 电子元器件的未来发展趋势

随着信息技术的飞速发展和应用领域的不断拓展,电子元器件正迎来前所未有的发展机遇。未来,电子元器件将在高性能化、微型化与集成化、智能化与网络化,以及绿色化与环保化等多个方向上取得突破,推动电子技术的全面升级。

在大数据、云计算、人工智能等前沿技术的推动下,人们对电子元器件性能的需求日益增长。自动驾驶汽车、智能化家居系统、精密医疗设备等新兴应用场景对电子元器件的性能提出了更高的要求。高性能化不仅体现在处理速度和存储容量的提升上,还表现在能耗控制、运行稳定性及抗干扰能力等多个方面的全面进步。在处理速度方面,新型电子元器件的计算能力正呈指数级增长,以满足快速数据处理和分析的需求。存储容量也在不断扩展,以应对日益增长的数据量。与此同时,能耗控制成为高性能电子元器件的重要考量因素。通过采用先进的制程技术、优化电路设计,以及引入新型材料,电子元器件的能耗逐步降低,这不仅延长了设备的续航时间,还减少了热量产生,提升了整体能效比。运行稳定性是高性能电子元器件的另一关键指标。在复杂多变的工作环境中,电子元器件需保持长时间的稳定运行,这要求其在设计时考虑耐高温、抗振动、防腐蚀等性能。此外,抗干扰能力也是高性能电子元器件不可或缺的一部分。在电磁环境日益复杂的今天,电子元器件需要具备良好的抗电磁干扰能力,以保证信号的纯净和数据处理的准确性。通过采用屏蔽、滤波等技术,电子元器件能够有效减少外部干扰对性能的影响。

微纳加工技术的进步推动了电子元器件的微型化与集成化发展。微型化不仅有助于节约材料,还推动了产品设计向轻薄化、小型化方向迈进。这种设计理念的变化不仅体现在体积和重量的减少上,更体现在空间利用率的提升和产品整体美学的优化。随着电子元器件尺寸的缩小,电子设备的设计将更加灵活,为创新提供了广阔的空间。集成化的发展趋势正在重塑电子设备的功能格局。通过集成化技术,电子设备能够实现更多功能的融合。例如,智能手机集成了相机、导航、支付等多种功能,成为日常生活中不可或缺的工具。未来,随着集成化技术的进一步发展,电子设备将能够集成更多传感器、处理器和其他元器件,实现前所未有的多功能一体化。这种功能的增加不仅提高了产品的附加值,也增强了用户的使用体验。然而,微型化与集成化也带来了新的挑战。随着元器件尺寸的缩小,设计和制造难度大幅增加,对加工精度和材料性能的要求也更为苛刻。尽管如此,这种发展趋势也为企业提供了新的市场机遇。那些能够率先实现微型化与集成化的企业,将在激烈的市场竞争中占据优势地位。

随着物联网和人工智能技术的快速发展,电子元器件将不可避免地向智能化与网络化的方向演变。这种转变意味着未来的电子设备将具备更强的智能处理能力和自我学习能力,从而能够更加灵活地适应复杂多变的环境与用户需求。通过集成先进的传感器和智能算法,电子元器件将被赋予更高的自动化程度,能够自主决策与实时交互,这将为用户带来更好的使用体验。智能化与网络化的电子元器件将为各行各业带来革命性的变化。在智能家居领域,智能化的电子元器件能够实现家庭设备的自动控制和智能管理,以提升居住的舒适性和安全性;在工业自动化领域,网络化的电子元器件能够提高生产效率,降低人力成本,实现精准制造;在医疗健康领域,智能化的电子元器件能够协助医生进行诊断,实现个性化治疗。

在环境保护日益成为全球共识的背景下,电子元器件的绿色化与环保化发展已成为不可逆转的潮流。企业在材料选择上逐步淘汰有害物质,转而使用可回收或完全生物降解材料,以减少对环境的负面影响;在产品设计上,更加注重提高产品的能效比和延长产品寿命,以减少电子垃圾的产生;在生产工艺上,推广节能减排技术,提高能源利用效率,降低碳排放。随着可持续发展理念的深入人心,企业在生产电子元器件的过程中越来越重视采用环保材料和工艺,以降低资源消耗和减轻环境负担。绿色电子产品的开发不仅助力企业增强市场竞争力,更是其履行社会责任的重要途径。推动电子元器件产业向环保和可持续发展方向迈进,已经成为整个行业的共同目标。

电子元器件的未来发展趋势涵盖了高性能化、微型化与集成化、智能化与网络化,以及绿色化与环保化等多个方面。这些趋势不仅将推动电子技术的全面升级,还将为人类社会带来更多可能性。从满足复杂应用需求到推动设计创新,从赋能未来生活到践行可持续发展,电子元器件的发展将继续引领科技进步,为全球经济和社会的可持续发展注入新的动力。

本章小结

作为现代信息技术核心支撑的电子元器件产业,其发展历程及未来趋势值得我们深入探讨和关注。为了推动这一产业的持续健康发展,我们需要在技术创新、人才培养、产业升级和国际合作等多方面加大努力。这不仅有助于提升电子元器件的全球竞争力,也为信息化社会建设贡献了更多的智慧和力量。通过积极探索电子元器件的最新技术与前沿趋势,结合市场需求与政策导向,我们可以构建一个更加高效、智能、绿色的电子元器件产业链。这不仅将促进电子行业的整体升级,更能为未来各个领域的创新应用提供坚实的基础,从而推动全球信息技术迈向更高水平,最终实现信息化社会中人们生活方式的深刻变革。

未来,随着技术的持续演进和市场需求的不断变化,电子元器件的发展将带来更多行业变革及创新机遇。每一个企业、每一个科研机构、每一个个体参与者,都应该清醒地认识到自身在这场变革中的角色与责任,贡献智慧和力量,共同驶向更加光明的发展前景。我们要不断调整思维方式和策略,以适应新的时代要求,在变化中寻找新的机会,为构建更美好的信息化未来贡献力量。

第4章 有线通信技术

在当今这个数字化时代,信息的高速、稳定传输是现代社会的核心。从金融交易到远程教育,从企业协作到全球科研数据共享,信息无处不在。有线通信技术作为信息传输的先驱,始终占据重要地位。从早期的电报线路发展到如今的高速光纤网络,通信技术实现了巨大进步。光纤通信以其高带宽、低延迟和高传输速率的优势成为现代计算机网络的核心支撑,推动了互联网、数据中心和云计算的发展。本章将探讨有线通信技术的发展、特点及应用,特别是光纤通信的发展、组成和应用,以及有线通信技术与计算机网络的关系。

4.1 有线通信

有线通信是指通过物理导线(如铜线、光纤、同轴电缆等)传输信息的通信方式。与无线通信不同,有线通信依赖于固定的物理线路连接,将信号从发送端传输到接收端,从而实现数据的远距离传输。在这一过程中,信号以电流、光信号或电磁波的形式在导线内传输,具体形式取决于系统所使用的传输介质。例如,在传统的铜线系统中,信息以电流的形式传输;在光纤系统中,信息则通过光脉冲传输,这种方式能够实现超高速数据传输;对于同轴电缆而言,信号通过电磁波在电缆内部的导体之间传输。由于信号在有线网络中的传输受到线路的直接控制,因此,有线通信能够提供稳定和高质量的通信效果。有线通信广泛应用于电话、互联网、电视广播等领域,是现代通信基础设施中不可或缺的一部分。

4.1.1 有线通信的发展

有线通信的发展历史可以追溯到19世纪中期,美国著名的发明家和电信先驱

第 4 章　有线通信技术

塞缪尔·莫尔斯(Samuel Morse)率先于 1837 年发明了摩尔斯电码(Morse code)。该电码使用短促和长时间信号(即"点"和"划")来表示字母、数字和标点符号,为后来通过电报发送信息奠定了基础。1844 年,莫尔斯在美国华盛顿哥伦比亚特区和巴尔的摩之间成功建立了第一条长距离电报线路,并发送了历史上第一条电报:"What hath God wrought"(上帝创造了什么)。这标志着电报通信的开始,也是有线通信的开端。电报系统的成功使用大幅提升了远程通信的速度和效率,使得跨州、跨国的通信变得更加便利,极大推动了新闻传播、商业和政府之间的沟通,并迅速成为跨地区和跨国界的主要信息传输工具。发送电报场景如图 4-1 所示。

19 世纪末,有线通信技术发展得十分迅速,1876 年,苏格兰裔美国发明家、科学家亚历山大·贝尔(Alexander Bell)获得了电话的专利权,成功实现了通过电线传输语音,贝尔拨打电话场景如图 4-2 所示。这一突破性发明迅速改变了人类的沟通方式,人们不再仅依赖于通过传统的书信或电报等方式进行远距离沟通,而是能够进行实时语音交流,大幅提升了信息传递的效率和便捷性。电话不仅解决了语言交流的空间障碍,也为

图 4-1　发送电报

日后的现代通信技术奠定了基础。19 世纪 80 年代起,电话开始从实验室走向市场,并逐渐实现商业化。随着技术的成熟,电话开始普及,成为重要的沟通工具。贝尔创立的贝尔电话公司(Bell Telephone Company)在这个过程中发挥了关键作用,并迅速发展为全球领先的电话公司,推动了电话设备的生产与销售。电话网络的建设也在这一时期加速进行,特别是在美国,城市之间的电话线路开始互连,形成了初步的电话通信体系。进入 20 世纪第二个十年,电话网络逐步覆盖更多的地区,包括乡村和偏远地区,电话交换系统也开始逐步建立。这使得电话服务更加普及,用户不仅可以在本地进行电话通话,还能通过交换机实现跨区域甚至跨国的电话通话。随着电话交换技术的成熟,通话的质量和效率大幅提升,电话也逐渐成为人们日常生活中不可或缺的通信工具。

20 世纪中期,随着科技的进步,电缆通信技术逐渐兴起,尤其广泛应用在电视信号的传输中。同轴电缆和光纤电缆为各类通信服务提供了稳定的传输基础。其中,同轴电缆因其良好的抗干扰能力和较高的带宽,成为电视广播和电话系统的重要载体。然而,随着对更高传输速率和更远传输距离需求的增长,光纤通信的概念在 20 世纪 60 年代提出,并在 20 世纪 70 年代迎来了突破性进展。光纤通信通过光信号传输数据,相比传统的铜线电缆通信,具有更高的带宽和更远的传输距离,能够承载的数据量更大,且信号衰减更小。由于这些显著优势,光纤通信技术逐渐

取代了传统的电缆通信技术,成为现代通信的核心技术之一。到了20世纪80年代,光纤通信技术在长途通信中得到了广泛应用,极大提升了通信的质量和速度,尤其是在国际电话通信领域。光纤通信不仅使数据传输更加高效,而且大幅降低了通信成本,推动了全球范围内信息交流的加速。

图 4-2　贝尔拨打电话

20世纪60年代,阿帕网(ARPANET)的诞生标志着互联网的雏形初现。随着时间的推移,互联网逐渐发展并走向大众化。到了20世纪90年代,万维网(world wide web,WWW)的发明加速了互联网的普及,普通人开始通过有线网络进行电子邮件发送、网页浏览、即时通信等多种在线活动。20世纪90年代末至21世纪初,互联网连接方式发生了重大变化。传统的拨号电话上网逐渐被宽带网络所取代,尤其是ADSL等技术的普及,大幅提升了家庭和企业的互联网接入速度。宽带的出现不仅让上网变得更加稳定和快捷,还推动了大量新兴互联网服务的发展,包括在线视频、电子商务、社交网络等。互联网的普及和技术进步,深刻改变了人们的工作、学习和娱乐方式,世界进入了信息化和数字化的新时代。

21世纪初,随着全球互联网应用的快速普及,尤其是流媒体视频和高清视频会议等新兴需求的增长,人们对宽带网络的需求变得更加迫切。在这种背景下,光纤到户(fiber to the home,FTTH)技术在一些发达国家和地区开始得到广泛应用。光纤通信相比传统的铜线电缆通信,能够提供更大的带宽,且信号损失大幅降低,成为现代高速互联网接入的核心技术。FTTH技术的推广,使得家庭和企业用户能够享受到更快、更稳定的互联网连接,为流媒体服务、在线教育、远程办公等新兴数字服务的快速发展提供了技术支持。

进入21世纪中期,随着数据传输需求的不断增长,光纤技术的重要性日益凸显。尤其是5G网络的建设中,尽管其主要依赖于无线技术,但光纤通信依然在支撑5G网络的核心基础设施中发挥着至关重要的作用。光纤为5G基站提供了高速、低延迟的回传链路,确保了5G网络的高效运行,并满足了大数据、物联网等新兴技术对通信质量和速度的要求。光纤通信的高带宽和低延迟特性,使得它成为全球数据中心、云计算和大数据分析等技术应用的关键基础,推动了各行各业的数字化转型。

有线通信技术的发展历程是从最初的基础设施建设起步,历经多种传输方式的不断创新与完善,最终成为现代社会信息传输的骨干支撑。每一代技术的进步不仅推动了通信速率和质量的提升,也为全球信息网络的扩展和优化提供了坚实的基础。从最早的电报到现代的光纤通信,有线通信不断突破物理和技术的限制,实现了长距离、高带宽、高速的数据传输。在未来,随着光纤通信技术的进一步发展和新型通信技术的应用,有线通信技术将继续在全球信息传输中发挥重要作用,支撑起日益增长的数据需求,为智能社会、物联网,以及各种数字化应用的发展提供可靠保障,推动全球数字经济和社会进步。

4.1.2 有线通信的特点及应用

有线通信最显著的特点就是高带宽、低延迟和高传输速率,也是有线通信最重要的优势,在光纤通信中尤为突出。光纤通信能够提供极高的带宽,支持从几百兆比特每秒到数十吉比特每秒的传输速率,光纤的带宽远高于传统的铜线电缆,使得它能够承载更大的数据流量,极大地提升了信息传输的效率和质量。同时,低延迟是有线通信的另一个显著特点。由于信息传输通过物理线路进行,故信号不受电磁干扰和多路径效应的影响,能够保持较低的延迟。

基于高带宽、高传输速率和低延迟的特性,我们可以提炼出有线通信的综合特点,即稳定性和可靠性。有线通信的信号不会像无线通信那样受到电磁干扰和多路径效应的影响,在无线通信中,电磁波会受到障碍物、天气、频谱拥堵等因素的影响,导致信号衰减和质量下降。而有线通信的信号传输依赖于物理线路,特别是在固定的网络环境中(如家庭、办公室、数据中心等),不易受到环境变化和干扰,尤其是在使用光纤等高质量导线时,信号几乎没有损失,极大地提高了通信的质量和传输稳定性。因此,有线通信系统通常具有更高的数据传输速率和更低的延迟,这种稳定性使得有线通信在需要高带宽和高可靠性的应用场景中,例如,家庭用户的宽带上网,抑或企业网络、云服务的数据传输,始终占据着重要地位。

对于目前发展势头强劲的数据中心互联,数据中心之间的数据交换和云计算服务都依赖于有线通信,尤其是光纤通信。光纤提供了高速、低延迟的网络连接,能够处理大量的云服务请求、存储访问,以及大规模数据处理,以保证数据中心之间的高效通信和服务稳定性。抑或在电视广播行业,尤其是高清(4K)电视和超高清(8K)视频流的传输过程中,光纤通信提供了稳定的带宽和高质量的传输通道。光纤可以无损地传输高清和超高清视频信号,为广播公司提供高效的内容分发和现场直播服务。在百姓的生活中,光纤宽带是现代家庭接入互联网的理想选择,特别是对于那些需要使用大量数据传输和高带宽应用(如高清视频流、在线游戏、远程工作等)的用户,光纤能够提供比传统铜线宽带更快、更稳定的上网体验,满足这些应用高速、低延迟的需求。

此外,有线通信还具有较强的安全性。由于信息传输依赖于物理线路,故黑客通过传统手段拦截信息的难度相对较大。尤其是在光纤通信中,光纤信号不容易被窃听。与传统的铜线电缆传输相比,光纤传输的光信号很难被外部设备检测或篡改,因为光纤内部的信号传输需要特殊的设备才能探测,这使得光纤通信在保护敏感数据和防止信息泄露方面具有显著优势。此外,光纤网络本身的物理特性也使得它在遭遇窃听或破坏时容易被察觉。任何对光纤线路的非法接入或破坏都会导致信号丢失或中断,从而触发警报,这增强了网络的防范能力。因此,光纤通信在需要极高保密性和数据安全性的场景中,比其他类型的通信方式更具优势。

在一些对安全性要求较高的场景中,如银行系统、政府机构和军事通信等,有线通信被认为是一种相对更为安全的选择。在这些领域,数据的机密性和完整性至关重要,任何信息泄露或篡改都可能带来严重后果。光纤通信提供的高安全性使得它成为这些关键领域的首选技术。例如,金融交易系统和军事指挥系统通常会利用光纤网络进行数据传输,以确保传输过程中的安全性和稳定性。此外,光纤通信的抗干扰能力也为其在对安全性要求较高的场景中加分,因为电磁干扰、无线监听等问题对光纤通信几乎没有影响。总的来说,光纤通信通过其独特的物理特性和抗干扰能力,成为保障敏感信息安全的理想选择,特别是在需要高安全性的金融、政府和军事应用中,光纤通信的安全性无可替代。

然而,有线通信也存在一些局限性。首先,它依赖于物理线路,这意味着安装和维护成本较高,特别是在大规模网络部署的情况下。对于偏远地区或地理条件复杂的地区,铺设有线通信线路可能面临较大的挑战,这也限制了有线通信在一些特定场景下的普及。例如,在农村或山区,有线通信的基础设施建设可能比较困难,而无线通信则更具灵活性,能够更容易地覆盖这些地区。其次,虽然有线通信的信号稳定性较好,但它对物理环境的依赖使得其在一些特殊场景中容易受到破坏或中断。例如,线路破损或自然灾害(如地震、洪水等)可能会导致有线通信服务中断。在这种情况下,虽然有线通信系统能提供高可靠性,但一旦基础设施出现问题,那么有线通信系统将会面临修复周期较长,影响较大的问题。有线通信的另一个挑战是灵活性较低。由于通信过程依赖于固定的线路连接,因此,一旦建立了通信系统,用户的移动性和可扩展性就会受到限制。对于移动性要求较高的应用场景,例如,家庭用户、企业用户和公用场所,安装固定线路和线路维护工作可能会显得繁琐,尤其在快速发展的技术环境中,系统的升级和改造也可能需要大量的时间和成本。

有线通信凭借其高带宽、低延迟的稳定性和较高的安全性,在很多领域仍然占据着核心地位,尽管其在灵活性、部署速度、安装和维护成本方面存在一定的限制,但在很多应用场景下,特别是那些对带宽和稳定性要求较高的领域,有线通信依然是最佳选择。

4.2 光纤通信技术

4.2.1 光纤通信的发展

光纤通信网络是现代通信系统的核心,支撑了全球90%的数据传输,是其他业务网络的基础承载网络。光纤通信网络传输技术又被称为光纤通信技术,是一种以光纤为介质、以光波为载波进行信号传输的技术。光波是电磁波的一种,有信号传输能力,且传输速度快。人们逐渐利用光波传输信号来契合现代通信网络在传输速度与通信容量等方面的需求。

自1960年美国科学家西奥多罗德·梅曼发明首个红宝石激光器解决了光源难题起,人类便慢慢开启了光纤通信的探索之旅。至1966年,华裔科学家高锟(图4-3)与他的同事乔治·霍克汉姆合作发表名为《光频率介质纤维表面波导》的论文,文中指出了将光导纤维用作信息传输介质的可行性。此论文被视作光纤通信理论的根基之作,它推开了光纤时代的大门,扭转了人类通信技术的发展方向,如今其重大意义已广为人知。同一时期,美国贝尔实验室成功研制出室温下可连续工作的双异质结半导体激光器,光纤与激光器的结合让光纤通信技术从实验室迈向实用化工程应用,这标志着人类通信史开启了全新篇章。

1976年,美国AT&T公司于亚特兰大搭建了世界首个实验性光纤通信系统(图4-4),其长度约为1.25英里(约2 000米)。三年后的1979年,日本电报电话公司研制出0.2分贝每千米的极低损耗石英光纤,该衰减值近乎散射的理论极限。

图4-3　正在做实验的高锟

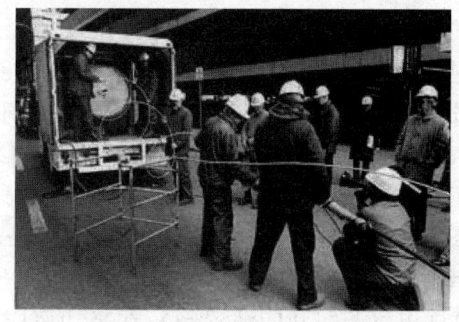

图4-4　安装实验性光纤通信系统

20世纪80—90年代,光纤技术迅猛兴起,成为有线通信关键的传输介质。步入21世纪后,光纤彻底取代金属线缆,构建起整个通信网络的骨干架构。单根光纤的数据传输量早已超越太字节每秒量级。此后数十年间,新技术的持续引入促使光纤通信的传输速率、容量与距离不断攀升,传输容量呈现出每10年1 000倍的爆发式增长,发展速度超乎寻常。当下,全球光缆年需求量超5亿芯公里。这些光纤传输着巨量数据,支撑着全社会的发展,也为人类文明的进步贡献着庞大力量。

4.2.2 光纤通信系统的组成

光纤通信系统是现代信息社会的基石,其高效、稳定和高速的特性使其成为全球通信网络的支柱。一个完整的光纤通信系统由多个关键部分组成,这些部分协同工作,共同实现光信号的生成、传输、放大和接收。

光纤通信系统的起点是光发射机,其核心任务是完成电光转换。光发射机通过光源(如激光二极管或发光二极管)将电信号转换为光信号,并利用调制器将信息编码到光波中。调制后的光信号通过光纤传输,进入系统的核心传输介质——光纤光缆。光纤光缆是光信号传输的物理通道,其结构设计直接决定了信号的传输效率和质量。光纤光缆的种类繁多,包括单模光纤和多模光纤,分别适用于不同的传输场景。在光信号传输过程中,有源光器件和无源光器件分别扮演着不可或缺的角色。有源光器件是指需要外部能量驱动的光学组件,如光源、光检测器和光放大器。其中,光放大器在长距离传输中尤为重要,它能够对衰减的光信号进行放大,从而延长其传输距离并提高信号质量。无源光器件则不需要外部能量,主要用于光信号的分配、耦合和滤波,如光纤连接器、分路器和波分复用器。这些器件在系统中起到优化信号传输路径和提高网络灵活性的作用。光接收机是光纤通信系统的终点,负责将光信号重新转换为电信号。光接收机中的光电检测器将光信号转换为电流信号,再通过解调器还原为原始信息,完成整个通信过程。

1. 光纤光缆

光纤是光缆的核心部分,其主要由纤芯、包层和涂覆层组成,如图4-5(a)所示。纤芯负责传输光信号,包层通过全反射原理将光信号限制在纤芯内,而涂覆层用于提供机械保护。光纤具有高带宽、低损耗和抗电磁干扰等优点,根据模的分布,光纤分为单模光纤和多模光纤。单模光纤适用于长距离通信,其模场直径(mode field diameter,MFD)为 $8\sim10~\mu m$,衰减系数低至 $0.2~dB/km$;而多模光纤的模场直径为 $50\sim62.5~\mu m$,适合短距离、高带宽传输,衰减系数较高,为 $0.5\sim3~dB/km$。光纤的典型参数还包括数值孔径(numerical aperture,NA),该参数会影响光耦合效率;色散,分为色度色散和模式色散,是信号畸变的重要来源;以及非线性效应(如自相位调制和四波混频),在高功率应用中显著影响性能。

光缆是由光纤与多种保护结构组成的传输介质,外部保护套材料提供防水、抗压和抗拉功能,使其适应多种应用场景,如图4-5(b)所示。典型参数包括抗拉强度、弯曲半径和温度范围。抗拉强度决定了光缆在安装或使用中承受机械拉力的能力,通常为几百到几千牛顿;弯曲半径影响布线灵活性,一般动态弯曲半径为光缆直径的20倍,静态为10倍;温度范围决定光缆适应环境的能力,常见范围为−40∼+70℃。根据场景需求,光缆设计有所不同。例如,室内布线光缆注重轻便和小弯曲半径,而室外布线光缆则需要具备良好的防水、防紫外线和耐候性,海底光缆甚至需要额外的防水材料和铠装设计。

在具体应用场景中,不同参数的优化尤为重要。长距离通信需要超低衰减光纤(如0.15∼0.17 dB/km)和高抗拉强度光缆;数据中心则倾向于使用大数值孔径的多模光纤以实现短距离高带宽传输;而在室外铺设中,光缆需具备优异的防水、防尘和机械保护能力。光纤和光缆的这些参数在确保传输质量、环境适应性和使用寿命方面发挥着关键作用。

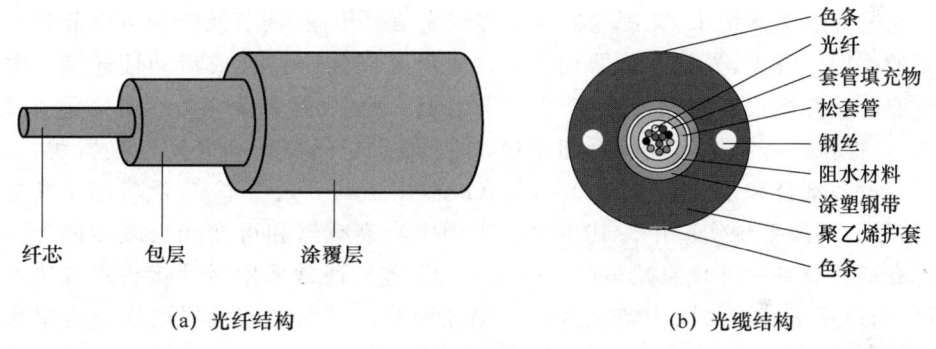

图4-5 光纤和光缆内部结构图

2. 有源光器件

在光纤通信系统中,有源光器件是关键组成部分,主要包括发送端的光源、接收端的光电探测器及光放大器。

光源负责将电信号转换为光信号,常用器件包括半导体激光器(laser diode,LD)和半导体发光二极管(light emitting diode,LED)。半导体激光器利用工作物质、泵浦源和光学谐振腔的配合来产生激光。工作物质是具备特定能级结构的半导体材料,能够通过受激辐射发射光子;泵浦源提供外界能量,使工作物质达到粒子数反转分布,支持光放大过程;光学谐振腔通过全反射镜和部分反射镜的配置,实现选频与选向功能,使光子在腔内反复反射形成高强度的激光输出。半导体激光器的阈值特性表现为输出光功率在外加电流达到阈值(It)后急剧增加;光谱特性随激励电流变化,阈值以上时光谱变窄、相干性增强;温度特性则表现为温度升高、阈值电流增大、光输出功率下降,因此,半导体激光器需要自动温控电路以保持稳定。半导体激光器因其高效率、窄光谱和高调制速率的特点,在高速率、长距离通信中广泛应用。相比之下,半导体发光二极管由于缺乏光学谐振腔,只能通过自发辐射发光,输出为宽光谱的非相干荧光。LED具有寿命长、温度特性稳定的优点,但因光谱较宽、耦合效率低,更多用于低速率、短距离通信场景。

光电探测器是接收端的核心器件,用于将光信号转换为电信号,常见器件包括光电二极管和雪崩光电二极管。光电二极管基于光电效应工作,在光照下,光子激发PN结中的电子-空穴对形成光生载流子,这些载流子在反向电压作用下形成光电流,其大小与光强成正比。光电二极管的响应时间较短,具有良好的频域特性,但仅当暗电流较小时才能保证高信噪比。雪崩光电二极管则通过高反向偏压引发的雪崩倍增效应放大光信号,从而显著提高灵敏度。其通过耗尽层中载流子的碰撞电离产生新电子-空穴对,并引发连锁反应实现信号增益,适用于长距离、高灵敏度通信场景。

3. 无源光器件

在光纤通信系统中,无源光器件在实现光信号传输、调节及控制方面起到至关重要的作用。首先,光纤连接器用于实现光纤之间的永久性或活动性连接。固定接头通过光纤熔接实现永久连接,广泛应用于工程中;而活动性光纤连接器通过螺丝卡口、推拉式等结构实现可拆卸连接,常见形式包括尾纤和光纤连接器跳线,分别用于设备耦合和系统互连。其次,光衰减器用于调节光功率,广泛应用于指标测量、信号衰减及系统实验中。其主要分为固定光衰减器和可变光衰减器两类。固定光衰减器具备标准化衰减量(如5 dB、10 dB等),通常采用活动接头式或法兰盘式设计,适用于传输线路中特定区间的损耗调节。可变光衰减器则通过自聚焦透镜和衰减片的组合对光信号进行可调衰减,采用旋转式结构,可实现连续或分挡调节,衰减范围可达60 dB以上,误差小于10%。再次,光耦合器(又称分路器或光定向耦合器)是实现光信号分路与合路的关键器件。常见的光耦合器有2×2型和1×2型,光纤式光耦合器通过两根光纤界面的光衰减场相互重叠来实现光耦合,具备小型化、稳定性好和连接便利等优点。最后,光隔离器用于确保光信号单向传输,防止反射光回流对激光器工作稳定性造成干扰,是保障系统可靠性的重要器件。

在光信号选择与路由控制方面,光滤波器和光开关扮演了重要角色。光滤波器允许特定波长的光信号通过,而波长可调谐光滤波器能够灵活调整通过的光波长。光开关则控制光信号的通断或进行光路切换,在光网络中实现波长选择、路由选择及光交叉连接等功能。根据工作原理,光开关可分为机械式和非机械式两类。机械式光开关通过机械运动实现光路切换,具备低插入损耗和高隔离度,但开关时间较长(约15 ms)且体积较大。非机械式光开关利用电光效应、声光效应或磁光效应实现切换,具有高速和易集成化的优点,但插入损耗相对较高。

这些无源光器件通过功能互补,为光纤通信系统提供稳定、高效的信号传输、调节和控制能力,是现代光通信网络的基础组件。

4. 有源光器件——光放大器

光放大器是光纤通信系统中的关键器件,能够直接放大光信号,广泛应用于长距离、大容量光通信中。常见的光放大器包括半导体光放大器(semiconductor optical amplifier,SOA)和稀土掺杂光纤放大器,如掺铒光纤放大器(erbium-doped fiber amplifier,EDFA)、掺镨光纤放大器(praseodymium-doped fiber amplifier,PDFA)和掺铥光纤放大器(thulium-doped fiber amplifier,TDFA)。

半导体光放大器通过电泵浦实现粒子数反转,在外来光子激励下产生受激辐射,以放大光信号。它的工作波段覆盖 1 300～1 600 nm,能够同时覆盖通信的 1 310 nm 和 1 550 nm 窗口,具备技术成熟、易于集成的优点,但存在与光纤耦合困难、偏振敏感及噪声和串扰大的问题。

稀土掺杂光纤放大器则通过光纤中掺杂的稀土元素产生增益机制实现放大。其中,EDFA 是现代通信系统的核心器件,工作波长为 1 550 nm,具有高增益、低噪声的特点。它的基本组成包括泵浦光源、光耦合器、光隔离器和掺铒光纤:泵浦光源由半导体激光器产生,用于激励掺铒光纤中的粒子数反转;光耦合器负责将信号光和泵浦光混合;光隔离器则用于防止反射光对系统稳定性产生影响,确保光信号单向传输;掺铒光纤是放大器的核心部分,其中掺杂的铒离子在泵浦光的作用下发生能级跃迁,进而实现光信号的放大。EDFA 的结构分为同向泵浦、反向泵浦和双向泵浦三种,其中:同向泵浦噪声低但输出功率较小;反向泵浦输出功率高但噪声较大;而双向泵浦结合两者优点,是一种综合性能较高的结构。此外,EDFA 的控制模式主要包括自动增益控制(automatic gain control,AGC)和自动功率控制(automatic power control,APC),分别用于保持增益和输出功率恒定。掺铒光纤放大器结构如图 4-6 所示。

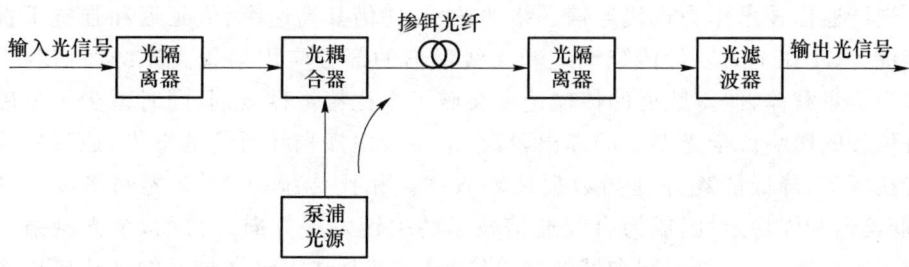

图 4-6　掺铒光纤放大器的结构

相比之下,PDFA 的工作波长为 1 300 nm,适合特殊场景,但其机械强度较差且与普通光纤熔接困难;TDFA 的工作波长为 1 400 nm,可与 EDFA 组合实现超宽带传输。尽管这些放大器存在增益带宽不平坦、ASE 噪声大等缺点,但它们仍凭借高能量转换效率、良好的增益稳定性、低噪声等优点广泛应用于现代通信系统。

光放大器根据其在系统中的作用,可以分为三种典型应用方式:功率放大器(optical booster amplifier,OBA)位于光发射机后端,用于放大信号以延长信号传输距离,要求具备较大的输出功率;线路放大器(optical line amplifier,OLA)作为中继器补偿传输损耗,适用于多信道光波系统;前置放大器(OPA)则位于接收机前端,用于放大信号以提高接收灵敏度,对信噪比要求较高。通过灵活应用这些光放大器,光通信系统能够显著提高信号质量,满足现代大容量、长距离通信的需求。

4.2.3 光纤通信的应用

纵观光纤通信技术的发展轨迹,我们可以清晰地看到一个不断突破自身极限的技术演进过程。早期,光纤通信的核心目标主要集中在提升传输速率、扩大传输容量和延长传输距离上。然而,随着互联网流量的爆炸性增长,这些传统目标已经远远无法满足现代通信对于带宽和性能的迫切需求。在传输性能方面,现代光纤通信技术已经取得了令人瞩目的突破。通过创新的调制技术,单波长传输速率已经可以达到每秒数百太比特的惊人水平。空分复用、波分复用等技术的应用,使得单根光纤的传输容量得到了显著提升。更为关键的是,新型光放大和信号处理技术的发展,极大地提高了长距离传输的稳定性和可靠性。在网络架构方面,软件定义网络(software-defined networking,SDN)和人工智能技术使光纤网络从静态传输通道转变为动态、智能的系统,支持多业务承载和灵活的资源调度。在全球碳中和背景下,光通信技术向低功耗、优化能耗管理和提高能效方向发展,助力可持续发展。在安全方面,量子通信技术通过量子密钥分发和端到端加密为光纤网络提供了革命性的安全保障,构建了高度安全的通信基础设施。同时,硅光子技术降低了器件成本并提高了系统集成度,而量子通信与人工智能的融合为光纤网络带来了更高的安全性和运行效率。

光纤通信技术作为现代通信网络的核心,凭借其高速率、低延迟和强抗干扰能力等优势,正在不断取代传统铜缆和无线通信的部分应用场景。光纤通信利用光波作为信息载体,使得数据的传输速率突破了太比特每秒级别,同时减少了电磁干扰对信号的影响。全光网络的提出,旨在进一步发挥光纤通信的潜力,通过取消光电转换环节,降低能耗并提高数据传输效率。相比传统网络,全光网络以其高容量、低延迟和强稳定性,成为有线通信技术的关键发展方向。目前,全光网络已广泛应用于数据中心、骨干网和城域网等场景,尤其是在需要高带宽的现代应用中表现尤为突出。

全光网络的实现依赖于一系列先进的技术,其中光波分复用(wavelength division multiplexing,WDM)和密集波分复用(dense wavelength division multiplexer,DWDM)尤为重要。WDM通过在一根光纤中传输不同波长的光信号,有效提升了光纤的容量;而DWDM则进一步缩小波长间隔,使得一根光纤可以承载数百个甚至上千个波长通道,从而实现更高的传输效率。这些技术在海底光缆和全球骨干网络中得到了广泛应用。此外,光放大技术是全光网络的另一个关键环节,用于补偿长距离传输中光信号的衰减,常用的技术包括掺铒光纤放大器(EDFA)和拉曼放大器。与此同时,全光交换技术无须进行光电转换,可以直接对光信号进行交换,大幅降低了功耗和处理延迟,使全光网络的性能得到进一步提升。

在实际应用中,全光网络以其超高性能成为数据中心互联的重要技术支柱。随着云计算和大数据的快速发展,数据中心之间的通信需求呈指数级增长,全光网络通过提供稳定、低延迟的高带宽连接,有效支持了这些需求。同时,在城域网和骨干网中,全光网络能够显著提高主干网的通信能力,以满足智慧城市和工业互联网建设的要求。展望未来,全光网络将向智能化和绿色化方向发展。通过引入人工智能技术,我们可以实现网络的动态调度与智能管理,从而提高资源利用效率。绿色化方面,通过优化光放大器性能和采用高效光子器件,全光网络在降低功耗的同时推动了低碳通信的发展。此外,全光网络与其他新兴技术的融合,如5G、物联网和边缘计算,将进一步提升通信网络的整体性能,为智慧社会和数字经济的构建提供重要支撑。

第五代固定通信网(the 5th generation fixed network,F5G)是固定网络技术的一次全面革新,其核心目标是通过全光纤化的基础设施,实现"光联万物"和固定网络技术的全面提升,如图4-7所示。F5G具有三个主要特性:增强固定宽带(enhanced fixed broadband,eFBB)、全光连接(full-fiber connection,FFC)和可靠体验保障(guaranteed reliable experience,GRE)。增强固定宽带通过广泛采用10G PON和XGS-PON等技术,实现数千兆比特每秒的对称速率支持,不仅满足用户对高带宽的需求,还能支持更高数据吞吐量的场景,如8K超高清流媒体、虚拟现实和在线云游戏。全光连接依托光纤到户(FTTH)和光纤到房间(fiber to the room,FTTR)等技术,实现了网络的全覆盖与深度部署,大幅提升了接入速度和覆盖质量。此外,F5G引入了WDM/DWDM等多波长复用技术及光信号放大器(EDFA),通过高效的资源管理和切片技术支持多业务的灵活部署。例如,PON切片使得在同一光纤网络中,智能家居、工业控制和企业专线等业务可以并行运行且互不干扰。而在可靠体验保障方面,F5G通过协议优化和智能调度实现了毫秒级的低时延,其网络自愈与智能化运维能力显著降低了故障处理时间,提升了网络稳定性。

同时,端到端加密和虚拟专用网技术增强了用户数据的安全性。F5G的典型应用场景包括家庭宽带、企业专线、工业物联网和智慧城市建设。在家庭场景中,F5G能够满足用户对高速率、高稳定性的宽带需求,为远程办公、在线学习和云娱乐提供坚实保障;在企业环境中,F5G为中小企业提供高质量、低成本的光纤专线,助力业务数字化转型;在工业领域,F5G通过高可靠性网络连接支持智能制造和远程控制；在智慧城市中，F5G通过高密度连接与切片能力支撑智慧交通、智能能源等复杂系统的通信需求。F5G的网络架构也实现了创新，其双层架构结合了光传输网络（optical transport network，OTN）和以太网（Ethernet）的优势，配合软件定义网络（SDN）与网络功能虚拟化（network function virtualization，NFV）技术，实现网络资源的动态调度与按需分配。这些技术与能力的结合，使F5G不仅是固定网络的技术迭代，更是推动全社会数字化转型的重要基石，为未来网络的发展和应用提供了强大的技术支持和扩展空间。

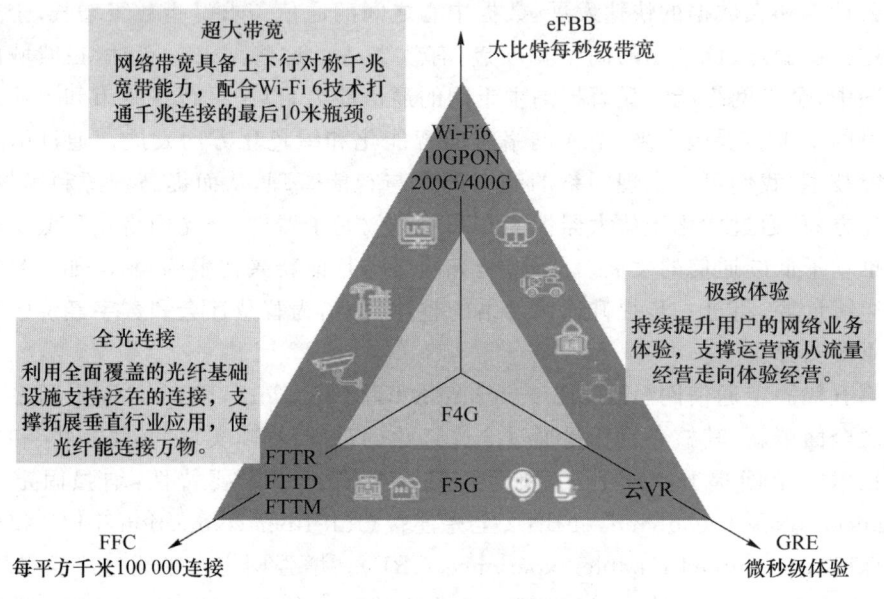

图4-7　F5G的主要特征

第五代固定通信网（F5G）通过超大带宽、全光连接和极致体验等特性，实现了宽带家庭和工业网络的高度普及，推动了"光联万物"的产业愿景。然而，面对偏远和无人区域的连接需求，F5G的地面网络仍存在诸多局限。2024年11月2日，亚洲通信与光子学会议（ACP）在北京举行。会上北京邮电大学联合14所高校单位和6个产业单位共同发布《第六代固定通信网（F6G）白皮书V2.0》中英文版，展望有线通信的未来发展。F6G被视为固定通信网络的新高度，其提出的核心目标是实现天地一体化连接、全栈智能化管理，以及算网协同。这些特征使得F6G能够突破地面光纤网络的限制，通过与卫星网络的深度融合，形成一张覆盖海洋、极地及偏远地区的全域网络。F6G将光纤接入的极限速率从数十吉比特每秒提升至太比特每秒级别，同时通过内嵌人工智能技术，实现网络自适应调度与资源优化。

在应用场景方面，F6G在元宇宙和智慧城市中的潜力尤为突出。通过超高速接入和智能协作，F6G可为元宇宙提供沉浸式全息通信支持，以确保用户在虚拟世界中的实时互动体验。同时，在智慧城市中，F6G能够支持海量智能设备的接入与管理，为智慧交通、智能能源等场景提供精准的数据处理与通信保障。此外，F6G还通过采用绿色敏捷网络设计，实现能效的大幅提升，在推动数字经济发展的同时，减少碳排放，符合可持续发展的目标。F6G不仅是F5G的技术延续，更是对全光网络、云边协同和空间通信的全面升级。该网络的全面建成，将加速社会向全连接、高智能和低碳化的方向转型，为未来通信奠定坚实基础。

4.3 计算机网络

有线通信技术的发展，尤其是光纤通信技术的广泛应用，极大地拓展了信息传输的边界，让信息能够稳定、快速地穿梭于不同的区域、领域之间。无论是在数据中心的互联，还是在智慧城市建设等众多场景中，有线通信技术都发挥着不可替代的作用。然而，要想让信息在不同的用户群体、不同的业务系统，以及不同的设备终端之间实现无缝对接、高效交互，还需要借助计算机网络这一强大的"纽带"。计算机网络能够将分散的有线通信链路编织成一个有机的整体，从而实现全方位、多层次的信息交流与资源调配。本节，我们就详细了解一下计算机网络的具体情况，看看它有着怎样的发展历程、体系结构、类别划分。

4.3.1 计算机网络概述

计算机网络是现代信息技术的核心组成部分，它通过连接多台计算机和设备，实现资源共享、数据传输和信息交换。计算机网络在信息时代中扮演着不可替代的核心角色。它不仅是信息传递的桥梁，更是推动社会变革与经济增长的关键基础设施。通过计算机网络，信息可以在全球范围内以极快的速度传播。这种快速传播改变了传统的交流方式，使得无论是个人之间的沟通，还是企业与客户的互动，甚至是跨国界的协作，都变得更加即时和高效。例如，电子邮件、即时通信和视频会议等工具使人类历史上前所未有的"实时通信"成为可能。这种"实时通信"，不仅缩短了空间距离，也促进了思想、文化和知识的交流。

在经济领域，计算机网络是数字化经济转型的基石。电子商务通过计算机网络实现了从商品展示到支付结算的全流程在线化，大幅提升了商业效率，同时也开创了全新的商业模式。远程办公和在线协作的普及进一步证明了计算机网络的重要性，特别是在疫情等特殊情况下，计算机网络支撑了大量企业和机构的正常运转。教育与科研领域同样受益于计算机网络的普及与发展。在线教育平台和数字化课程资源使得教育的公平性和可及性显著提升，尤其是在资源匮乏地区，计算机网络成为知识传播的有效工具。科研工作中，计算机网络支持了全球范围内的合作，研究人员可以通过计算机网络分享数据、交换思想、共同攻克难题。数字图书馆和数据存储平台则为学术研究提供了丰富的资源,使得科学探索不再受限于地域和物理条件。计算机网络对社会管理与民生服务的提升也具有重要意义。在智慧城市的建设中,计算机网络连接的传感器和系统能够优化交通流量、监控环境质量、提高能源利用效率,为市民提供更加智能化和便利的服务。电子政务的推广也离不开计算机网络的支持,许多国家的政府已经通过在线平台实现了公共服务的数字化,从而提升了管理效率和服务水平。计算机网络还推动了许多新兴技术的快速发展。物联网技术依赖计算机网络实现设备之间的互联互通,人工智能通过计算机网络获取和处理海量数据,而云计算与边缘计算更是以计算机网络为基础构建起了强大的分布式计算能力。区块链技术的广泛应用也得益于计算机网络对分布式结构的支持。可以说,计算机网络不仅改变了现有的产业格局,还在持续催生全新的科技与经济形态。

在信息时代,计算机网络的作用不仅体现在基础设施建设层面,更在于其对社会、经济和文化的深远影响。从连接个人到驱动全球化进程,从赋能传统产业到催生未来技术,计算机网络是现代社会不可或缺的动力引擎,也是人类通往更高发展阶段的重要桥梁。

4.3.2 计算机网络的发展

计算机网络的发展历程是一部技术与人类智慧交织的壮丽史诗,它见证了信息时代的崛起与全球互联的奇迹。从最初的简单连接到如今的全球性网络,计算机网络的演进不仅改变了信息的传递方式,也深刻影响了人类社会的方方面面。早期的计算机网络主要是为了满足军事和科研机构的需求。1969年,美国国防部高级研究计划局(ARPA)启动了 ARPANET 项目,这是现代计算机网络的雏形。ARPANET 采用了分组交换技术,使得数据能够在网络中高效传输,这一技术奠定了现代网络的基础。随着时间的推移,计算机网络技术不断进步。20世纪70年代,局域网(LAN)技术出现,它使得同一建筑物或校园内的计算机能够高效地连接在一起。随后,城域网(MAN)和广域网(WAN)技术的发展,进一步扩大了网络的覆盖范围。1983年,ARPANET 正式采用 TCP/IP 协议,这一协议成为现代互联网的基础,使得不同网络之间的互联成为可能。1991年,万维网为互联网赋予了图形化界面和超链接功能,极大地降低了普通用户使用互联网的门槛。随后,浏览器技术的普及和商业化使得互联网迅速渗透到社会的各个角落。20世纪90年代中期,互联网服务提供商(ISP)开始涌现,为个人和企业提供接入服务,互联网用户数量呈指数级增长。进入21世纪,互联网的发展进入了一个全新的阶段。宽带技术的普及使得网络速度大幅提升,移动互联网的兴起则让人们能够随时随地接入网络。云计算、大数据、物联网等新兴技术的出现,进一步扩展了互联网的应用场景。如今,互联网已经成为人类社会不可或缺的基础设施,连接着全球数十亿用户,推动着经济、文化、科技等领域的深刻变革。

因特网(Internet)是人类技术史上一项划时代的发明,它以其独特的全球互联性,成为现代社会信息交流、经济运行和技术发展的关键基础设施。因特网的诞生、发展与普及,不仅依赖于通信技术的进步和网络协议的演化,还与社会需求、商业驱动和全球合作密切相关。为全面了解因特网,我们需要对其发展历程、基本构成和技术特点等多个维度进行深入探讨。

因特网的起源可以追溯到20世纪60年代冷战期间。当时,美国国防高级研究计划局(DARPA)资助了一个名为ARPANET的项目,旨在开发一种可以在遭受核攻击时仍然保持通信能力的分布式网络,如图4-8所示。ARPANET的核心技术是分组交换,这种通信方式将数据分割成小块(称为数据包),这些小块通过多条路径传输并在目的地重新组装。相比传统的电路交换,分组交换更加灵活,能更高效地利用网络资源。这一创新成为因特网技术的雏形。

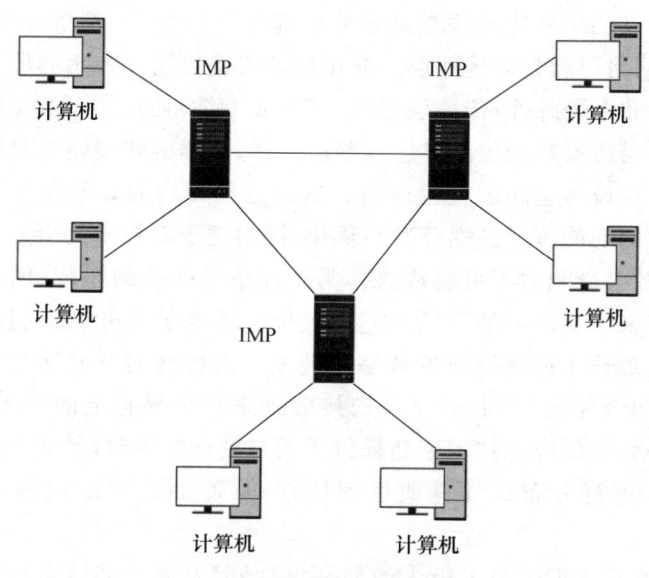

图4-8 ARPANET项目

20世纪70年代末,TCP/IP协议的发明为异构网络的互联提供了标准化的解决方案。传输控制协议(TCP)负责确保数据包的可靠传输,而互联网协议(IP)则定义了数据包的寻址和路由规则。TCP/IP协议能够适应各种硬件和网络技术,其设计特点在于开放性和可扩展性。1983年,ARPANET正式采用TCP/IP协议,这标志着现代因特网的形成。同年,域名系统(DNS)的引入大幅简化了网络地址的管理,使用户可以通过易记的名称(如www.example.com)访问资源,而无须使用复杂的IP地址。

进入20世纪90年代,因特网从一个学术研究网络逐渐扩展为全球性公众网络。1991年,万维网的发明彻底改变了因特网的使用方式。万维网通过超文本传输协议(hypertext transfer protocol,HTTP)和超文本标记语言(hyper text markup language,HTML)为用户提供了浏览、检索和分享信息的全新体验。同一时期,商业机构开始认识到因特网的潜力,电子邮件、在线购物和搜索引擎等应用迅速兴起。1993年,Mosaic浏览器的推出让普通用户能够更直观地使用因特网,因特网用户数量开始呈指数级增长。

因特网的组成结构可以分为物理层和逻辑层两个主要层次。从物理层看,因特网由大量相互联接的网络组成,这些网络通过骨干链路、路由器和交换机实现通信。全球范围内的骨干网通常由高速光纤线路构成,负责传输大规模的数据流量。这些骨干链路连接着区域性网络和本地接入网络,为用户提供接入服务。接入网络的形式多种多样,包括家庭宽带、企业局域网、蜂窝移动网络等。物理基础设施的稳定性与性能直接决定了因特网的运行效率。从逻辑层面看,因特网的核心是协议体系,其中TCP/IP协议栈是最重要的部分。TCP/IP模型分为四个层次:应用层、传输层、网络层和数据链路层。应用层负责提供用户熟悉的服务,例如,网页浏览、文件传输和电子邮件;传输层通过TCP或UDP协议实现数据的可靠传递或快速传输;网络层负责数据包的寻址与路由选择;数据链路层则与具体的物理传输介质打交道,确保设备之间的直接通信。这种分层架构的好处在于模块化和互操作性,不同层次的功能可以独立开发与优化,同时便于新技术的引入。

因特网的社会影响力不可忽视。作为全球信息交流的纽带,因特网已经渗透到各行各业,带来了生产力的飞跃。它不仅催生了电子商务、在线教育、社交媒体等新兴产业,还加速了传统行业的数字化转型。因特网的开放性与普及性也推动了文化与思想的全球化,人们可以轻松接触到来自世界各地的多元信息与观点。同时,因特网为科学研究和技术创新提供了无与伦比的平台,科研人员可以通过因特网共享数据,进行分布式计算或远程协作,从而加速了知识的传播与技术的突破。

虽然因特网给人们带来了极大的便利,但是其发展也伴随着巨大的挑战。网络安全威胁、信息隐私问题、虚假信息传播,以及数字鸿沟等问题亟待解决。例如,随着因特网在社会管理和基础设施中的应用不断深化,针对网络发起的攻击可能带来巨大的风险。为了应对这些问题,各国政府、企业和研究机构需要在技术创新、法律法规和国际合作方面采取综合措施。

因特网是现代社会技术与人文交汇的产物。它的诞生源于科学探索与军事需求,而它的发展则依赖于全球的技术协作与社会需求的驱动。从最初的实验性网络到如今覆盖全球的基础设施,因特网在不到半个世纪的时间内完成了跨越式的发展,成为人类社会不可或缺的组成部分。未来,随着量子通信、物联网和5G等技术的进步,因特网将继续扩展其边界,塑造更加互联、智能和高效的世界。

4.3.3 计算机网络的体系结构

网络技术的核心原理也能够帮助设计和优化现代网络系统。计算机网络体系结构的概念最早可以追溯到 20 世纪 70 年代,当时随着分组交换技术的兴起,计算机网络逐渐从点对点的专用通信系统发展为支持多设备连接的复杂网络。为了实现异构网络之间的互联互通,计算机网络需要一种统一的规则来指导数据的组织、传输和处理。这一需求推动了开放系统互联(open system interconnect,OSI)参考模型的诞生。OSI 模型由国际标准化组织(ISO)于 1984 年提出,是一种分层的网络体系结构模型,旨在为不同厂商和设备之间的通信提供通用标准。

OSI 模型将网络通信分为七个层次:物理层、数据链路层、网络层、传输层、会话层、表示层和应用层,如图 4-9(a)所示。每一层都承担特定的功能,并通过明确的接口与相邻层进行交互。这种分层设计的一个重要优点是模块化,即网络的每一层可以独立设计和实现,从而使技术的更新与扩展变得更加灵活。例如:物理层负责传输比特流,其实现可以是光纤、铜线或无线信道;而网络层则专注于数据包的寻址和路由,与底层的传输介质无关。OSI 模型虽然没有被广泛直接应用于现实网络中,但它为理解和分析网络功能提供了理论框架,至今仍在教学和研究中占据重要地位。

与 OSI 模型相比,在实际中应用最广泛的体系结构是互联网协议套件(TCP/IP 模型)。TCP/IP 模型是因特网的基础,最初由美国国防高级研究计划局(DARPA)在 ARPANET 项目中开发,并随着因特网的发展逐渐完善。TCP/IP 模型将网络通信划分为五个层次:物理层、数据链路层、网络层、传输层和应用层,如图 4-9(b)所示。这种简化的分层方式更贴近实际需求,使得模型更加高效和实用。

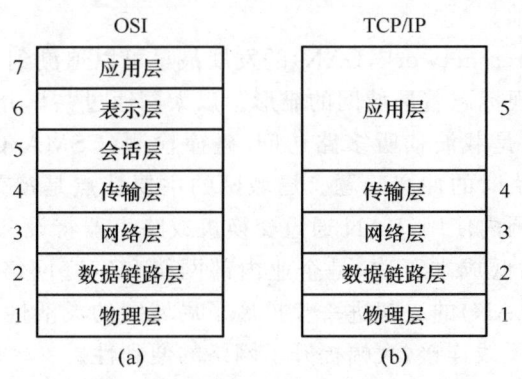

图 4-9 OSI 模型与 TCP/IP 模型

在 TCP/IP 模型中:物理层定义了通信网络之间物理链路的电气特性;数据链路层负责进行物理设备之间的直接通信,例如,以太网和 Wi-Fi 协议就属于这一层;网络层的核心协议是互联网协议(IP),负责数据包的寻址和路由;传输层通过传输控制协议(TCP)或用户数据报协议(UDP)实现端到端的通信服务,提供数据传输的可靠性或高效性选择;应用层则是用户与网络交互的窗口,支持诸如HTTP、FTP和SMTP等常见网络服务。TCP/IP模型的设计强调互操作性和可扩展性,这使得它能够随着技术的发展不断进化,例如,IPv6的引入解决了地址空间不足的问题。

网络体系结构不仅仅是一套理论框架,它还直接决定了网络的性能、功能和适用场景。在现代网络中,分层体系结构的原则被广泛应用于各种技术协设计中,例如,以太网的MAC层设计、路由协议的分布式算法,以及加密协议的安全机制。随着技术的进步,分层模型正在与虚拟化、云计算和软件定义网络(SDN)等新概念相结合,使得网络的部署和管理更加灵活和高效。计算机网络的体系结构是一个不断演进的技术框架,其核心思想是通过分层设计和协议标准化实现设备之间的高效互联。从最早的OSI模型到当代主流的TCP/IP协议套件,再到新兴技术推动下的融合架构,网络体系结构的发展反映了技术进步与应用需求的变化。在未来,随着量子通信、人工智能和新型网络应用的兴起,计算机网络的体系结构将继续演化,为数字社会提供更加智能和高效的通信服务。

4.3.4 计算机网络的类别

计算机网络根据覆盖范围、功能和应用场景的不同,可以划分为多种类别,包括局域网(LAN)、城域网(MAN)和广域网(WAN)。这些网络类型各自具有独特的技术特点与发展历程,它们共同组成了现代计算机网络的完整生态系统。从小范围的设备连接到全球性的网络通信,这些网络类别不断演进,为社会的数字化发展提供了坚实的基础。

局域网(local area network,LAN)的发展最早可以追溯到20世纪70年代,当时以太网技术的出现标志着局域网的雏形。以太网通过共享介质实现设备之间的通信,其使用的协议是载波侦听多路访问/碰撞检测(CSMA/CD),能够有效解决多设备同时访问网络时的冲突问题。局域网的主要特点是覆盖范围小,通常仅能在一个建筑物或校园内使用,LAN通过交换机或路由器将设备连接起来。局域网以高带宽、低延迟和低成本著称,是企业内部网络和家庭网络的主流选择。近年来,无线局域网(WLAN)的兴起进一步扩展了局域网的灵活性,用户可以通过Wi-Fi技术实现设备的无线连接,大幅提升了网络的便利性。

城域网(metropolitan area network,MAN)则是为了解决局域网和广域网之间的连接需求而发展起来的一种网络类型。20世纪80年代,随着城市信息化的推进,城域网逐渐在城市范围内得到应用。它的覆盖范围通常在几十公里到几百公里之间,适合用于连接城市内的多个局域网,从而实现资源共享与集中管理。城域网通常采用光纤通信技术或无线微波技术,具有较高的传输速率和稳定性。在城域网的发展过程中,异步转移模式(ATM)和多协议标签交换(MPLS)等技术被广泛采用,以支持复杂的业务需求。近年来,城域网也在智慧城市建设中发挥着重要作用,作为连接城市各类数据中心与终端设备的中枢,它在交通管理、能源调度和公共安全等领域有着广泛应用。

广域网(wide area network,WAN)是覆盖范围最广的网络类型,通常跨越地区、国家甚至洲际范围。广域网的发展可以追溯到 ARPANET,这是最早的广域网,也是现代因特网的前身。广域网的核心特性是它通过多个异构网络的互联,实现长距离的数据传输和设备互通。其基础设施包括光缆、卫星链路和路由器等,高速骨干网是广域网的中坚力量。广域网的协议体系以 TCP/IP 为核心,确保了全球范围内的通信标准化。如今,广域网不仅是互联网的技术基础,也广泛应用于跨国企业的专用网络、金融系统的全球化部署,以及国际间的学术和科研合作。

计算机网络的发展还衍生出许多特殊类型的网络。个人区域网络(personal area network,PAN)是覆盖范围极小的网络,通常围绕个人设备构建,例如,通过蓝牙或近场通信(NFC)连接智能手机、耳机和智能手表等。无线传感器网络(wireless sensor networks,WSN)则由大量小型传感器节点组成,用于环境监测、军事侦察和工业自动化等场景。物联网(Internet of things,IoT)的兴起进一步丰富了计算机网络的类型,将物理世界中的设备、传感器和控制系统连接到网络中,形成了一个更加广泛和智能的网络体系。

随着技术的进步,各类计算机网络之间的界限逐渐模糊,网络融合成为一种趋势。例如,5G 的部署为广域网带来了更低的延迟和更高的带宽,同时也能够支持城域网和局域网的互联。边缘计算和云计算的结合,使得不同网络类型能够在多样化的业务场景中协同工作。此外,虚拟专用网络(virtual private network,VPN)技术的普及,让用户能够在公共网络上建立私密的通信通道,实现广域网的灵活应用。

计算机网络的分类及其发展历程体现了技术演进与社会需求的相辅相成。从局域网的高效连接到广域网的全球互联,从城域网的集中管理到物联网的万物互联,各类网络通过自身的特点与技术优势,共同构建了现代信息社会的基础架构。在未来,随着量子通信、卫星互联网和第六代移动通信技术(6G)的逐步发展,计算机网络将进一步突破传统分类的限制,朝着更加智能、高效和安全的方向演进。

本 章 小 结

回顾有线通信的发展史,我们了解了从电报、电话等早期形式逐步迈向如今高速、大容量的光纤通信时代的伟大进程。这一进程不仅彰显了人类科技的进步,更为后续技术发展奠定了坚实基础。通过系统梳理有线通信的定义、协议、技术类型、关键技术及应用领域,我们全面认识了有线通信技术。在此基础上,我们追溯了光纤通信的发展历程,并深入剖析了其系统的组成要素。光纤通信凭借高带宽、低延迟和长距离传输的优势,已成为现代通信网络的核心技术。与此同时,对计算机网络的发展历程、体系结构和网络类型的剖析,也让我们清晰理解了其架构与功能。展望有线通信技术的未来发展趋势,随着科技的不断进步,其传输速度将继续提升,成本进一步降低,与其他新兴技术如5G、物联网等的融合将更加紧密,并有望在智能交通、智能家居、智能医疗等新兴领域发挥更为重要的作用,为构建更加智能、便捷、高效的信息社会持续贡献力量。

第 5 章 无线通信技术

> 无线传输是现代通信技术的重要组成部分,通过电磁波在自由空间中传递信息,实现了无须物理介质的灵活通信。这种技术以其广泛的适用性和高效的覆盖能力,推动了从移动通信到卫星通信、从物联网到智能交通等诸多领域的快速发展。从 1G 模拟语音通信的起步,到 5G 时代实现的超高速率、超低时延和海量连接,无线通信技术的演进不仅改变了人与人之间的交流方式,还推动了物联网、智能交通和工业自动化等领域的蓬勃发展。无线通信不仅是一种技术,更是推动社会数字化转型的重要动力。本章将从无线通信的概念和基本原理入手,系统阐述其关键技术和信道特性,并介绍这项技术的广阔潜力及未来发展方向。

5.1 无线通信

5.1.1 无线通信概述

无线通信是指通过电磁波在自由空间中传递信息,而无须依赖物理导线作为传输媒介的一种通信方式。无线通信技术广泛应用于现代生活中的各个领域,包括移动通信、无线网络、卫星通信、蓝牙等。通过无线通信系统,发送端将信息调制成电磁波的形式,传输到接收端,接收端再对电磁波进行解调,从而恢复出原始信息。无线通信的显著特点是其具有高移动性和灵活性。用户不需要依赖固定的网络基础设施,无论是处于室内、户外、城市或偏远地区,都可以实现通信。这种高移动性使得无线通信成为现代社会中广泛应用于个人设备、交通工具、移动终端等场景的基础技术,用户能够在任何地方进行信息传递,而不受空间和位置的限制。此外,无线通信相较于有线通信系统具有较高的部署速度。尤其在一些应急情况下或临时搭建的通信环境中,无线网络可以迅速实现覆盖,满足快速通信的需求。这种快速部署的能力使得无线通信在灾难救援、临时会议、活动现场等场景中具有重要价值。

无线通信在便捷性和灵活性方面具备明显优势,但在信号传输过程中仍然有一些困难需要克服。无线通信的信号传输过程面临多路径效应、干扰等复杂的物理现象。由于电磁波在传播过程中会遇到反射、散射、折射等问题,导致信号会通过不同路径到达接收端,这种多路径效应可能引起信号衰落或干扰。频谱资源的共享性也使得多个信号之间可能互相干扰,影响通信的质量与稳定性。无线通信系统的信道容量受限于频谱资源的可用性,因此,无线通信的带宽和速率通常有限。随着用户数量的增加,信道容量容易出现瓶颈,尤其在高密度人口区域,通信速率可能有所下降。这也是无线通信技术持续优化和研究的重要方向,旨在提高频谱利用率和数据传输效率。

无线通信的历史可以追溯到 19 世纪末,当时的物理学家和工程师们在研究电磁波的特性时,逐渐揭开了利用无线方式传递信息的可能性。19 世纪 80 年代末,德国物理学家海因里希·鲁道夫·赫兹(Heinrich Rudolf Hertz)通过实验首次证明了电磁波的存在,这一发现奠定了无线电技术的基础。随后,意大利工程师伽利尔摩·马可尼(Guglielmo Marconi)在 20 世纪初开发出第一个无线电报系统,并于 1901 年成功实现了横跨大西洋的无线电通信,如图 5-1 所示,揭开了无线通信应用的序幕。马可尼的成就标志着无线通信从理论到实际应用的巨大飞跃。

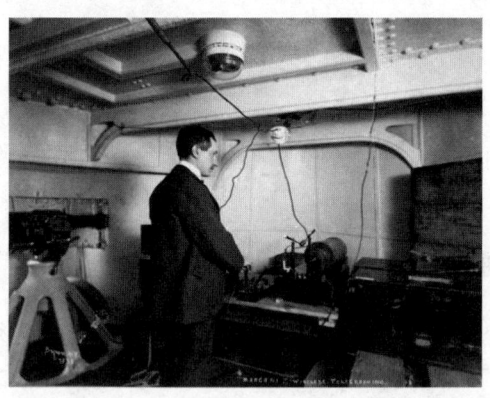

图 5-1 世界上第一个电报系统

在接下来的几十年中,无线通信技术不断发展。第一次世界大战期间,无线电技术被广泛应用于军事通信,使得信息传递更加高效灵活。20 世纪 20 年代至 20 世纪 30 年代,随着调幅(AM)和调频(FM)技术的成熟,广播通信逐渐成为大众娱乐和信息传播的重要工具。无线电广播不仅改变了信息传播的方式,也推动了无线技术的进一步发展。到了 20 世纪中期,特别是在第二次世界大战后,雷达、卫星通信等新技术的出现进一步拓宽了无线通信的应用领域。1962年,美国发射了第一颗用于通信的商业卫星"Telstar 1",这标志着卫星通信时代的来临。卫星技术的引入不仅使得全球范围内的长距离通信成为可能,还为后来的移动通信技术提供了技术基础。

20世纪70年代,无线通信进入了移动通信的新时代。1973年,摩托罗拉公司的工程师马丁·库帕(Martin Cooper)发明了世界上第一部手持移动电话,如图5-2所示,这一里程碑事件开启了移动通信的广泛应用。此后,随着蜂窝网络技术的发展,第一代移动通信技术(1G)于20世纪80年代问世,实现了语音的无线传输。紧接着,20世纪90年代第二代移动通信技术(2G)的推出不仅提升了语音通信的质量,还引入了短信等数据业务。进入21世纪,随着第三代移动通信技术(3G)和第四代移动通信技术(4G)的普及,无线通信进入了高速数据传输时代,互联网接入、视频通话、在线娱乐等多媒体业务成为日常生活的一部分。如今,随着第五代移动通信技术(5G)的推广,无线通信正朝着更高带宽、更低时延、更大连接密度的方向发展,推动着物联网、智能城市、无人驾驶等新兴应用的实现。

图5-2 世界上第一部手持移动电话

无线通信技术的发展历程是一个从基础理论的探索,到军事、民用,再到现代社会全面普及的过程。每一次技术的进步都推动着人类社会信息化水平的提升,同时也为未来通信技术的创新奠定了坚实的基础。在未来,随着技术的进一步演进,无线通信技术将在全球信息网络中继续扮演关键角色,推动社会的进步与变革。

5.1.2 无线通信的发展

1. 1G:模拟通信

1G,即第一代移动通信技术,是20世纪80年代推出的蜂窝移动通信技术。它标志着全球移动通信进入商用化阶段,主要提供语音通信服务。1G的关键特点是使用模拟信号进行语音传输,该移动通信技术的出现,彻底改变了人们的通信方式,使得移动通话不再局限于固定场所,推动了通信技术的革命性进步。

1G的历史可以追溯到1979年,当时日本NTT公司在东京推出了世界上第一个商用移动网络系统。这个系统允许用户在城市区域内随时随地拨打电话,掀起了移动通信热潮。随后,1981 年,北欧国家开发并推出了 NMT(nordic mobile telephone)系统,这是第一个跨国运营的移动通信网络。NMT 系统在瑞典、挪威、丹麦和芬兰迅速普及,推动了移动通信技术的国际化。1983 年,美国推出了 AMPS(advanced mobile phone system),它成为最早在北美广泛使用的 1G 标准,并迅速扩展到加拿大、墨西哥等国家。随着这些系统的出现,1G 网络在全球范围内得到了快速部署,特别是在欧洲、亚洲和其他地区。

1G 的核心技术是模拟信号传输。它采用频率调制(FM)技术来传输语音信号,语音信号通过无线信道进行传输。然而,由于采用模拟调制,语音信号容易受到环境因素的干扰,导致通话质量不稳定,常常出现静电杂音、信号失真等问题。此外,1G 采用频分多址(FDMA)技术,这意味着整个频谱被划分为多个独立的频率通道,每个通道被分配给不同的用户进行通信。FDMA 的优势是能够让多个用户在不同的频率上同时通话,但其频谱利用率相对较低,且频率资源是固定分配的,容易造成资源浪费。1G 采用了蜂窝结构,蜂窝网络将通信区域划分为多个小区,每个小区由一个基站覆盖,这种结构能够有效提高频率的重复利用率,提升网络容量。在用户移动时,系统通过切换机制(handover)将通话从一个小区的基站无缝切换到下一个小区的基站,以确保通信不中断。然而,1G 的切换技术相对简单,切换过程不够稳定,容易出现掉话现象。

尽管 1G 为人们提供了移动通话的自由,但它存在明显的局限性。首先,1G 网络的容量有限,随着用户数量的增加,频率资源很快就会耗尽,这将导致网络拥塞。其次,由于模拟信号缺乏加密机制,1G 的通话安全性极差,容易被窃听或干扰。再次,由于不同国家和地区使用不同的 1G 标准,故设备之间的兼容性差,国际漫游几乎无法实现。最后,1G 时期的手机体积巨大、重量较重,通常被称为"砖头手机",如图 5-3 所示。这些设备的电池技术不够先进,导致手机的体积和重量都非常大,且该阶段的手机常被用作汽车电话,便携性较差。

图 5-3　早期 1G 手机

2. 2G：数字通信

2G，即第二代移动通信技术，是移动通信技术的一个重要里程碑，标志着从模拟信号向数字信号的转变。它的出现不仅改善了语音通信的质量，还首次引入了数据传输功能，为短信和移动互联网的兴起奠定了基础。2G 的发展始于 20 世纪 90 年代初期，是现代移动通信的奠基技术。2G 手机的外观如图 5-4 所示。

图 5-4　早期 2G 手机

2G 最早由欧洲电信标准化机构(ETSI)主导制定，并于 1991 年在芬兰正式商用。当时，全球不同国家和地区的 1G 网络标准并不统一，限制了国际间的通信和漫游。为了应对这一问题，2G 的主要标准之一，全球移动通信系统(global system for mobile communications，GSM)应运而生。GSM 的目标是实现全球统一的数字通信标准，这不仅能提高通信质量，还能实现国际漫游。1991 年，芬兰电信公司 Radiolinja 推出了全球首个商用 GSM 网络，这是 2G 首次投入实际使用，该技术随后在欧洲迅速推广开来。

2G 的引入带来了许多技术上的突破，最显著的变化是从模拟信号向数字信号的过渡。1G 使用模拟调制技术传输语音，而 2G 则采用数字信号进行通信，这极大提高了频谱的利用效率。数字信号具有更好的抗干扰能力，语音质量因此得到了显著提升。同时，数字通信的安全性也得到了加强。2G 引入了加密技术，使用 A5/1 和 A5/2 加密算法来确保通信的保密性，使通话和短信更加安全，避免了 1G 时代常见的窃听和信号伪造问题。在多址接入技术方面，2G 主要采用了 TDMA (时分多址)和 CDMA(码分多址)技术。TDMA 通过将无线频谱按时间分割，使每个用户在不同的时隙内发送或接收数据，故多个用户可以在同一频率上共享资源。这种方式比 1G 所采用的 FDMA 技术更高效，能够在同一频率下支持更多的用户。CDMA 则通过将信号编码到不同的伪随机码序列中，允许多个用户同时在同一频率上通信，并通过解码来区分不同用户的信号。CDMA 的出现大幅提升了网络容量，特别是在美国，CDMA 技术成为 2G 的重要标准之一。

2G 的一个关键技术创新是引入了短信服务(short message service,SMS)。SMS 是 2G 网络最早期的数据信息传输形式,允许用户通过移动电话发送和接收简短的文字信息。最初,短信的字数限制为 160 个字符,但这一功能很快受到了用户的欢迎,并迅速成为移动通信中不可或缺的一部分。SMS 不仅改变了个人通信的方式,也为移动商务、银行提醒、灾难预警等应用奠定了基础。随着用户需求的增长,2G 网络不再仅局限于语音通话和短信服务,而是逐渐向数据传输扩展。为了提高数据传输速率,2G 后期引入了 GPRS(general packet radio service)技术,也称 2.5G。GPRS 通过将数据分成小的分组进行传输,大幅提高了数据传输效率,使得早期的移动互联网成为可能。用户可以通过 GPRS 技术访问 WAP(无线应用协议)网页、收发电子邮件,虽然速度较慢,但这是 2G 迈向移动数据时代的关键一步。此后,EDGE(enhanced data rates for GSM evolution)技术也被引入,作为 GPRS 的增强版本,EDGE 进一步提高了数据传输速度,其最高理论速率可达 384 kbit/s。2G 的普及不仅限于欧洲,更迅速扩展到全球。GSM 标准成为全球范围内使用最广泛的移动通信标准,覆盖了全球超过 200 个国家。CDMA 技术也在美国、韩国、日本等地得到广泛应用,成为与 GSM 并行的另一大 2G 标准。2G 的推广带来了移动通信的全球化,并实现了不同国家和运营商之间的漫游,这一功能在商务和旅游领域尤为重要。2G 的成功不仅仅是技术上的突破,它还改变了移动通信的商业模式。由于 2G 提高了频谱效率,故运营商能够支持更多用户,通话和短信的成本逐渐降低,移动通信服务开始变得更加大众化,成为日常生活的一部分。同时,数据服务的引入为运营商提供了新的收入来源,移动互联网的雏形初现。2G 还推动了移动设备的快速发展,手机的体积和重量迅速缩小,功能逐渐增多,全球手机用户数量在 2G 时代实现爆发式增长。

2G 的出现是移动通信技术发展史上的一个关键转折点。从模拟到数字的过渡不仅提升了通信的质量和安全性,还引入了数据服务,为未来的 3G、4G 及 5G 网络奠定了坚实的基础。2G 不仅改变了通信方式,还开启了移动数据传输的时代,为智能手机和移动互联网的发展铺平了道路。

3. 3G:宽带移动通信

3G,即第三代移动通信技术,是移动通信领域的一次重大革新,标志着从传统的语音和低速数据服务向高速数据通信和多媒体应用的转变。3G 的引入使移动通信不仅限于语音通话和短信服务,还首次实现了高速数据传输,支持视频通话、移动互联网浏览、音视频流媒体播放等多样化的应用。3G 的发展历程贯穿了 20 世纪 90 年代末到 21 世纪初,推动了移动通信从语音时代向数据时代的迈进。3G 的研发始于 20 世纪 90 年代,随着 2G 网络逐渐普及,用户对数据传输速率的需求不断增加。2G 虽然通过 GPRS 和 EDGE 等技术提升了数据传输速率,但仍然难以满足人们对移动互联网、视频会议和多媒体应用的需求。因此,国际电信联盟

(ITU)提出了 IMT-2000 标准,这是一个全球统一的 3G 标准框架。IMT-2000 的目标是支持全球统一的移动通信标准,允许用户在全球范围内实现无缝漫游,并提供更高的频谱利用率和更快的数据传输速率。

3G 网络在 2001 年首次商用,日本的 NTT DoCoMo 公司率先推出了基于 W-CDMA(wideband code division multiple access)的 3G 网络,这是全球首个商业化的 3G 服务。W-CDMA 作为 IMT-2000 框架内的主要标准之一,通过扩展码分多址(CDMA)的带宽,提供了更高的频谱效率和更快的数据传输速率。W-CDMA 技术可以支持高达 2 Mbit/s 的峰值数据速率,允许用户通过手机进行视频通话、快速下载和互联网内容浏览。此后,韩国和欧洲的运营商也相继推出了基于 W-CDMA 的 3G 网络,推动了 3G 的全球推广。与 2G 相比,3G 最显著的技术创新在于其大幅提升了数据传输能力。3G 引入了 CDMA2000 和 W-CDMA 两大主要标准,分别在欧美和亚洲市场广泛应用。CDMA2000 是 CDMA 技术的演进版本,起源于美国,兼容 2G 的 CDMA 网络,具有更高的数据传输效率。W-CDMA 则是在 GSM 网络的基础上发展而来的,成为全球大部分地区的 3G 标准。两者都采用了更为先进的频分双工和码分多址技术,允许更多用户在同一频段上进行高速数据传输。为了进一步提升数据传输速率和网络容量,3G 标准还引入了 HSPA(high speed packet access)技术,包括 HSDPA(high speed downlink packet access)和 HSUPA(high speed uplink packet access)。HSPA 技术是 W-CDMA 的增强版本,通过引入自适应调制和编码技术,以及多输入多输出(MIMO)天线技术,使得数据传输速率大幅提升。HSDPA 的下行速率最高可达 14.4 Mbit/s,而 HSUPA 的上行速率可达 5.76 Mbit/s,这一技术为 3G 网络提供了更高效的移动宽带服务,尤其是在视频流、实时游戏和其他需要高带宽的应用中表现出色。

3G 的引入不仅仅是技术上的突破,它还带来了全新的用户体验和应用场景。3G 支持视频通话,用户可以通过手机实现面对面的实时视频交流,这在当时是一次革命性的进步。3G 使得移动互联网成为现实。随着智能手机的兴起,用户可以随时随地通过移动设备访问互联网,浏览网页、下载应用、观看视频,这极大地改变了人们的通信和娱乐方式。3G 网络的带宽支持流媒体播放,使得在线视频、音乐流媒体服务和移动社交媒体迅速普及,移动设备逐渐成为人们生活中的核心工具。3G 的发展也促进了智能手机的迅速崛起。尽管 2G 时代已经出现了早期的智能手机,但受限于网络带宽,其功能较为有限。3G 的高速数据服务为智能手机提供了一个强大的网络基础,使其功能得到大幅扩展。2007 年,苹果推出首款 iPhone,如图 5-5 所示,成为智能手机时代的代表性产品。iPhone 的推出标志着移动通信进入了移动互联网的时代,而 3G 的支撑使得用户能够流畅使用各类移动应用,包括 App Store 中的各类软件、社交平台和媒体服务。

3G 不仅带来了更快的网速和更丰富的应用,还推动了移动通信行业的商业模式变革。运营商开始将语音服务与数据服务捆绑销售,用户不仅需要支付语音通话和短信的费用,数据流量也成为新的收费项目。随着移动互联网应用的快速增长,数据流量逐渐成为运营商的主要收入来源。与此同时,移动广告、移动支付、电子商务等新兴产业在 3G 时代迅速崛起,形成了一个庞大的移动生态系统。

图 5-5　早期 iphone

尽管 3G 在全球得到了广泛应用,但其发展并非一帆风顺。3G 网络的建设成本高昂,特别是在早期,基站的部署和设备升级需要大量资金投入。3G 网络的频谱资源要求较高,许多国家需要重新规划频谱分配,这在某种程度上延缓了 3G 的推广。

4. 4G:全 IP 网络

4G,即第四代移动通信技术,是移动通信史上的一次革命性飞跃,标志着移动互联网进入了超高速数据传输时代。4G 的核心目标是为用户提供高速、低延迟和高容量的移动宽带服务,使移动设备可以实现与固定宽带类似的网络体验。4G 不仅大幅提升了数据传输速率,还推动了移动通信从传统的语音通信向多媒体、物联网(IoT)和大规模数据应用转型。4G 的推出彻底改变了移动通信的格局,推动了智能手机、视频流媒体和移动应用生态系统的快速发展。

4G 的发展始于 21 世纪初,国际电信联盟(ITU)提出了 4G 的技术要求,即 IMT-Advanced 标准。为了满足 IMT-Advanced 的标准,4G 需要支持的峰值下载速率为 1 Gbit/s(静止或低速运动时)和 100 Mbit/s(高速移动时),同时具备更高的频谱利用率和网络容量。这一标准大幅超越了 3G 的能力,旨在为用户提供比有线宽带更快的无线连接。4G 的商用始于 2010 年左右。LTE(long term evolution)成为 4G 的核心技术标准之一,它由 3GPP(第三代合作伙伴计划)组织开发,并基于 3G 向 4G 演进。LTE 最早由瑞典和挪威的运营商 TeliaSonera 于 2009 年底部署,成为世界上首个商用 4G 网络。LTE 采用了更为高效的无线传输技术和更宽的频谱带宽,使得数据传输速率和网络容量显著提高。相比 3G,LTE 的下行速率可达 100 Mbit/s,上行速率也可达到 50 Mbit/s,并通过频率聚合和多天线技术(MIMO)进一步提升了网络性能。LTE 技术的核心创新之一是 OFDM (orthogonal frequency division multiplexing),即正交频分复用技术,如图 5-6 所示。OFDM 将传输信号分解成多个较窄的子信道进行并行传输,极大地提高了数据传输的抗干扰能力,减少了多径效应的影响。通过 OFDM,4G 网络能够更高效地利用频谱资源,在同一频带内支持更多用户的高速数据通信。此外,LTE 还引入了MIMO(multiple input multiple output)技术,利用多根天线同时发送和接收信号,从而提升数据传输的速率和可靠性。MIMO通过增加无线信道的容量,使用户在高速移动的环境中仍能获得稳定、快速的连接。

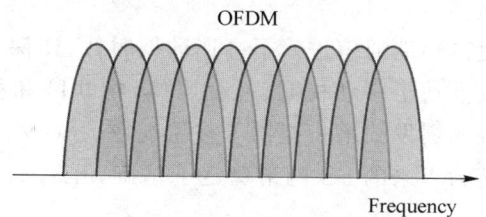

图 5-6　OFDM 示意图

　　4G 网络的另一个重要技术特征是全 IP 架构的引入。与传统的移动通信网络不同,4G 完全基于 IP 协议进行数据传输,这意味着语音、数据、视频等所有通信内容都可以通过统一的网络协议进行传输。4G 放弃了传统的电路交换语音通话,转而采用 VoIP(voice over IP)技术,通过 LTE 网络进行语音通话,即 VoLTE(voice over LTE)。VoLTE 不仅提高了语音通话的质量,还降低了通话延迟,并支持在通话过程中同时使用数据服务(如上网、发短信等),大幅提升了用户的通信体验。除了 LTE 技术,4G 标准还包括 WiMAX(worldwide interoperability for microwave access),这是另一种 4G 无线通信技术标准。WiMAX 由 IEEE 开发,最初作为一种固定无线宽带技术,后来演变为移动通信标准。尽管 WiMAX 在早期获得了一些国家和地区的支持,但由于 LTE 技术的广泛采用,WiMAX 最终在移动通信领域被 LTE 取代。然而,WiMAX 在固定无线接入市场仍然有所应用,特别是在一些偏远地区和发展中国家。4G 的商用推动了全球移动宽带的快速普及。LTE 网络的部署迅速扩展到全球各地,尤其是在北美、欧洲和亚洲,4G 网络的覆盖范围和用户数量急剧增加。

　　随着 4G 网络的普及,用户不仅能够享受超高速的互联网访问,4G 网络还推动了大量新的移动应用和服务的诞生。例如,4G 使得高清视频流媒体成为现实,用户可以在移动设备上无缝播放高清视频,进行视频通话和直播。此外,4G 网络的大带宽和低延迟特性还促进了移动游戏的发展,尤其是实时多人在线游戏。4G 的引入不仅提升了个人用户的体验,还给多个行业带来了深远的影响。首先,4G 推动了移动电子商务的快速发展。随着移动互联网的速度和稳定性提升,越来越多的用户通过智能手机进行在线购物和支付,移动支付平台如支付宝、Apple Pay 和 Google Pay 迅速崛起。其次,4G 为物联网(IoT)的发展奠定了基础。通过 4G 网络,智能设备之间可以进行高速数据传输,推动了智能家居、智能城市、车联网等应用的普及。随着用户对数据需求的不断增长,4G 网络不断进行技术演进,LTE-Advanced 作为 LTE 的升级版本应运而生。LTE-Advanced 引入了载波聚合

(carrier aggregation)技术,该技术通过将多个载波频谱组合在一起,进一步提升了数据传输速率。LTE-Advanced 的理论下载速率可达 1 Gbit/s,接近有线光纤宽带的下载速度。此后,LTE-Advanced Pro 也被引入,进一步增强了网络性能,并为 5G 的到来打下了基础。

4G 的发展不仅使得移动通信进入了高速数据时代,还深刻改变了人们的生活方式。4G 网络的普及推动了移动视频、社交媒体、物联网和移动支付等行业的蓬勃发展,并为智能手机的爆发式增长提供了技术支撑。4G 不仅在全球范围内改变了通信产业的格局,还为未来的 5G 网络奠定了基础,开启了一个全新的数字化和互联时代。

5. 5G:万物互联时代

5G,即第五代移动通信技术,代表着移动通信技术的又一次重大飞跃,它不仅仅是对 4G 的简单升级,而是为了应对未来多样化应用场景的全新网络架构。5G 的目标是提供超高速的连接、超低延迟,以及大规模设备的接入能力,这使得它能够满足从增强现实、虚拟现实到自动驾驶、智慧城市等广泛的需求。5G 的发展始于 21 世纪第二个十年初期,国际电信联盟(ITU)于 2015 年提出了 5G 的 IMT-2020 标准。根据这个标准,5G 需要满足多项技术要求,包括峰值速率达到 20 Gbit/s,延迟低至 1 ms,支持每平方公里 100 万台设备的连接密度,以及三倍于 4G 的频谱效率。这些目标表明,5G 不仅是为了提升数据传输速度,还为了支持复杂多样的应用场景,如工业自动化、远程医疗、车联网等。

5G 的商用从 2019 年开始加速,韩国、中国和美国等国家率先部署了 5G 网络。相比于 4G 逐步的演进路线,5G 在技术和架构上有着更加革命性的创新。5G 使用了更高频率的频段,特别是毫米波频段(24~100 GHz),这为 5G 带来了前所未有的传输速率,使其可以支持高达 20 Gbit/s 的传输速度。毫米波的引入虽然提升了传输速率,但由于其传播距离短且易受建筑物等障碍物的影响,5G 还需要依赖较低频段(如 sub-6GHz 频段)来提供广泛的覆盖和更好的穿透性。大规模 MIMO 是 5G 的一项重要技术。通过在基站和终端设备上安装大量天线,MIMO 能够同时发送和接收多个数据流,从而大幅提升频谱利用效率和网络容量。大规模 MIMO 技术的引入使得 5G 网络能够在高密度用户环境中为用户提供高速的网络体验。5G 还引入了网络切片(network slicing)这一全新的概念。通过网络切片,5G 可以将物理网络划分为多个虚拟网络,以满足不同应用场景的需求。对于需要超低延迟的自动驾驶,5G 可以提供专门的优化网络切片;而对于高带宽的视频流媒体服务,则可以另行提供优化带宽的网络。这一灵活性使 5G 网络能够同时支持多种不同的服务,从而最大限度地提高资源的利用效率。超密集组网(UDN)是 5G 为解决高密度区域网络需求而引入的技术,通过部署大量小基站来提供覆盖。这些小基站与传统的大基站一起工作,为用户提供更高密度的覆盖和更高的网络容量,尤其是在城市中心、体育场馆等人流密集的区域。与此同时，边缘计算（MEC）通过将计算资源移到网络边缘，进一步降低了数据传输的延迟，为自动驾驶和远程医疗等需要超低延迟的应用提供了技术保障。

5G 的技术创新不仅体现在传输速度的提升，还体现在其低延迟和高可靠性。5G 预计实现的 1 ms 延迟是自动驾驶、工业控制等关键任务应用的基础；而通过可靠的网络架构设计，5G 能够支持这些场景的高可靠性需求。在应用场景上，5G 可以分为三大类。第一类是增强型移动宽带（eMBB），它是 5G 最直观的应用，主要提升了网络的传输速度和容量，能够支持 4K/8K 高清视频、虚拟现实、增强现实等应用。第二类是超可靠低延迟通信（URLLC），这是 5G 专门为自动驾驶、工业自动化、远程医疗等对低延迟和高可靠性有极高要求的应用设计的。第三类是海量机器类通信（mMTC），它针对的是物联网（IoT）场景，可以支持每平方公里百万级设备的连接，为智能城市、智能工厂等物联网应用提供支持。

5G 网络的全球推广从 2019 年正式启动。韩国、中国和美国在 5G 的部署方面走在了全球前列，中国尤其在 5G 基站建设和用户普及方面发展迅速，已经成为全球最大的 5G 市场。截至 2021 年，全球已有超过 100 个国家和地区开始部署 5G 网络，随着时间的推进，5G 的覆盖范围和用户数量都在快速增长。

5.2 无线通信技术

5.2.1 无线通信系统的基本组成

无线通信系统是现代通信的一个重要组成部分，广泛应用于移动通信、卫星通信、无线局域网（Wi-Fi）、蓝牙、物联网等各类通信场景。无线通信的核心特征是信号的传输不依赖传统的物理介质，如电缆或光纤，而是通过电磁波在空中传播。这使得无线通信具有极高的灵活性和广泛的应用空间，但同时这种信号传输过程也带来了各种挑战，如衰减、干扰和多径效应等。因此，理解无线通信系统的基本组成及其工作原理，对于深入掌握无线通信技术至关重要。

无线信号是指以电磁波的形式在空气中进行传输的信号。与传统有线通信系统不同，无线通信系统不依赖于物理连接介质，而是利用空气中的电磁波来传输信息。无线信号的特点是传输范围广，可以穿透障碍物进行传输，但也容易受到周围环境的影响，例如，建筑物的遮挡、天气的变化，以及其他无线信号源的干扰。为了实现有效的无线通信，我们需要将原始的信息（如语音、视频或数据）转换为适合在无线信道中传输的信号形式。这个转换过程通常涉及调制和编码技术，目的是将信息嵌入无线信号的特定属性，例如，频率、幅度或相位。

一个完整的无线通信系统由三个主要部分组成:发送端、信道和接收端。这三者协同工作,使得信息能够成功地从源端传输到目标端。每个部分在无线通信中的作用都是不可或缺的。

发送端是无线通信系统的起点,负责将原始的信息转换为适合传输的无线信号。发送端的主要任务是产生无线信号,并将其发射到信道中。发送端通常包括信息源和编码器。其中,信息源是系统中最初的信号产生者,通常是用户输入的语音、视频或数据。信息源代表了通信过程中需要传输的内容。而编码则是在信息源端应用的一种技术,主要作用是将原始的数字信息转换成一种适合传输的编码格式。编码的目的是通过添加冗余信息来提高通信系统的可靠性和效率。

信道是无线通信系统中不可或缺的部分,指的是信号传输的媒介。在无线通信中,信道通常是空气或空中的某种传输路径。与有线通信相比,无线信道的主要特点是其传输过程可能会受到多种因素的影响,如电磁波的衰减、天气变化、障碍物的阻挡,以及多径传播效应。无线信道的特点直接影响信号的质量和通信的稳定性。信道的特性不仅包括传播损耗,还包括噪声和干扰等因素的影响。在实际应用中,信道的条件常常是不稳定的,可能会因为地形变化、气候变化,以及信号源之间的相互干扰而发生变化。因此,设计有效的信道编码、调制和解调技术,对于提高信号传输质量至关重要。

接收端是无线通信系统的终点,负责接收通过信道传输的信号,并将其转换回原始信息。接收端通常包括解码器和信宿。接收端接收到的信息可能是被编码过的,因此还需要使用解码器将编码后的数据恢复成原始形式。解码过程可能包括错误检测和纠正,以确保即使信号在传输过程中受到了一些干扰,接收到的信息仍然是准确的;信宿则是该信息的接收者。完整的无线通信系统如图5-7所示。

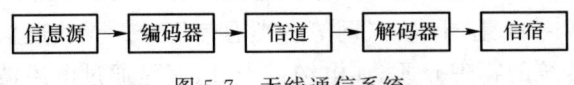

图 5-7　无线通信系统

无线通信系统中的发送端、信道和接收端是相互协作的。发送端负责生成和发送信号,信道负责信号的传输,而接收端则将信号转换回原始信息。在信号的传输过程中,发送端、信道和接收端的技术性能直接影响着通信的质量和稳定性。

5.2.2　调制与扩频技术

1. 调制技术

调制是指将数据信号(信息信号)加载到载波上进行传输的过程,载波通常是一个正弦波,我们可以通过改变载波的某些特性来表示数据信号。无线通信中常用的调制方法有多种,主要包括模拟调制和数字调制两大类。

(1) 模拟调制

模拟调制是通过改变载波信号的某一特性(如振幅、频率或相位)来传输信息的技术。载波通常是一个固定频率的正弦波,而调制信号则是需要传输的模拟信息,如语音、视频或音乐等。通过调制,信息信号可以被传输到远处,然后在接收端进行解调还原。常见的模拟调制方式主要有振幅调制(AM)和角度调制。

振幅调制是模拟调制中最简单、最早期的一种方法。它通过改变载波的振幅来反映输入信号的瞬时强度,载波的频率和相位保持不变。振幅调制是一种线性调制,其过程如下:

$$s(t)=(1+km(t))c(t) \tag{5-1}$$

其中,$m(t)$代表音频信号,$c(t)$代表载波信号,$s(t)$代表调制后的信号,k代表调制指数。调制指数越大,音频信号对载波信号的影响就越大。

振幅调制的应用非常广泛。在广播电台中,AM 广播就是采用振幅调制技术的。在 AM 广播中,音频信号(通常是人声、音乐等)被调制到载波信号上,然后通过天线发送出去。收音机接收到信号后,通过解调器将音频信号从载波信号中分离出来,最终还原成声音。

角度调制是一种通过改变载波信号的角度参数(即相位或频率)来传输信息的调制方式。载波信号的频率随着调制信号改变,称为调频(FM);载波信号的相位随着调制信号而改变,称为调相(PM)。在进行 PM 和 FM 时,载波的幅度不变,频率/相位的变化都表现为相角的变化,因此二者统称为角度调制。角度调制具有更好的抗噪声能力和频谱效率,缺点是占用带宽较宽。调频和调相之间的关系如图 5-8 所示。

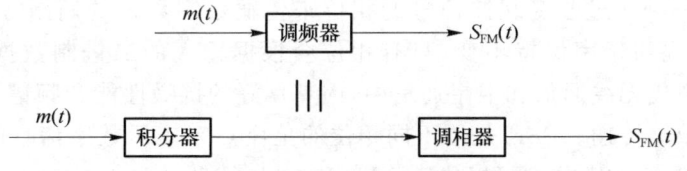

图 5-8 调频和调相之间的关系

FM 和 PM 都具有较强的抗噪能力和良好的频谱效率,尤其在现代数字通信系统中,角度调制技术起着关键作用。FM 广泛应用于广播和音频传输,而 PM 和其衍生的数字相位调制技术则广泛应用于无线和数字通信。

(2) 数字调制

数字调制是通过改变载波信号的某些特性(如振幅、频率或相位),将数字信号(即离散的 0 和 1 二进制数据)转换为适合通过模拟信道传输的波形的过程。数字调制广泛应用于现代无线通信系统,包括卫星通信、Wi-Fi 等。数字调制具有高效率、高抗噪性能和良好的频谱利用率。数字调制的基本方法是幅移键控(ASK)、相移键控(PSK)和频移键控(FSK)。

ASK 调制是一种基于信号幅度变化的数字调制方式。在 ASK 调制中，数字信息(如 0 和 1)被映射为不同的幅度水平，从而实现信息的调制和解调。ASK 调制可以看作是模拟信号中调幅技术的一种扩展，只不过在这里，与载频信号相乘的是二进制数码，而不是连续变化的模拟信号。如图 5-9 所示，每个 2ASK 符号都有两种可能取值，可代表 1 bit 信息。

图 5-9　2ASK

FSK 是一种常见的数字调制技术，通过改变载波信号的频率来传输二进制数据。在 FSK 中，如图 5-10 所示，通常使用两个频率 f_1 和 f_2 分别表示二进制的 0 和 1。因此，它对噪声干扰尤其是幅度噪声的敏感性较低，具有较好的抗噪性能。FSK 广泛应用于无线电通信、调制解调器、卫星通信等领域，尤其适用于低功率、低速率的通信系统。

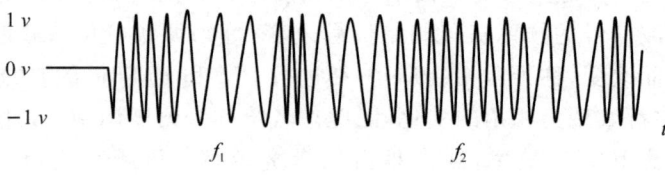

图 5-10　FSK

PSK 是一种通过改变载波信号的相位来传输数字数据的调制方式。在 PSK 中，载波的振幅和频率保持不变，只有相位会根据输入的二进制数据变化。PSK 广泛应用于现代无线通信和卫星通信中，因其良好的抗噪性能和频谱效率，特别适合高速率的数据传输。PSK 是用不同相位的星座点来表示数字信息的，如图 5-11 所示，QPSK 和 8PSK 分别可以代表 2 bit 和 3 bit 信息。

2. 扩频技术

扩频技术是一种将信号频谱扩展到远远大于最小带宽范围的通信技术。通过增加信号的带宽，扩频技术可以提高抗干扰和抗截获能力，从而提高通信的可靠性和安全性。扩频技术的核心思想是将原本相对窄带的信号通过某种方式扩展到更宽的频谱范围。发送端将数据信号与伪随机码进行组合，使得信号的频谱得到扩展。通过同样的伪随机码，接收端进行相关解调，恢复原始信号。由于噪声和干扰信号在频谱中呈现的带宽较窄，扩频信号在接收端能够更好地被从噪声中分离出来。扩频技术有两个主要优点：第一，抗干扰能力强；第二，由于信号被扩展到宽带，信号的能量密度较低，因此不容易被探测和截获。扩频技术主要包括直接序列扩频(direct sequence spread spectrum，DSSS)和跳频扩频(frequency-hopping spread spectrum，FHSS)两种方法。

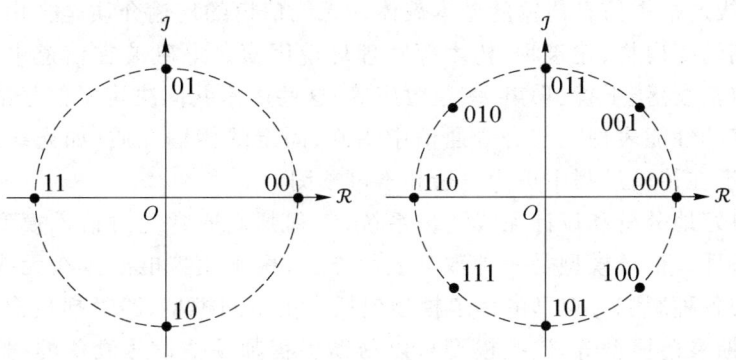

图 5-11　QPSK 与 8PSK

　　DSSS 是通过将原始信号与高速的伪随机码序列进行逐位相乘来实现频谱扩展的。在 DSSS 中，伪随机码的速率(也称码片速率)远高于数据速率，通常每个数据比特会对应多个码片。当数据与伪随机码相乘时，信号的频谱被扩展到伪随机码的速率范围。由于伪随机码的频谱很宽，因此，经过扩频后的信号也会占据很宽的频带。接收端使用相同的伪随机码进行解扩，当信号和伪随机码匹配时，原始数据信号可以被还原，而不匹配的噪声或干扰信号则被扩展到更广的频谱中，变得难以检测。这使得 DSSS 具有很强的抗干扰能力。DSSS 的一个典型应用是无线局域网(WLAN)中的 IEEE 802.11 标准(Wi-Fi)，其中使用了扩频技术来提高通信的可靠性。

　　FHSS 是一种通过在不同的频率之间快速切换来实现扩展频谱的技术。在 FHSS 系统中，发送端和接收端按照事先商定的伪随机序列，在多个频率之间快速切换传输数据。跳频的过程遵循伪随机频率序列，每个跳频时隙内，数据在特定的频率上进行传输。由于频率在频谱范围内不断变化，故外界干扰很难长时间集中于某一特定频率进行干扰，从而提高了系统的抗干扰能力。FHSS 系统的一个重要特点是它的频率切换速度，称为跳频速率。跳频速率越高，系统的抗干扰能力和安全性越强，但跳频速率过高也可能增加系统的复杂性。

　　扩频技术最早用于军事通信，特别是在对抗干扰和抗截获有严格要求的场景中。随着技术的成熟，扩频技术逐渐被引入民用通信，广泛应用于无线局域网、蓝牙、卫星通信、移动通信、GPS 导航等领域。

5.2.3　无线信道中的典型现象

　　无线信号是指通过无线电波或其他电磁波传播的一种电信号，可以是声音、图像、数据等各种形式的信息。无线信号可以在广播、移动通信、卫星通信、无线局域网等各种无线通信系统中使用。无线信号的主要特点是其不需要通过物理接触或导线连接来传输信息,而是通过无线电波的电磁辐射传输。

无线信道是指在无线通信系统中,电磁波从发射端到接收端传输的路径和介质,它是无线通信中信息传输的基本载体。无线信道的传输介质是自由空间,也包括可能遇到的障碍物、建筑物、树木等物理环境因素。电磁波在信道中传输时,受到的影响包括衰落、干扰、噪声、多径效应等,这些因素共同决定了信号的传输质量和通信系统的性能表现。与有线通信中明确、固定的传输介质(如光纤或铜缆)不同,无线信道在传输过程中更为复杂和不可预测。

为了更好地分析和设计无线通信系统,工程师们通常通过信道模型来描述无线信道的特性。信道模型是一种数学表示方法,用于模拟电磁波在无线信道中传输时所受的各种影响。典型的信道模型包括自由空间模型、路径损耗模型、瑞利衰落模型、莱斯衰落模型等,这些模型可以帮助工程师预估信号衰落的程度、干扰的影响及信道容量等关键指标。

信道模型的选择对于系统设计至关重要,因为它直接影响无线通信系统的容量、可靠性和覆盖范围。在现代通信系统中,尤其是在移动通信和卫星通信中,无线信道的不确定性使得信道建模成为无线通信研究的重要领域之一。信道模型的准确性和有效性对于优化无线通信系统的性能,提高数据传输速率,减少误码率有着至关重要的作用。

在无线信道中,信号在传输过程中会受到多种现象的影响,这些现象包括路径损耗、阴影效应和衰落等,它们共同决定了无线信号的传输质量和系统的整体性能。理解这些现象对于无线通信系统的设计和优化至关重要,因为它们直接影响了信号的强度、覆盖范围和通信的可靠性。

1. 路径损耗

路径损耗是指无线信号在传输过程中,信号强度随传输距离的增加而逐渐减弱的现象,是无线信道中最基本、最显著的特性之一。路径损耗的产生源于电磁波在自由空间中传播时,能量随着距离的增加而扩散到更大的面积,导致信号强度衰减。它是影响无线通信系统中信号传输质量的关键因素之一,并直接影响到通信的覆盖范围、信号的接收质量,以及系统的设计与优化。在自由空间中,路径损耗遵循一种理想的模型,即自由空间传播模型。在该模型下,路径损耗与传输距离的平方成正比,这意味着当信号传输距离加倍时,信号强度将减弱至原来的四分之一。因此,信号传输的距离越远,接收到的信号就越弱。

路径损耗不仅决定了无线通信系统的覆盖范围,还对链路预算、基站布局,以及功率控制等系统设计产生重要影响。为应对路径损耗,工程师们通常会通过选择合适的天线增益,提高发射功率,合理布设基站和中继站等手段,来保证通信信号在足够的覆盖范围内保持稳定。特别是在移动通信中,路径损耗直接关系到基站的服务半径和用户的通信质量,因此,在规划和设计无线通信网络时,工程师们必须充分考虑路径损耗的影响,以确保网络的稳定性和服务质量。

2. 阴影效应

阴影效应是无线信道中的一种重要现象,指的是无线信号在传输过程中,由于遇到大型障碍物(如建筑物、山体或密集的植被)而被部分或全部阻挡,导致接收端信号强度明显减弱甚至消失的现象。阴影效应通常发生在宏观尺度上,特别是在城市环境或复杂的地形条件下,对无线通信系统的信号覆盖和通信质量产生深远影响。当无线信号遇到较大障碍物时,障碍物会对电磁波产生屏蔽作用,使得信号无法沿直线路径到达接收端。这种情况下,接收端位于障碍物的"阴影"之中,信号在这些区域的强度会明显减弱。

现代无线通信系统拥有多种技术手段去应对阴影效应,例如:利用多天线技术在接收端使用多个天线从不同路径接收信号来减少阴影效应带来的信号衰减和干扰;通过合理的基站布局和频繁的切换机制,确保用户在不同位置之间切换时,信号能够始终保持足够的强度;使用中继站、微蜂窝或室内覆盖设备提升信号在阴影区域内的覆盖水平等。

3. 衰落

衰落是无线信道中的一种典型现象,指的是无线信号强度随着时间、空间或频率的变化而发生随机波动的现象。衰落的产生主要是由于信号在传输过程中受到环境因素的影响,例如,多径效应、反射、散射和绕射等现象。衰落现象在无线通信系统中极为普遍,尤其是在移动通信环境下,移动终端的位置不断变化使信号的接收强度呈现快速波动,给通信的稳定性和质量带来极大的挑战。

为了应对衰落带来的影响,现代无线通信系统引入了多种技术来减轻衰落对信号传输的负面影响。最常见的技术之一是分集技术,包括空间分集、时间分集和频率分集等,通过在多个独立的信道上发送或接收信号,我们能够有效减少多径效应的干扰,提高接收信号的鲁棒性。多输入多输出技术也是一种有效的抗衰落手段,利用多个天线发送和接收信号,我们可以同时接收多个独立的多径信号,从而显著提升信号的传输质量和系统容量。此外,现代无线通信系统还常采用自适应调制和编码技术,其根据信道状况动态调整传输参数,以在恶劣信道条件下维持通信的可靠性。

5.3 无线通信的应用

5.3.1 移动通信

陆地移动通信系统是现代通信网络的核心组成部分,它通过无线信号和多层次的网络结构,提供了广泛的通信覆盖和高效的数据传输服务。随着技术的进步,陆地移动通信系统已经从最初的 1G 模拟通信发展到如今的 5G 网络,支持语音、数据、视频等多种业务,为人们的日常生活和工作方式带来了深刻变化。在这些系统中,蜂窝概念发挥了至关重要的作用。蜂窝网络通过合理划分覆盖区域,利用频率复用技术显著提高了频谱利用率和系统容量。本节将详细介绍陆地移动通信系统的基本结构与蜂窝概念,帮助读者理解现代无线通信网络如何在全球范围内实现高效、可靠的连接。

1. 陆地移动通信系统

陆地移动通信系统是一种允许用户在移动状态下进行无线通信的通信网络。它主要由一系列移动台、基站、基站控制器、移动交换中心及核心网络组成,以实现语音、数据和多媒体信息的传输。该系统的核心目标是为用户提供在任何地理位置、任何时间的便捷通信服务,广泛应用于移动电话、无线宽带、物联网等多个领域。

(1) 移动台

移动台通常指用户设备,如手机或平板电脑,它是用户与网络进行交互的设备。移动台负责将用户的数据和语音信号转化为无线电波,并通过无线链路与附近的基站进行通信。移动台不仅要支持语音通话,还需要处理数据通信、短信等多种功能。随着智能终端的普及,移动台的性能越来越强大,支持的频段和通信制式也更加多样化。

(2) 基站

基站是移动通信系统中的重要无线接入节点,它通过天线与覆盖区域内的移动台进行无线通信,负责接收、发送和调度用户信号。基站通常根据地理位置和通信需求合理分布在各地,通过覆盖一定的区域(称为小区)为用户提供无线接入服务。基站与移动台之间通过无线电波进行数据和信令的双向传输,同时基站还负责将用户的数据汇聚,并通过有线或无线的方式传输到核心网络。基站的性能和布局直接影响网络的覆盖范围和通信质量。

(3) 基站控制器

基站控制器(BSC)是管理和协调多个基站的重要设备。BSC 主要负责基站的无线资源管理、功率控制、切换控制等功能,并在基站之间进行资源分配和优化。它是连接无线接入网络和核心网络的关键桥梁,负责将用户的通信请求从基站传输到核心网络中进行进一步的处理。在 3G 及更高代移动通信系统中,BSC 的功能逐渐被无线网络控制器(RNC)所取代。

(4) 移动交换中心

移动交换中心(MSC)是核心网的核心设备,负责处理用户之间的呼叫、短信,以及移动台的位置更新等任务。MSC 的主要作用是提供语音交换、信令控制、话务管理等功能。它不仅负责本地用户的呼叫控制,还能够通过网关与外部网络(如公用电话交换网、互联网等)互联互通。MSC还会管理用户的漫游和切换操作,以确保用户在移动状态下仍然能够维持不间断的通信连接。

(5) 核心网络

核心网络包括数据包交换域和电路交换域两个部分,它们分别负责处理数据业务和语音业务。在现代移动通信系统中,核心网络的功能逐渐向全IP化方向发展,传统的电路交换逐步被基于IP的包交换技术所取代。这种转变不仅提高了通信的灵活性和扩展性,还为高速数据传输和多媒体业务的引入提供了技术支持。

陆地移动通信系统具有诸多显著特点,它通过无线信号实现用户在不同地理位置之间的无缝通信。这种系统的主要特点是支持移动性,即用户可以在行进过程中通过基站之间的切换技术,保持通信连接的连续性和稳定性。通信网络的广覆盖也是陆地移动通信系统的一大优势,通过合理的基站布置,系统能够覆盖从城市到乡村等各种区域,甚至能够保证偏远地区的较高通信质量。此外,频谱的高效利用是陆地移动通信系统的一大技术优势。通过频率复用技术,系统能够在有限的频谱资源下支持更多用户的同时通信,特别是在人口密集的城市环境中,这种技术能够显著提高系统容量,从而服务更多的用户群体。

在数据传输方面,陆地移动通信系统支持语音、短信、数据等多种通信业务,尤其在现代通信系统中,4G和5G等技术大幅提升了数据传输速率,能够为用户提供高清的视频通话、快速的互联网接入,以及其他高带宽的多媒体服务。此外,随着物联网技术的兴起,陆地移动通信系统还支持大规模设备连接,成为智慧城市、智能家居、自动驾驶等应用的重要基础设施之一。系统的安全性也不容忽视,现代陆地移动通信系统通过复杂的认证和加密机制,保护用户通信的隐私和安全,确保通信过程中的信息不被泄露或篡改。总体而言,陆地移动通信系统以其移动性、广覆盖、高频谱利用率、多业务支持和强安全性为特点,满足了现代社会对高效、便捷、可靠通信的需求。

陆地移动通信系统通过高度的灵活性、广泛的覆盖能力和频谱资源的高效利用,满足了现代社会对高速、可靠和便捷通信服务的需求。这一系统的架构经过了多年的演进,不断适应新技术的发展和用户需求的变化,推动了全球通信网络的进步。陆地移动通信系统经历了多种技术迭代,从最初的1G模拟通信到2G数字通信,再到3G、4G,以及如今的5G网络,每一代技术的进步都带来了更高的传输速率、更低的延迟和更好的服务质量,极大地改变了人们的生活和工作方式。随着未来技术的不断发展,陆地移动通信系统将继续演进,提供更加先进和全面的通信服务。

2. 蜂窝

蜂窝通过将大面积的覆盖区域划分为许多个较小的区域,即"蜂窝"小区

(cell),来实现频谱资源的高效利用与无线网络的广泛覆盖。蜂窝系统的基础在于将一个大区域划分成多个形状类似蜂巢的六边形小区,每个小区都有一个基站负责通信。通过这种方式,蜂窝系统可以避免传统通信系统中单一大功率发射器覆盖大区域的弊端,采用多个小功率发射器来覆盖多个较小的区域,不仅有效提升了频谱利用率,还增强了信号的传输质量。

在蜂窝系统中,每个小区都有相对独立的频率资源,基站通过无线信道与位于小区内的用户终端进行通信。蜂窝概念的最大亮点在于"频率复用"技术。由于地理上相邻的小区不会使用相同的频率,因此不同小区之间可以有效避免干扰。但在空间距离足够大的情况下,频率可以在相距较远的小区中复用,这意味着同样的频谱资源可以被多个相距较远的小区重复使用,从而大幅提高系统容量和频谱资源的利用效率。图 5-12 和图 5-13 分别给出了区群数为 4 和 7 的小区覆盖。随着通信用户的增加,蜂窝网络可以通过缩小小区半径、增加基站密度的方式继续提升网络容量,保证更多的用户能够享受到高质量的通信服务。

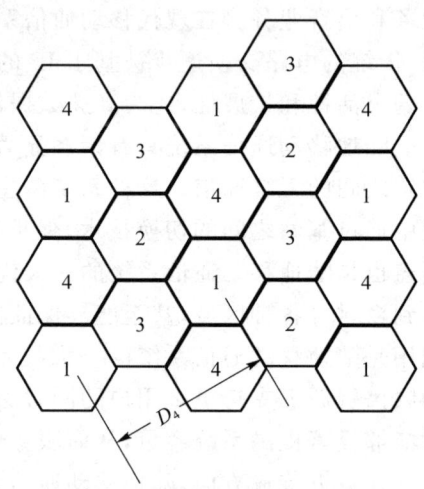

图 5-12 区群数为 4 的小区覆盖

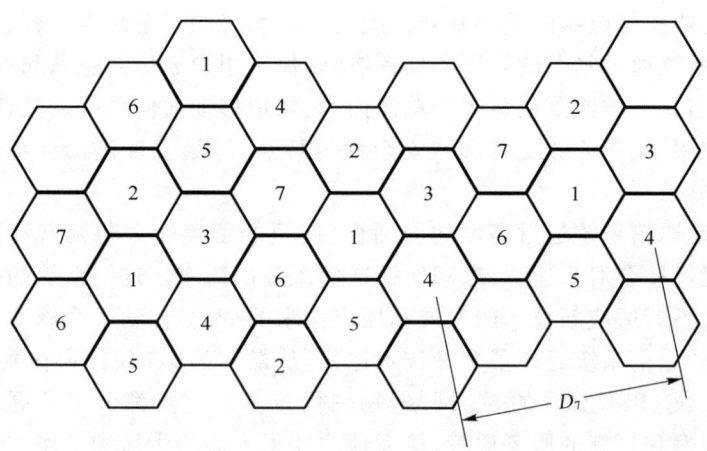

图 5-13 区群数为 7 的小区覆盖

蜂窝的形状通常被理想化为规则的六边形,这是为了便于分析与设计,但在实际应用中,小区的形状会受到地形、建筑物等外部因素的影响,可能并不完全是六边形。这种理想化的六边形模型使得蜂窝网络的设计和规划更具规则性,便于通过数学模型进行预测与优化。

5.3.2 无线局域网与物联网

在现代通信技术中,无线局域网(WLAN)和物联网(IoT)是两个至关重要的领域,它们在推动技术发展、改善人们生活方式、优化工业生产等方面都发挥了巨大作用。无线局域网主要聚焦于短距离、高速数据传输,而物联网则通过无线通信将各种智能设备互联互通。本小节将详细介绍这两种技术及其应用,帮助读者更好地理解它们在现代社会中的重要性。

1. 无线局域网(WLAN)

无线局域网(WLAN)是一种基于无线通信技术的局部区域网络,通过无线电波将设备连接到互联网或局部网络中。WLAN 的最常见技术标准是无线通信技术(Wi-Fi),它是家庭、办公室、公共场所等场景中最为普及的无线网络技术。Wi-Fi 使用无线电波传输数据,允许多个设备在不需要有线连接的情况下共享数据和访问网络。Wi-Fi 通过在一个覆盖范围内设置一个或多个无线接入点(AP),实现设备与网络的连接,如图 5-14 所示。无线局域网的核心优势在于其便捷性和高带宽传输能力,特别是在提供大范围的互联网接入服务时,它的灵活性使得用户可以在多个设备之间无缝切换,同时避免了繁琐的电缆布线。

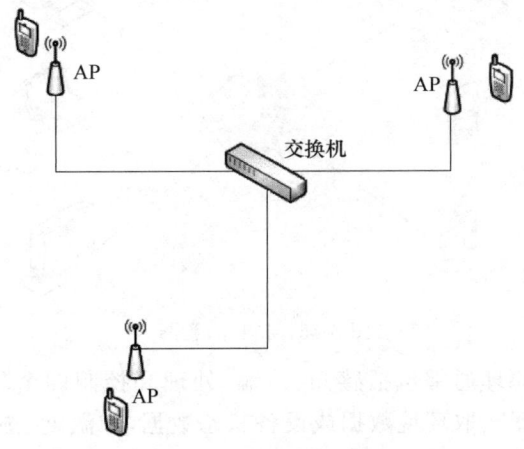

图 5-14 无线局域网

Wi-Fi 的工作基于 IEEE 802.11 系列标准,尤其是 802.11a/b/g/n/ac/ax 等版本,这些版本的不断演进使得 Wi-Fi 的速率、传输范围和网络稳定性都得到了显著提升。例如,Wi-Fi 5(802.11 ac)支持更高的速度和更稳定的连接,而 Wi-Fi 6(802.11 ax)则进一步优化了其在高密度环境中的性能,降低了延迟,提供了更高的数据传输速率,并且在多个设备接入时保持了更稳定的连接。Wi-Fi 的频段主要集中在2.4 GHz和5 GHz两个频段,其中:2.4 GHz频段的穿透力较强,但容易受到干扰;而5 GHz频段则提供更高的速率,适合应用于对带宽要求较高的场景。

无线局域网广泛应用于各种场景,最常见的应用场景就是家庭和办公网络。在家庭环境中,Wi-Fi为用户提供无线互联网接入,使得智能手机、电脑、平板等设备可以轻松接入网络进行信息交换、娱乐和远程办公。在办公环境中,Wi-Fi则用于实现数据共享、文件传输、视频会议等多种功能,以帮助提高工作效率。Wi-Fi不仅在家庭和办公网络中发挥着重要作用,还在公共场所如商场、咖啡厅、机场等地提供免费或付费的无线接入服务,以满足人们在外出时对网络连接的需求。随着智能家居的普及,Wi-Fi也成为智能家居设备的重要连接方式,实现灯光、空调、电视等设备的远程控制和自动化管理。

2. 物联网(IoT)

物联网(IoT)是通过互联网将各种物理设备、传感器、执行器等互联起来,形成一个智能化的系统,能够实现数据共享、远程控制和自动化管理,如图5-15所示。物联网的核心概念是"万物互联",它通过无线通信技术使得各种设备能够实时感知、收集和交换信息,从而实现更智能的决策和控制。物联网的应用涵盖了众多领域,从家庭自动化到工业控制,再到智慧城市等,几乎渗透到人们生活的方方面面。

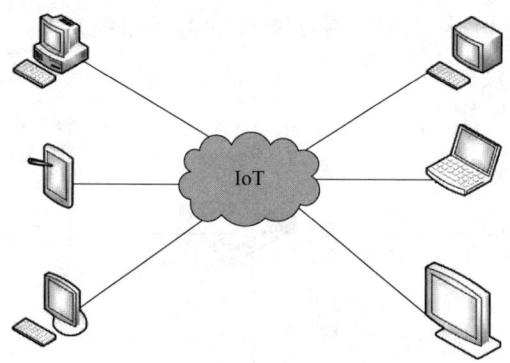

图5-15 IoT示意图

物联网的工作原理通常包括感知、传输、处理和控制四个环节。首先,物联网设备通过各种传感器获取环境数据或设备状态数据,如温度、湿度、压力、运动等信息;其次,这些数据通过无线通信技术,如Wi-Fi、蓝牙、ZigBee、NB-IoT等,传输到远程的服务器或云平台进行处理和分析;最后,系统根据分析结果进行相应的决策,并通过执行器或其他设备进行控制。物联网的这些环节使得设备能够自动化地响应环境变化,进行智能化的操作。物联网设备之间的通信方式有多种,其中,Wi-Fi和蓝牙是最常见的两种无线通信技术。Wi-Fi作为物联网设备的主要通信方式,适用于需要较高带宽和长距离传输的场景。例如,智能家居中的视频监控、高清电视等设备通常通过Wi-Fi与家中的路由器进行连接,以保证稳定的网络传输。而蓝牙则通常应用于短距离传输、低功耗的场景,如智能手环、蓝牙耳机、健康监测仪器等,它能够在低功耗的情况下保持设备的长时间运行,尤其适合智能穿戴设备和健康监测设备。

除了 Wi-Fi 和蓝牙,物联网还使用了一些通信协议,特别是在大规模物联网部署中,低功耗广域网(LPWAN)技术逐渐得到广泛应用。LPWAN 技术(如 LoRa 和 NB-IoT)专为长距离传输、低功耗的通信场景设计,适用于那些数据交换不频繁但需要长期稳定运行的设备,如智能水表、环境监测传感器等。这些技术能够在广泛的区域内保持低功耗的通信,减少了传统通信技术带来的能源消耗问题,是物联网发展的一个重要方向。物联网的应用场景非常广泛,特别是在智能家居领域,物联网已经实现了从家电控制到环境监测等多方面的智能化。用户可以通过手机应用或语音助手对家中的空调、灯光、门锁等设备进行远程控制或自动化管理。在工业领域,物联网被应用于生产线的自动化控制、设备健康监测、库存管理等方面,提高了生产效率和设备利用率。在智慧城市中,物联网通过智能交通管理、公共安全监控、环境监测等技术,为城市管理提供了更加智能和高效的手段。同时,物联网在农业、医疗、物流等行业也得到了广泛应用,推动了各个领域的智能化和自动化进程。物联网和无线局域网之间有着紧密的联系,尤其是在智能家居和工业自动化等领域,Wi-Fi 为物联网设备提供了高速、稳定的通信平台。而蓝牙和 LPWAN 等技术则使得物联网能够在不同的应用场景中提供低功耗、远距离的通信解决方案。无线局域网为物联网设备提供了一个基础的通信架构,而物联网则通过这些技术实现了设备之间的互联互通、数据共享和智能化控制。

无线局域网和物联网是现代通信技术中两个密不可分的领域。Wi-Fi 作为无线局域网的核心技术,通过提供高速的数据传输和广泛的网络覆盖,使得设备能够快速、稳定地连接到互联网。而物联网通过将各种设备、传感器和执行器连接起来,实现了智能化、自动化的控制和管理,推动了各行各业的数字化转型和智能化发展。这两种技术的结合不仅改变了我们的日常生活方式,也为未来社会的智能化发展奠定了坚实的基础。

5.3.3　卫星通信系统与数字微波通信系统

卫星通信系统与数字微波通信系统都是现代通信网络中不可或缺的技术,它们都依赖于无线电波进行远距离数据传输,且在广泛的应用场景中发挥着重要作用。

数字微波通信系统使用微波频率进行点对点数据传输,通常工作在 $0.3 \sim 300$ GHz 之间的频段,具备较高的频率和带宽,可以支持高速数据传输。它主要应用于城市数据传输、移动通信回程网络,以及长距离干线通信等场景。数字微波通信系统的基本组成包括发送端、接收端、天线和中继站。发送端通过调制技术将数字信号转换为微波频率的载波信号,并通过天线发射到接收端。接收端接收信号并解调还原原始数据。在长距离传输中,由于信号会受到衰减和干扰的影响,因此,系统需要设置中继站以确保信号能够继续传输。中继站通过接收、放大信号并重新发射,确保通信链路的稳定性。数字微波通信系统的优点是具有高速率和高带宽,尤其在移动通信网络中,微波通信用于基站与核心网络之间的回程传输,支持大容量的数据交换。

卫星通信系统则利用绕地球运行的卫星作为中继站,进行全球范围的通信。卫星通信系统的覆盖范围极广,能够为地球表面几乎所有地区提供服务,特别是在偏远地区和海洋区域,卫星通信几乎是唯一的通信手段。卫星通信系统通常由地面站、通信卫星和用户终端组成。地面站通过上行链路将信号传输到卫星,卫星接收信号后通过转发器放大信号并转换频率,再通过下行链路将信号发送到不同的地面区域,最终由用户终端接收。卫星通信系统的优势在于其能够进行快速部署,适用于灾后恢复和应急通信,但也面临高成本、信号时延高和频谱资源紧缺的挑战。尤其对于地球同步轨道卫星(GEO),其轨道高度较高,信号时延较高,因此不适合实时互动的应用;而低轨卫星(LEO)具有较低时延的优势,但需要建立和维护大规模的卫星星座,这带来了较高的建设和维护成本。

数字微波通信系统和卫星通信系统在具体技术实现和应用场景上虽然有所不同,但它们共同支撑了全球通信网络的发展。随着技术的进步,特别是卫星星座的不断优化和数字微波系统性能的不断提升,二者将继续协同工作,在满足日益增长的通信需求和推动全球通信网络互联互通方面,发挥不可替代的作用。

本 章 小 结

无线传输技术是以无线电波为媒介的通信技术,利用无线电波的传播特性,既可以组成点对点的无线传输线路,又可以形成覆盖区域的无线网络,实现了灵活便捷的远距离通信。其发展历程从1G模拟语音通信到5G的高速率、低时延和大连接网络,推动了视频流媒体、物联网等技术的兴起。在无线信道中,路径损耗、阴影效应和衰落等特性对信号传输具有显著影响,反射、绕射与阻挡则展示了电波传输的复杂性。核心技术如调制、编码、多址接入和多天线技术提高了频谱利用率与通信可靠性,扩频和跳频技术则增强了系统抗干扰能力和安全性。无线通信已成为现代社会不可或缺的基础设施,并将持续引领智慧化、互联化的未来发展。

第 6 章 算力网络

> 随着社会信息化和智能化水平的提高，算力已成为推动数字经济增长的核心驱动力。作为衡量现代社会技术水平和经济发展能力的重要指标，算力不仅承载了海量数据的存储、处理和分析任务，更支撑着人工智能、物联网、5G 等前沿领域的创新。传统的集中式云计算虽然在数据处理效率和规模化方面展现出优势，但当面对物联网设备增长带来的实时响应需求及能源高效利用的挑战时，局限性愈发显现。为解决算力分布不均、资源调度复杂等问题，算力网络应运而生。这种新型网络以"云-边-端"三级架构为基础，连接分散的算力资源，形成统一的算力资源池，致力于实现资源的全局感知、智能调度和高效协同。中国提出的"东数西算"工程，通过东西部数据中心的合理布局，为算力网络的发展提供了典型实践经验。本章将聚焦算力网络的发展背景与架构，探讨其技术核心与应用场景，剖析资源协同与优化的关键问题，最后展望其在未来数字经济中的发展潜力及面临的挑战。算力网络不仅是技术创新的结晶，更是经济发展和社会进步的重要引擎。

6.1 算力概述

6.1.1 "东数西算"工程

2021 年 5 月，国家发展改革委、中央网信办、工业和信息化部、国家能源局联合印发《全国一体化大数据中心协同创新体系算力枢纽实施方案》，首次提出"东数西算"工程。"东数西算"是我国面对社会数据总量持续爆发式增长，为推动数字化转型而实施的一项国家工程，致力于推动数据中心的合理布局，以实现数据中心供需平衡、绿色集约、互联互通的高质量发展,该战略的实施将深刻影响并全局性地改变我国数据中心与算力布局。随着云计算技术的演进和算力的集约化,我国电信运营商已普遍采用以算力为核心、云网一体的网络发展策略。算力布局的变化必然带来网络架构的优化需求。对于公众互联网业务,电信运营商需要以国家战略布局为指引,以提升用户感知为目标,在网络节点部署、网络连接设置、网络流量引导等层面持续优化,形成适应新的算力布局和业务形态的新型公众网络架构,在"东数西算"工程的推进实施中发挥更关键的作用。

"东数西算"工程基于能源结构、产业布局、市场发展、气候环境等因素,在全国布局建设8个全国一体化算力网络国家枢纽节点(简称枢纽节点)。其中4个枢纽节点位于用户规模较大、应用需求强烈的业务热点区域,包括京津冀、长三角、粤港澳大湾区和成渝;另外4个枢纽节点位于可再生能源丰富、气候适宜,适合建设大规模绿色数据中心的西部、北部省份,包括贵州、内蒙古、甘肃和宁夏。本章将前4个枢纽节点归为第一类,后4个归为第二类。该工程依托8个枢纽节点,在起步阶段规划了10个数据中心集群,如图6-1所示。

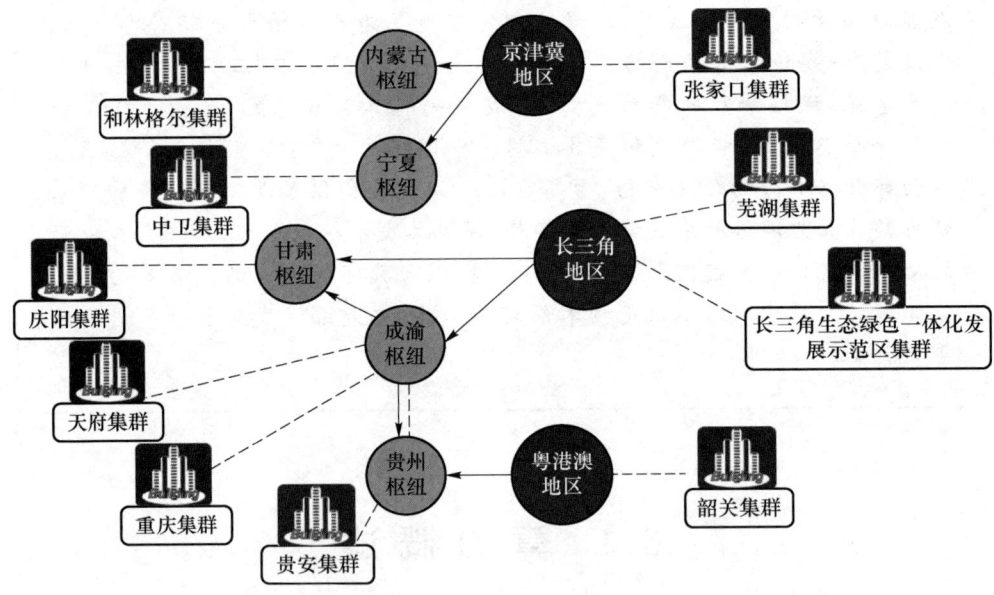

图6-1 "东数西算"工程的结构

1. 为什么要"东数西算"?

在当前这个数字经济快速发展的时代,算力的提升对于整个国家的经济而言,具有显著的提升作用,算力成为推动国家数字化发展,提供国家经济发展动力的核心引擎。算力网络就是将依据地理优势与数据需求而建设在全国各个地区的数据中心连接起来,构成一个算力资源、数据资源与应用资源汇聚共享,可对全局通信、算力资源进行实时动态感知,进而从全局出发,高效、最优地统筹分配各类资源以满足多种计算任务的算力网络。

"东数西算"的提出就是为了解决日益增长的算力需求与我国算力资源分布存在时间、空间差异的矛盾。这一问题的根源在于建设和运营数据中心需要面对土地、电力和气候三个关键因素。从土地方面考虑,数据中心就是由多种数据计算硬件设备,以及为保障这些设备持续安全运行而配套的电力供应系统、温度控制系统、安全监控系统而组成的计算中心。数据中心能提供的算力越大,需要的计算设备就越多,其所配套的设施也就越多,对与土地的需求就越大。当前,单个数据中心的面积已达0.5平方千米。不管从建设成本考虑还是从城市规划考虑,这样的土地需求在计算资源缺口巨大的一、二线城市是无法实现的。因此,地广人稀、拥有大量低价闲置土地的中西部城市就成为建设数据中心的首选。从电力方面考虑,在数据中心的运营成本中,电力成本已经超过了一半,并且随着计算需求的不断增长,数据中心能耗必然随之不断升高,数据中心是名副其实的高能耗产业。若将数据中心建设在东部地区,那么电力成本与电力供应的稳定性都将成为极大的难题。而相比于东部城市,中、西部城市由于工业化水平较低,用电需求低,且中、西部城市具备丰富的光伏、风电等新型清洁能源,能够稳定输出廉价的电力。从气候方面考虑,除了计算设备造成的电力高需求,设备运行积聚的高热量也是导致数据中心运营成本居高不下的主要因素。据统计,数据中心为保障设备安全稳定运行,通过散热系统、制冷系统排除设备运行中产生的高热量而需要的能耗超过总能耗的40%。为降低数据中心温控系统所需能耗,可将数据中心建设在整体气候适宜的中西部城市,通过自然环境的自我调节降低运营成本。

基于上述原因,国家提出了"东数西算"工程,形成了我国当前的算力分布,因此,通过算力网络完成分散算力的汇聚互联与高效分配就显得越发重要。因为数据的产生大多数集中在东部城市,数据传输导致的时延使得西部数据中心无法满足实时性要求较高的业务,所以在算力网络中,东部地区也建设有大型数据中心。当出现对实时性要求较高的计算需求时,我们可以使用东部地区的数据中心完成任务,对于其他对实时性要求较低或离线的计算需求,我们可以通过网络将任务传输至西部地区的数据中心进行计算再回传结果,以缓解东部地区计算任务过多而算力供应不足的问题,实现全国算力的整体统筹。

东数西算构造出的遍布全国的算力网络正逐渐让算力成为一种可满足全国用户需求的公共资源,随着算力网络的进一步发展,算力必将成为推动人类社会文明进步、发展的重要引擎与持续动力。

2."东数西算"工程对全国算力布局的影响

(1) 算力资源层次化

我国现有的数据中心集中在人口密集和经济发达地区,第一类枢纽节点所处的京津冀、长三角、粤港澳大湾区、成渝地区的机架数量占全国超过60%,其中京津冀所属的华北地区的算力约占全国的40%,是全国算力分布最集中的地区。

与此同时,华北地区数据中心机架数量也高于全国平均水平。如北京市是全国IDC市场规模最大的城市,占全国IDC市场规模的25%以上。一方面,部分一、二线城市的数据中心上架率可达到60%~80%,甚至更高,而中、西部部分省份的上架率不足30%。另一方面,数据中心是能源消耗和碳排放的"大户",且当前我国数据中心的"绿电"使用率只有约20%。在"双碳"目标下,一些东部地区数据中心的产业布局日趋密集,面临能耗指标紧张、电力成本高等瓶颈,而一些西部地区的可再生能源丰富,气候、地质等条件适宜,数据中心产业绿色发展潜力较大。

在未来,我国算力需求仍将以20%以上的年增长率增长,"东数西算"工程将根据业务需求类型,把支撑各类业务的算力在全国范围内重新布局。对于要求低时延、实时性强、交互频次高的视频直播、游戏、金融交易等业务需求,其算力资源仍以第一类枢纽节点为核心,靠近用户和流量密集的区域分布。对于进一步要求极低时延的VR/AR技术、超高清视频、车联网等业务,该工程利用城市城区内数据中心,部署边缘算力资源提供本地化或就近服务。而对于后台加工、离线分析、存储备份等对时延要求不高、不与用户直接交互或交互频次较低的非实时算力需求,其算力资源将部署在第二类枢纽节点所在区域及其他中、西部地区。在未部署枢纽节点的地区,该工程也将以省为单位统筹省内算力布局,加强与国家枢纽节点的衔接,实现国家级和省级算力级联调度。

通过以上分类规划,我国实际形成了第二类枢纽节点(全国离线非实时应用)-第一类枢纽节点(全国高交互低时延应用)-省级节点(本省或邻近各类应用)-边缘节点(本地或邻近极低时延应用)这一结合了业务类型和地域的层次化算力布局。

(2) 算力资源集约化

推动数据中心绿色集约发展是"东数西算"工程的总体目标之一。该工程通过国家级枢纽节点和数据中心集群的规划引导各区域各类算力资源集聚分布,通过规模经济实现基础设施和能源的高效利用。

在国家级枢纽节点中,第一类枢纽节点将集中部署服务周边人口和流量密集区域的实时性算力资源,并进一步向外辐射。如张家口集群承接北京等地的实时性算力需求,并辐射华北、东北等区域;江浙沪集群和芜湖集群承接长三角中心城市的实时性算力需求,并辐射长三角全域;韶关集群承接广深等地实时性算力需求,并辐射华南。第二类节点将集中部署全国范围,主要是第一类节点周边区域的离线非实时算力需求。如大湾区的离线算力需求向贵州、甘肃迁移,长三角的离线算力需求向内蒙古、贵州、甘肃迁移等。其中,内蒙古节点由于距离京津冀较近,也可承接一部分京津冀区域的实时算力需求。在省级层面,该工程也将对本省的数据中心进行统筹规划,使其在省内规模化集约化分布。在"东数西算"工程出台前后,阿里、华为、腾讯、字节跳动等主流云计算厂商和三大运营商已开始在相关枢纽节点集约化布局大型数据中心,并广泛应用绿色节能技术。

6.1.2 算力的概念

随着信息技术时代数据持续增长,数字经济高速发展,算力需求也在不断地增长。算力已经成为当今时代必不可少的一种新质生产力。算力就是指包括手机、个人计算机、超级计算机等所有具有计算能力的硬件设备所提供的计算能力。以个人计算机为例,一般来讲其算力的高低与设备所搭载的中央处理单元、显卡、内存的质量相关,硬件质量越高,总的算力就越高。

要衡量算力的强弱,首先要设定统一的指标和基准。由于数据量巨大,故在介绍算力指标前,我们先列举以下这些常见的大计量单位:10^3 用 K 表示(Kilo)、10^6 用 M 表示(Mega)、10^9 用 G 表示(Giga)、10^{12} 用 T 表示(Tera)、10^{15} 用 P 表示(Peta)、10^{18} 用 E 表示(Exa)、10^{21} 用 Z 表示(Zetta)、10^{24} 用 Y 表示(Yotta)。常见的算力衡量标准有以下几种:每秒钟可执行的百万指令数(million instructions per second,MIPS),每秒哈希运算次数(Hash per second,Hash/s),每秒浮点运算次数(floating-point operations per second,FLOPS),每秒操作次数(operations per second,OPS)。在这些指标之中,衡量算力强弱也就是计算机运算速度最常用的一个重要指标是 FLOPS。从量级来看,个人计算机的算力一般可以达到 GFLOPS 级别。作为我国闻名国际的超级计算机,神威·太湖之光超级计算机的算力可以达到 93.015 PFLOPS;鹏程实验室的鹏程云脑 II(以华为 Atlas 900 集群为底座)拥有 1 000 PFLOPS 的强大算力,相当于数千万甚至上亿台 PC 的集合。

算力需求根据应用情况,可分为普通算力需求和高性能算力需求两大类。普通算力需求是指计算容量较小,系统计算能力消耗较少的一般应用计算能力需求。而高性能算力需求则是指能够利用通信互联网络把大量计算能力聚合为集群,并依靠计算机集群中强大的系统计算能力来实现的计算能力需求。根据具体的应用范围,高性能算力需求又可再进一步分类:涉及物理应用、化学应用、气象环境、矿藏勘探、天文探测、生命医学等方面的科学研究类需求,涵盖智能工程、智能制造、电子设计自动化、电磁模拟等在内的工程技术类需求,以及包含机器学习、数据挖掘数据分析、人工智能生成内容(artificial intelligence generated content,AIGQ)等在内的 AI 智能计算技术类需求。

在智能世界中,智能可以被定义为知识和智力的总和。而在数字世界中,智能可以翻译为"数据+算力+算法"。其中,算法需要通过科学家的研究实现,海量数据来自各行各业的人和物,而数据的处理则需要大量算力。算力是智能的重要基础,由大量计算设备组成。根据华为在《计算 2030》中发布的预测数据可知,人类所产生的数据将在 2030 年进入 YB 级时代。我们对算力的渴求也将伴随数据的急剧增长而爆炸式增加。根据当前数据进行的数据预测显示,截止2030年,全球整体算力将膨胀十倍。

此外,根据中国信通院在2023年发布的《中国综合算力指数(2023年)》,可以看出,在当前算力规模的分布中,智能算力与通用算力的比例大约为1∶3。尽管相比通用算力,智能算力占比较低,但智能算力需求增长极快,同比2022年增长45%。这一增速也高于总体算力增速,其中,以AIGC为主的未来多计算场景是其主要增长动力。算力的发展对国家经济的推动作用一般使用计算力指数进行评估。数据显示,对国家而言,当计算力指数处于40~60分这一区间时,计算力指数每上升一个点,算力对GDP增长的推动作用将提升至40分以下时的1.3倍,而当计算力指数超过60分时,计算力指数每上升一个点,算力对GDP增长的推动作用将提升至40分以下时的3.0倍。也就是说,计算力指数越高,其增长对于国家经济发展的推动力越强。

算力已经成为数字经济时代中推动国家数字化发展,拉动国家经济增长的核心引擎。随着数据量的激增,人们对算力的需求也在不断增加,特别是在人工智能领域,人们对算力的需求显著提升。如图6-2所示,国家算力水平的进步不仅对GDP增长有着显著的推动作用,还直接影响数字经济发展。因此,提升国家的计算力指数既是数据量激增带来计算力供应不足的现实要求,又是推动经济持续健康增长的关键举措。各国应加大对算力基础设施的投资,以应对未来数据处理的挑战,推动经济的可持续发展。

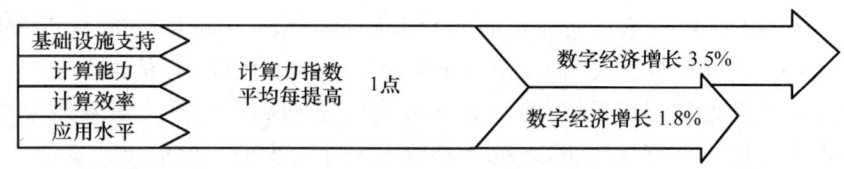

图6-2 计算力的经济影响

6.2 算力网络架构与技术

6.2.1 算力网络的架构

随着技术的快速发展,算力设施逐步从集中化迈向泛在化,形成了以云计算数据中心为核心,向边缘与终端延伸的三级算力分布架构,如图6-3所示。

图6-3的中心指云计算数据中心。云计算是将上万台计算机及服务器在数据中心中进行联结,形成一种类似"云"概念的计算云。云计算允许所有有计算需求

的个人、企业和政府单位等通过通信网络进行接入,按照需求申请各项资源。按照部署类型的不同,云计算可以分为公有、私有和混合三种,以满足不同用户群体的不同需求。

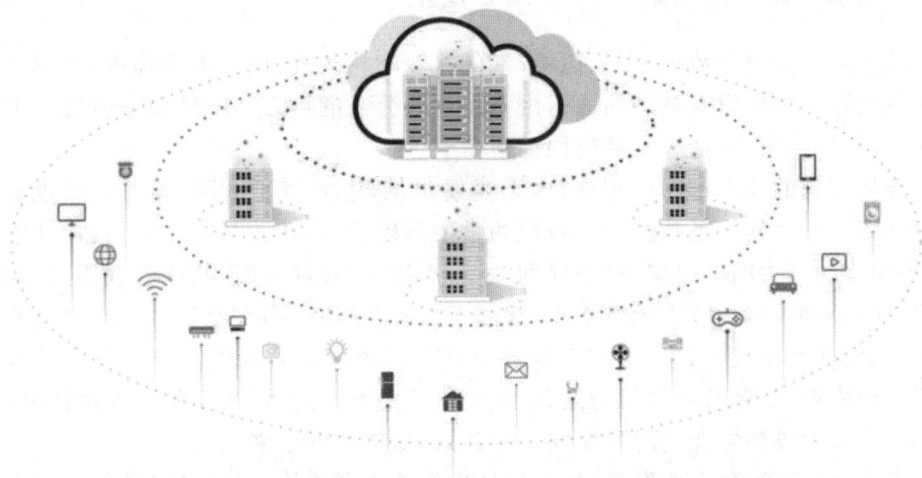

图 6-3　三级算力分布架构

三级算力分布架构中的边缘是指多接入边缘计算(multi-access edge computing,MEC)。所谓边缘计算,是相对于云计算而出现的概念。云计算架构的核心是聚集,即将众多计算资源聚集起来进行统一的分配,但随着数据量的爆发式增长,云计算架构所需要的通信资源与计算资源都显得捉襟见肘,无法满足庞大的计算需求,也无法满足类似无人驾驶这样要求实时处理数据的任务需求。针对上述问题,边缘计算应运而生。边缘计算一般是在网络边缘形成小规模的区域云、边缘云,在降低任务传输时延的同时,满足任务对计算资源的需求,相比云计算更加安全、高效,一定程度上解决了上述问题。在更接近用户的一端,端侧算力通过智能设备和嵌入式系统提供直接的计算支持。端侧设备通过就地计算满足个性化和实时化需求,是算力网络架构不可或缺的部分,与云和边缘共同构成了一个高效协同的三级分布体系。

算力网络通过高速网络和优化调度算法,将分散在不同地理位置的算力资源整合为一个统一的计算资源池。其核心理念是实时感知整体网络中的算力资源状态,实现全局的动态调度和资源优化分配。这种架构不仅支持云、边、端之间的高效协作,还提升了资源利用率和计算效率,为用户提供低延迟、高性能的服务体验。算力网络架构的构建目标是实现"一点接入、即取即用"的服务模式,为万物互联的时代提供技术支撑。它不仅汇聚了分散的计算资源,还在科学研究、智慧城市和工业制造等领域展现了广泛的应用潜力。随着5G和6G的持续发展,算力网络将在高效计算和智能泛在的场景中发挥更加重要的作用,推动社会迈向全面智能化。

6.2.2 算力网络的功能与核心技术

随着算力分布呈数据中心、边缘、端的三级架构演进,算力不再集中,而是分布在任意位置。如果没有合理的通信网络将这些分散的算力互联从而进行统一的调度使用、共享协同,将造成计算资源的浪费。

任何资源的调度都需要网络,水力需要水网,电力需要电网,算力自然也需要算力网络。算力网络是数据经济时代的重要基础设施,在此基础之上,我们才能完成《中国移动算力网络白皮书》中提到的"一点接入,即取即用"的社会级服务,最终实现"网络无所不达、算力无所不在、智能无所不及"这一伟大愿景。只有通过算力网络,我们才能实现云、边缘、端三级算力网络的智能高效调度。要让算力的调度使用变得高效,实现数据与算力之间的数据巨量交换、敏捷连接和资源均衡随选,就必须让算力具备专业、弹性、协同这三要素,这需要网络来支撑。

专业是指要聚焦专业场景,最高效地发挥算力的价值,用尽可能低的成本和资源完成尽可能多的计算任务。弹性是指要对数据的传输进行弹性处理,要在算力网络中为计算需求和数据传输需求建立灵活快速的网络连接。协同是指要尽可能均衡地调度网络中的所有资源,包括同一设备内部的多核计算协作、多服务器之间的协作共用,乃至整体网络的资源均衡随选,以实现对多层级资源的充分、合理应用。

在算力网络的各种概念明确之前,算力感知网络、计算优先网络等都是指算力网络,其核心目标都是完成算力资源的调度。这就需要一种专门为计算资源和网络资源分配而设计的算法。但在当前数字时代,随着5G甚至6G通信的发展、AIGC的广泛使用等新趋势,算法还需考虑交易的问题。算力网络需要满足三种核心功能,首先,快速完成对数据传输路由的计算,实时感知网络中的算力资源与通信资源,快速规划最优通信路由;其次,高效实现算力资源的灵活调度,尽可能发挥算力价值;最后,建立可信可靠的算力交易与管理平台,确保算力网络的可持续发展。

如图6-4所示,算力网络由三个主要组件构成:算、网和脑。其中:"算"负责生产算力;"网"负责连接算力;"脑"则负责整体感知,协同调度网络中的算力资源。

具体来说,"脑"要具备多种功能。首先,"脑"需要实时获取全网的算力、网络和数据资源分布情况,以构建全局态势感知图,同时需要将多域协同的调度任务智能、自动地分解并分配给各个使能平台,从而实现算力、网络和数据资源的智能灵活调度。其次,"脑"需要根据多域融合业务需求,基于算力、网络和数据的颗粒度,灵活组合编排并分配算力资源。在此基础上,"脑"还应能够基于不同业务需求及可用资源分布和网络负载情况,动态、智能地计算协同策略。总而言之,"脑"的核心作用是将多用户上传的数据动态、高效、合理地分配到算力网络中的每个细小计算单元内,以实现资源的最优利用。

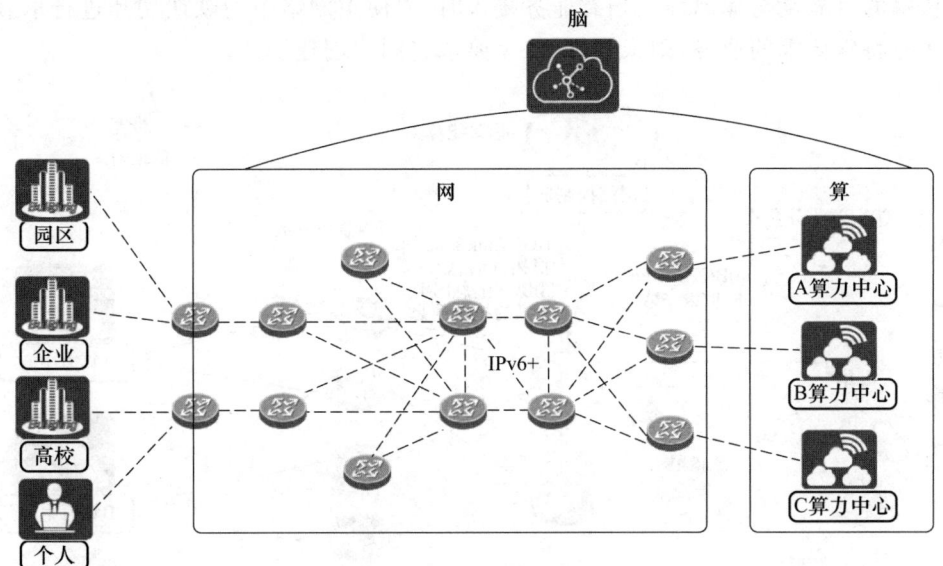

图 6-4　算力网络组件

6.2.3　算力网络的技术要求

算力网络的技术要求涵盖了多个方面,旨在构建一个高效、智能、安全的网络体系,以支持分布式计算和智能服务的需求。IPv6＋是在 IPv6 的基础上融入了 SRv6 技术、网络切片、随流检测、智能无损等技术的网络创新体系,基于该技术,我们可以建设出云、边、端三级设备节点全连接的智能 IP 算力网络,并为所有接入者提供足够的算力资源。

1. 使用 SRv6 技术实现用户的泛在接入和敏捷开通

算力网络的海量用户特征要求其必须能够实现敏捷的泛化接入。而这对于使用 MPLS 技术、通过工单传递与人工配置、消耗数日时间才能完成业务开通的传统网络而言是无法实现的。即便是对实时性要求不高的计算业务也无法接受在如此缓慢的网络中实现对算力资源的远程调用。SRv6 技术实现了业务的自动化发放,通过端到端组网的方式使业务开通时间缩短至数分钟,以实现海量业务的泛在接入与敏捷开通,如图 6-5 所示。

2. 使用网络切片技术保障网络中数据的可靠传输与安全隔离

算力网络要为不同用户、不同种类的数据提供计算服务,在传统网络中,通过使用 VPN 等技术实现信息之间的软隔离是"专线的思维"。而算力网络通过网络切片将资源进行切分,实现物理上信息之间的硬隔离,如图 6-6 所示。不同用户的不同业务在各自网络切片形成的虚拟网络中单独传输,与其他业务互不干预,以保障传输的可靠性与隔离性。当有业务接入时,先使用网络中的默认切片进行承载,对于有特殊要求的业务,则根据其 SLA 要求定制化创建切片。

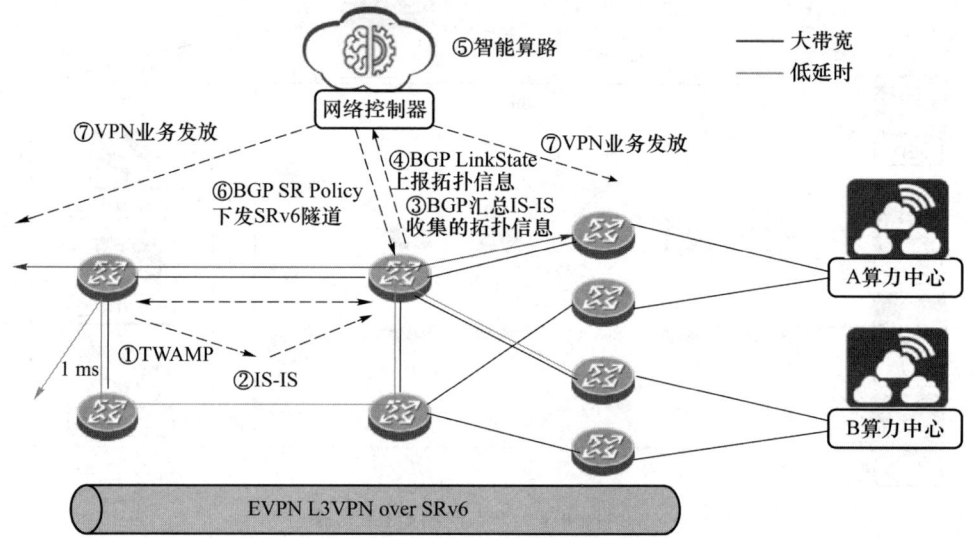

图 6-5　SRv6 技术

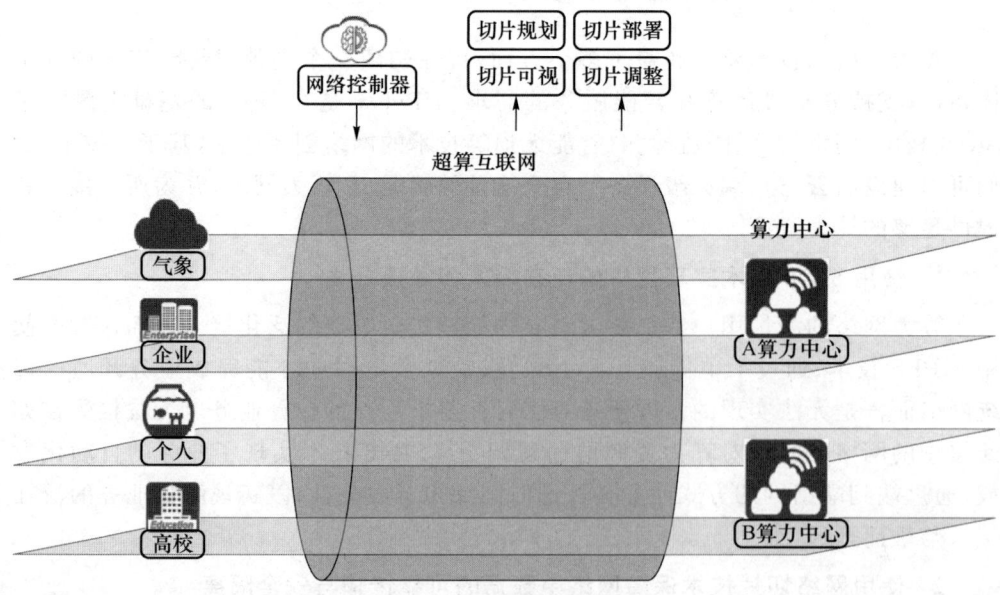

图 6-6　网络切片

3. 使用随流检测技术实现算力网络的体验感知和智能运维

海量用户对三级算力网络机构上计算资源进行调用会产生比海量更多的网络连接,任意连接的中断,都将对业务造成影响。而传统网络由于缺少类似智能中心的统一管理与网络检测手段,无法主动发现业务的受损情况,只能通过用户投诉与反馈来发现问题,并且对故障的定位也极为低效。但应用在算力网络中的随流检测技术可以精确跟随数据传输的全链路,精准定位故障位置,实现算力网络的体验感知和智能运维,如图 6-7 所示。

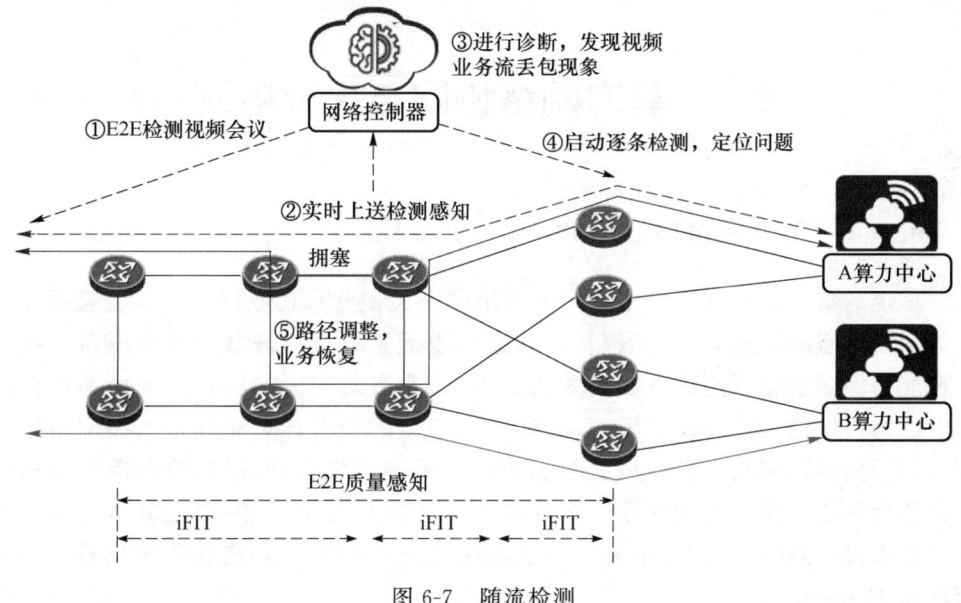

图 6-7 随流检测

传统网络安全防护思路是在网络的不同设备上部署相对独立的安全防护措施,节点之间无法联动防护,安全性差,已无法适应算力网络的安全需求。算力网络需要的是云、边缘、端三级网络一体的网络安全架构,以实现全网接入、传输、存储、交换、计算、输出的全过程安全防护。使用全新加密算法,实现对传统网络安全算法的升级;使用量子级密钥为用户的任意接入、动态敏捷组网提供安全保障。废弃传统的只在网络接口进行单次验证的防护原则,基于无信任原则,传输全路由不断验证,所有连接动态授权,实现网络整体的全方位、高强度防御。

从网络角度看,算力网络是面向计算和智能服务的新型网络体系,IPv6+和全光底座是算力网络的技术基石,增强网络内生算力是算力网络演进的重要方向。

算力网络还要求网络具备低延迟、边缘计算、智能调度、高效路由、资源虚拟化、高带宽、网随算动、可靠性与容错性、服务质量保障(QoS),以及安全性等特性。低延迟是确保算力资源高效交互的关键,边缘计算通过靠近用户的节点减少数据传输距离,智能调度和高效路由则分别优化了任务分配和数据传输路径。资源虚拟化通过 SDN 和 NFV 技术灵活调度网络和计算资源，高带宽则满足了大数据处理和 AI 模型训练等高流量需求。网随算动要求网络基础设施能够支持分布式计算的动态需求，而可靠性与容错性则通过冗余机制和自动故障恢复确保了服务的稳定性。服务质量保障通过区分数据流量优先级，满足了不同计算任务的需求。安全性通过强大的加密、身份验证和访问控制措施，确保了数据和计算任务在网络中的安全传输。算力网络技术要求不仅涵盖了网络的基础架构和关键技术，还强调了网络的智能化、动态化和安全性，以满足未来分布式计算和智能服务的多样化需求。

6.3 算力网络协同与关键挑战

6.3.1 算力网络核心问题

传统的集中式云计算模型倾向于采用多个大型分布式数据中心。受云数据中心骨干网带宽和处理能力的限制，它不适合也无法在众多分散的边缘设备上提供处理能力。随着物联网设备数量的快速增长，业务对实时响应提出了更加严格的要求。与传统的云计算模型不同，边缘计算模型的所有计算和处理都在网络边缘进行，它将计算、网络和存储从云数据中心扩展到网络边缘，以充分利用终端边缘设备的计算能。虽然传统的云计算技术在实时响应、隐私保护、低能耗等方面无法满足要求，但边缘计算范式本质上并不是取代云计算技术，两者在很多场景中都是相辅相成的。

算力网络中的资源协作主要分为"边-边"协作和"云-边"协作两种模式，一方面，"边-边"协作又称边缘协作，其核心思想是通过边缘服务器之间的资源协作，提升网络性能，保障用户的服务质量。在边缘协作中，各个节点通常采用有线的高速光纤进行链接，其协作效率更高，当单节点的资源能力无法满足用户的服务需求时，节点可通过卸载的方式将额外的任务卸载到其他节点，以完成协作处理。边缘协作在负载均衡、绿色节能、服务保障等方面有明显的优势。另一方面，"云-边"协同是通过中心云与边缘云之间的资源协作来提升网络性能和用户的服务质量。与边缘协作不同的是，中心云通常与边缘云相距较远，因此，"云-边"协作通常无法处理时延敏感型任务，但是考虑中心云强大的资源与计算能力（通常比边缘云的能力强 10~100 倍），通过合理的卸载策略和任务分割，中心云处理计算密集型任务的效率极高。近年来，基于协作的任务处理方案得到了业界和学术界的广泛认可，算力网络中各个节点之间的资源协同已成为当前算力网络的一个重要发展方向。

算力资源正在从集中部署方式向中心＋边缘的多级化部署方式发展。边缘计算、云计算及网络之间要促进云网协同、云边协同、边边协同的发展,以实现计算、通信、存储等多维资源的最优化。通过云边协同的方式将部分或全部任务卸载,可以改善长延迟问题。边边协同为任务处理提供了另一种选择,即任务可以通过边缘协作方式卸载到其他边缘节点进行处理。

在算力网络中,计算卸载决策与资源的协同优化是不可分割的。计算卸载被认为是通过将计算密集型或延迟敏感型任务卸载到边缘设备或附近的边缘服务器来保证用户服务质量的有效方法,其主要目的是减少响应延迟,提高服务质量。作为计算卸载中的重要研究问题之一,计算卸载决策问题主要集中在是否卸载,以及卸载多少。根据计算任务是否可以划分,卸载决策可以分为两类:二进制卸载和部分卸载。二进制卸载,也称"0-1卸载",意味着整个计算任务要么在本地处理,要么卸载到其他地方;部分卸载允许灵活的数据分区,即任务可以分为多个子任务。算力网络中的资源协同优化问题的研究是为了完成卸载和任务处理。一般来说,当前资源分配研究涉及的主要资源是计算、通信和存储资源。大多数研究考虑联合资源配置,针对单一资源配置的研究较少。作为优化问题,目前研究使用的数学优化算法包括混合整数规划(MIP)、启发式和博弈论技术等。黄善国等建立了相应的 MIP 模型,并提出了基于启发式的优化算法,以利用资源来最小化任务时延。张祥俊等提出了基于博弈理论为基础的多用户联合计算卸载算法来降低能耗和时延。Zhang 等针对计算密集型业务的联合计算和通信资源分配问题提出了一种博弈论和多对一匹配理论方案。随着人工智能(AI)的不断发展,近年来涌现出了一些热门的算法和框架,如分布式深度学习框架 TensorFlow、PyTorch 等,它们有助于推动训练进程。基于 AI 的优化模型,如强化学习(RL)等,逐渐被应用到研究中。L. Ale 等利用强化学习进行任务分区和计算卸载以最大化完成任务数量和最小化能源成本。N. Kirou 提出一种基于软件定义边缘云(SDEC)的 RL 优化框架来解决任务卸载和资源分配问题,显著降低了任务的时延。

算力网络资源协同优化技术涵盖了多个方面的技术和应用场景,如分布式计算、云计算、边缘计算、机器学习等。随着科技的不断发展,该领域也在不断创新和进步,为行业带来更高效、更便捷、更智能的资源协同优化方案。

当前算力服务是在云计算基础上融合边缘计算、网格计算等技术的新形态产品服务。本质上这些产品是可持续运营的虚拟网络服务。算力服务也可以分为基础设施即服务(IaaS)、平台即服务(PaaS)和软件即服务(SaaS)三类。在算力时代,掌握算力基础设备、掌握交易平台及工具与掌握应用资源的三方将呈现复杂的运营关系。这种复杂性将促使更多专注于特定领域的提供方和运营方出现,他们将提供更有针对性、更具特色的算力服务。

算力的定价模式主要有任务式定价与资源式定价。这两种模式各有优缺点,适用于不同的场景。任务式定价是根据用户提交的具体任务来定价的。每个任务都有明确的输入和输出，定价是基于任务的复杂度、所需时间和资源消耗等因素计算的。用户为每个具体任务支付费用，费用根据任务的复杂度和资源消耗计算。该定价方式较为灵活，用户可以根据实际需求提交任务，无须预先购买资源，并且成本可控，易于管理。缺点在于价格存在波动，响应时间可能较长。任务式定价适用于短期任务、工作负载不可预测的场景，以及小规模用户。资源式定价是根据用户使用的计算资源来定价的。用户需要预先购买或租赁一定数量的计算资源（如CPU、内存、存储等），然后根据实际使用的资源量来计费。用户为使用的计算资源支付费用，定价是根据资源的类型和使用时间计算的。该定价方式灵活性较低，可能出现资源闲置的情况，但性能稳定，成本可预测。缺点在于存在资源浪费，且初始成本较高。资源式定价适用于长期任务、工作负载相对稳定、可预测的场景以及大规模用户。

当前的定价模式主要采用任务式定价。聚焦客户需求，以最终服务反推中间各环节价格是一个较为合理的定价模式。未来，随着服务形式的变化和互联网思维的结合，可能会出现更复杂的定价模式和商业模式。

6.3.2 算力网络协同与发展

算力网络的协同与发展面临诸多复杂挑战，其核心在于如何高效整合云、边缘、端三级算力资源，以实现全局协同和多层次互联。当前，算力资源逐步从集中化向分布式演进，传统的云计算中心在大规模计算任务中仍占据主导地位，但在实时性需求日益增强的背景下，边缘计算节点逐渐成为满足低延迟、高实时性业务需求的关键环节，而终端设备则承担了轻量化任务的本地处理。然而，这种三级分布架构带来了显著的协作难度，尤其是不同节点之间的异构性和标准化不足的问题。例如，云节点和边缘节点在资源管理接口、调度策略、算力能力等方面存在显著差异，导致跨域资源共享和任务分配的复杂性增加。此外，多管理域之间的协作更是难点，跨地域的算力资源协调需要突破不同网络和计算架构间的技术壁垒，特别是在实现全网资源分布实时感知、智能调度，以及数据流动效率提升方面。

实现算力网络全面互联的核心在于建立统一的调度体系，这包括实时感知全网的算力、网络和数据资源状态，并以此为基础制定最优的计算任务分配方案。然而，算力资源的动态变化、通信网络的负载波动，以及数据传输的安全性都对现有调度算法提出了更高的要求。智能化调度系统需综合考虑延迟、带宽、算力能力、能耗和经济成本等多种因素，以确保全网资源的高效利用。此外，在算力资源交易方面，传统的点对点协商模式难以适应大规模的算力需求，亟须通过去中心化的可信交易平台实现算力资源和网络资源的高效匹配。这样的平台不仅需要整合不同算力提供方的资源信息，还需对算力消费方的需求进行精准建模，并以此为基础提供透明化、自动化的交易流程。同时，结合区块链技术，算力交易平台还需保证资源交易的安全性、隐私性及可追溯性,为用户提供可信赖的服务。

与此同时,算力网络的发展还面临绿色计算的要求。在当前"双碳"目标的指导下,算力网络必须显著降低整体能耗,实现高效的资源利用。这需要在网络设计中融入更多节能技术,例如,优化任务分配以减少传输距离,充分利用边缘节点的天然优势,以及采用清洁能源供电的绿色数据中心等。此外,为了支撑算力网络的长远发展,政策和产业的支持至关重要。构建算力网络的产业生态系统需要政府、科研机构、企业多方协作,共同推动技术研发、行业标准制定及商业模式创新。例如,政府可以通过专项资金扶持和政策引导,为算力网络建设提供基础支持;科研机构则需聚焦于新型算法、通信协议和算力协同技术的攻关;企业则需结合实际需求,推动算力网络在各行业的落地应用,构建基于算力网络的全新商业生态系统。通过上述多方面的协同努力,算力网络将在推动社会经济数字化转型,提升产业竞争力和实现高质量发展中发挥核心作用。

本 章 小 结

算力网络作为数字化时代的基础设施,正在迎来前所未有的发展机遇。通过将分散的计算资源高效连接和调度,算力网络不仅极大地提升了计算资源的利用率,还为各行各业提供了强大的技术支持和创新动力。在未来,算力网络仍面临诸多挑战,如不同算力中心之间高效协同的方法研究,算力和数据的可信交易与管理机制设计,算力平台的定价模式和交易机制确定,以及统一标准建立等问题。然而,这些挑战也为技术创新和产业合作提供了新的机遇。通过不断优化资源管理和调度算法,引入区块链、边缘计算等先进技术,算力网络将实现更高效、更安全、更智能的服务。"东数西算"工程的成功实践,为我们展示了算力网络在区域协调发展中的巨大潜力。将东部地区的数据计算需求转移到西部地区,不仅有效利用了西部地区的能源和资源优势,还促进了东西部地区的经济平衡发展。该战略工程为其他地区和国家提供了宝贵的经验,展示了算力网络在优化资源配置、促进绿色发展方面的巨大优势。算力网络是数字化时代的必然选择,它不仅代表了技术的进步,更体现了社会经济发展的方向。随着技术的不断成熟和应用的不断拓展,算力网络将在未来发挥更加重要的作用,引领新一轮的数字化变革,为人类社会带来更加美好的未来。

第 7 章 元宇宙与人工智能

> 随着科技的飞速发展,人工智能和元宇宙逐渐成为人们关注的焦点。人工智能作为一门模拟人类智能的学科,正在深刻地改变着我们的生活和工作方式。而元宇宙作为构建虚拟世界的平台,则为我们提供了全新的体验和可能性。本章将探讨人工智能与元宇宙的融合,分析它们对现代通信技术的影响,并展望它们未来的发展趋势。

7.1 元宇宙概述与发展

7.1.1 元宇宙概念与特征

参考虚拟世界的发展过程,吉尔伯特(Gilbert)在论文"The p. r. o. s. e. project: a programe of in-world behavioral research on the metaverse"中指出了虚拟世界的五个基本特征:具有 3D 的图像交互界面以及集成语音技术;支持大规模用户进行远程交互;永久且可持续;沉浸感,用户对数字环境有一种"置身其中"或"居住"的感觉,而不是置身于数字环境之外;强调用户生成的活动、目标,并为虚拟环境和体验的个性化提供内容创建工具。

而对于元宇宙这一概念,半个世纪以来,业内进行了多次讨论。北京大学陈刚教授、董浩宇博士表示:"元宇宙是利用科技手段进行链接与创造的,与现实世界映射与交互的虚拟世界,具备新型社会体系的数字生活空间。"也有学者通过对元宇宙构思和概念的"考古",尝试从"时空性、真实性、独立性、连接性"四个方面去交叉定义元宇宙。

2022 年 9 月 13 日,全国科学技术名词审定委员会举行元宇宙及核心术语概念研讨会,与会专家、学者经过深入研讨,对"元宇宙"等三个核心概念的名称、释义达成共识,其中"元宇宙"的英文对照名"metaverse"释义为"人类运用数字技术构建的,由现实世界映射或超越现实世界,可与现实世界交互的虚拟世界"。

目前的共识是,元宇宙并非一种新概念或新技术,并不等同于电子游戏或虚拟世界,而是以人为中心、沉浸式、实时永续及具备互操作性的互联网新业态。它将催生 3D 虚实融合的数字体验,是新一代信息技术集成创新和应用的未来产业,是数字经济与实体经济融合的高级形态,将创造由数字"比特"与人类"原子"深度融合的新型社会景观。来自南京信息工程大学的方巍博士从更宏观的角度研究元宇宙,认为元宇宙的主要特征为以下三点。

(1) 平行于现实世界(parallel to the real world)

元宇宙本质上是对现实世界的映射,元宇宙对应的虚拟世界中的事物是真实世界中事物的副本,它们之间存在一一对应的关系。当现实世界中的某一变量改变时,作为其映射的虚拟空间中的对应副本也会跟着变化。例如,在映射工厂的数字孪生系统中,当工厂的环境温度从 20 ℃上升至 23 ℃时,数字孪生系统构建的虚拟空间中的环境温度也会从 20 ℃上升至 23 ℃。

(2) 反作用于现实世界(react to the real world)

元宇宙是对现实世界的虚拟化、数字化过程。在某些应用场景下,人们利用元宇宙构建的虚拟世界对未来进行预测分析,以期实现风险规避和利润最大化,与此同时,这对现实世界的未来产生了间接的影响。例如,气象部门使用数字孪生技术构建特定区域的虚拟空间,仿真模拟该区域在极端天气状况下的多要素特征变化情况,用来预防气象灾害、辅助制定灾害预防措施。

(3) 综合多种技术(integrate multiple technologies)

元宇宙并非单一的一种技术,它融合了许多先进技术。元宇宙是在共享的基础设施、标准及协议的支撑下,由众多工具、平台不断融合、进化而最终成形的。元宇宙基于网络及运算技术实现虚拟世界和现实世界的高速通信、泛在连接以及资源共享,基于物联网技术实现终端设备与虚拟世界的数据传输,基于人机交互技术(包括 VR、AR、MR、XR 等技术)为用户提供沉浸式体验,基于电子游戏技术构建虚拟世界,基于人工智能技术提升虚拟世界的智能化水平,基于区块链技术构建虚拟世界的安全可靠的经济体系。

综合其他学者的观点,元宇宙的特征可以从时空性、参与性、主体性和经济性方面详细描述。从时空性的角度出发,元宇宙虽然在空间上是虚拟的,但在时间上是实时永续的。虚拟环境具备持久性,不存在像传统 APP"使用完后即关闭消失"的情况,它始终在线,各虚拟场景空间互联互通,支持高带宽、低时延的无线网络访问。从体验性和参与性的角度出发,元宇宙的关键特征之一就是沉浸式。通过 AR 和 VR 等技术,模糊物理和虚拟环境的界限,让用户获得视听临场感。从主体性的角度出发,元宇宙以人为中心。元宇宙允许用户创建化身和虚拟身份,与其他用户进行社交互动,如在线讨论、项目协作、娱乐和创作。用户可以在一定程度上实现自主参与和自由交互,不再局限于类似传统游戏中预先规定好的内容叙事程式。从经济性的角度出发,元宇宙基于区块链技术搭建经济体系,包括虚拟货币、数字资产、经济交易等,可以实现虚拟世界中的价值流通和变现。

7.1.2　元宇宙发展历程

2021年,"元宇宙"这一概念席卷互联网,国内外科技巨头纷纷投入元宇宙领域的创新发展计划,例如,苹果公司发布的里程碑式的头戴式交互设备Apple Vision Pro,该年也被称为"元宇宙元年"。然而,往前至少可以追溯49年——早在1972年,尼尔·斯蒂芬森(Neal Stephenson)的科幻小说 *Snow Crash* 中(如图7-1所示),"metaverse"(直译为"超元域")的概念就被提出了。在该书中,作者将"metaverse"描绘成一个超现实主义的数字空间,人们可以通过一种名为"avatar"的虚拟角色在其中互动。

1978年,英国埃塞克斯大学的罗伊·特鲁布肖用DEC-10编写了世界上第一款文字界面开放世界(Multi-User Dungeon/Multi-User Dimension/Multi-User Domain,MUD)游戏——MUD1。该游戏允许多位用户通过文本指令独立操控各自的虚拟角色,在同一个虚拟世界中互动。这个过程基于计算机的文本交互,即游戏的输出和用户的输入都是文字形式的。MUD游戏又被称为泥巴游戏。1986年,一款名为Habitat的大型多人在线角色扮演游戏(Massive Multiplayer Online Role-Playing Game,MMORPG)开创了包含图形界面的泥巴游戏的先河,用户有了更直观的交互体验。在Habitat中,虚拟角色被首次描述为"avatar"。1994年,朗·布里特维奇(Ron Britvich)创建了WebWorld,这是一个能够容纳数万名用户在线聊天、改造世界或旅行的2.5D世界。创始人后来加入了Worlds Inc的前身Knowledge Adventure Worlds,开发AlphaWorld。一年以后,AlphaWorld更名为Active Worlds。该游戏是一个3D的虚拟世界,开启了游戏中的用户生成内容(User Generated Content,UGC)模式,用户不仅可以改造自己的虚拟世界,还可以探索其他用户建造的虚拟世界。在Active Worlds中,随着虚拟世界的发展,虚拟世界中出现了与现实世界一样的社交概念,如财产权、群体分化等。

图7-1　*Snow Crash*

第 7 章 元宇宙与人工智能

无论是最初的泥巴游戏,还是开创式的 Active Worlds,都没有涉及虚拟经济体系这一概念。2003 年,现象级虚拟世界 Second Life 发布,用户可以在虚拟世界中通过虚拟货币——Linden Dollar——进行买卖。该虚拟货币可以根据浮动的汇率兑换美元,用户实现了从虚拟货币到现实货币的转换。Second Life 的游戏设计恰如其名,用户在该虚拟世界中可以体验另一种生活,包括交友、购物、创造、买卖等。在 Twitter 诞生前,BBC、路透社、CNN 等将 Second Life 作为发布平台;IBM 曾在该游戏中购买过地产,建立自己的销售中心;瑞典等国家在该游戏中建立了自己的大使馆;西班牙的政党在该游戏中进行辩论。

此后,许多优秀的作品涌现于世。2006 年,Roblox 公司发布了同时兼容虚拟世界、休闲游戏和用户自建内容的游戏 Roblox。在经过多次迭代后,Roblox 公司于 2021 年成功上市,且股价一路飙升。Mojang Studios 于 2009 年发布了 Minecraft,即《我的世界》,该游戏以其像素级的画风、高自由度的玩法、极低的游玩门槛吸引了不同年龄段的用户。极小的方块赋予了用户极大的创造空间,只要用户的想象力不枯竭,该游戏就有更新奇的玩法。十六年以来,许多游戏厂商竞相模仿,而 Minecraft 游戏开发团队仍坚持着至少一年一次的版本更新,许多优秀的影视作品中都引用了该游戏,其普及程度之高可见一斑。Minecraft 中的道具如图 7-2 所示。

图 7-2 Minecraft 中的道具

2007 年,Solipsis 发布。这是一个能够供多人共享虚拟世界的免费开源系统,其主要目标是解决虚拟环境技术缺乏拓展性的问题。Solipsis 通过使用点对点技术解决问题,并且使真正的分布式方式构建和管理世界成为可能。Solipsis 的主要特征就是完全去中心化,即这个系统不属于任何可以提供集中式服务的组织,而属于所有用户。

非同质化代币(non-fungible token,NFT)的交易人数和交易量居高不下,其概念最早可以追溯到 2012 年的彩色币(colored coins)。彩色币代表区块链上现实

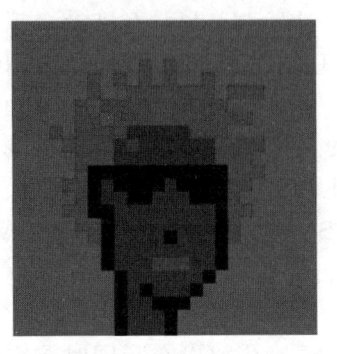

图7-3 售价24.00 ETH 的 NFT 藏品

世界资产的代币,可以用于证明任何资产的所有权,NPT 藏品示例如图 7-3 所示。2014年,以太坊开启了以太币的预售,两年后以太币价格暴涨。2016 年,The DAO(Decentralized Autonomous Organization),一个基于以太坊区块链的早期去中心化自治组织由德国初创公司 Slock.it 发起。去中心化自治组织指一种通过区块链技术和智能合约实现去中心化管理和决策的组织形式,没有中央管理机构,其规则和操作程序由智能合约编码并在区块链上执行,所有成员都可以参与决策和治理。The DAO 在 2016 年 4 月通过众筹活动筹集了大约 1.5 亿美元的以太币,成为当时最大的众筹项目。The DAO 的目的是作为一个去中心化的投资平台,让代币持有者通过投票决定将资金分配给哪些区块链相关项目。然而,该项目遭遇了重大安全漏洞,导致了严重的资金泄露。这一事件虽然给 DAO 的概念带来了短期的负面影响,但也为后续 DAO 的设计提供了重要的经验教训。此后五年时间,各种去中心化相关应用或代币相继发布。2021 年,Facebook 更名为 Meta,扎克伯格公开表示希望在五年内将 Facebook 打造为一家元宇宙公司。

7.1.3 元宇宙关键技术与应用

元宇宙的产业生态体系涵盖了从底层技术支撑到前端设备交互,再到具体应用场景的完整链条。其中人机交互技术作为用户直接感知元宇宙的核心手段,依托虚拟现实(VR)、增强现实(AR)和混合现实(MR)等技术,构建起沉浸式的数字体验空间。与此同时,人工智能(AI)则为元宇宙注入"智慧",通过计算机视觉、自然语言处理、智能推荐等能力提升系统的自主性和交互效率。而在数据流通与信任机制建设方面,分布式信任技术如区块链和共识算法,保障了元宇宙中资产确权、身份认证和交易透明的可行性。这三大技术领域相互协同,构成了元宇宙从感知层到决策层,再到信任基础设施的关键支柱,为未来虚实融合的数字社会奠定了坚实基础。

1. 人机交互技术

人机交互(human-computer interaction,HCI)技术是元宇宙应用中重要的技术之一,是用户能够直接感受到的技术,主要包括虚拟现实(VR)技术、AR 技术、MR 技术。

VR:通过全面接管用户的视觉、听觉、触觉等感官,VR 技术营造出沉浸式体验,将用户带入全虚拟环境。VR 头戴式显示器(HMD)设备,如 Oculus 和 HTC

Vive 等,已相对成熟,并逐渐进入消费市场。用户通过佩戴 VR 眼镜进入虚拟空间,形成与真实世界隔离的沉浸感。

AR:在现实世界的基础上叠加虚拟信息,将虚拟与现实结合,使用户在真实世界中获得信息的增强。例如,智能手机和 AR 眼镜可以将虚拟图层叠加到现实环境中,提升交互性,常见应用包括导航和虚拟购物。

MR:MR 通过高精度的光场显示和深度传感,使虚拟物体能在物理空间中与真实物体产生互动,并随用户的视角自由切换虚实内容。MR 能实现真实世界和虚拟世界的无缝融合,为用户创造一种更高阶的沉浸式体验。

在人机交互技术的支持下,未来的元宇宙有望为用户提供更为多样化且自然的体验。随着元宇宙概念的流行,VR/AR/MR 设备和技术将不断发展,以提升用户的沉浸感和交互体验。

2. 人工智能技术

人工智能(artificial intelligence,AI)作为元宇宙的最重要的核心技术,其地位不言而喻。人们进入元宇宙后,会以数字化身存在并进行活动,而数字化身的视觉、听觉、触觉等感知能力离不开 AI 技术,如 AI 驱动的计算机视觉、自然语言处理、数字触觉等已经有了切实可行的落地应用。AI 技术基于海量的数据,进行模型训练以获得最小的损失,使得神经网络的输出值不断逼近真实值,从而达到分类或预测任务所要求的精度。将 AI 技术赋能元宇宙,可以对元宇宙应用起到性能改善和优化的效果。可以说,AI 技术是由大数据驱动的,而元宇宙应用在运行过程中势必会产生海量的数据,二者相辅相成、相得益彰。

近年来,学术界和工业界对此进行了深入研究并取得了一定的成果。英伟达公司基于 AI 深度学习,研发了深度学习超级采样(DLSS)技术,该技术通过 AI 算法、模型和 AI 加速硬件单元(tensor core),以及降低游戏内的渲染分辨率来拉伸输出画面,提高显示分辨率,让用户在不额外消费的情况下运行更高分辨率和更高帧率的游戏。该技术已经被许多热门游戏所应用,包括《赛博朋克 2077》(Cyberpunk 2077)和《堡垒之夜》(Fortnite)等热门游戏。未来,DLSS 技术将推广到元宇宙虚拟现实应用中,给用户带来更好的体验感。

3. 分布式信任技术

分布式信任技术是一种在多个参与者之间建立信任的机制,它不依赖于单一的中心化权威,而是通过分布式网络中的多个节点共同维护信任。这种技术在区块链、分布式账本技术(DLT)、点对点(P2P)网络等领域中得到了广泛的应用。

分布式信任技术的核心是去中心化,这意味着没有一个单一的实体控制整个系统。相反,网络中的每个节点都参与到信任的建立和维护中。为了在没有中心化权威的情况下达成一致,分布式信任技术依赖于共识机制,如工作量证明(proof of work,PoW)、权益证明(proof of stake,PoS)、授权股权证明(delegated proof of stake、DPoS）等，以确保网络参与者就数据状态达成一致。加密技术（如公钥/私钥加密和哈希函数）被广泛使用，以保护数据的完整性和隐私性，确保只有授权参与者才能访问和修改数据。分布式信任技术还具有不可篡改性，即一旦数据被写入分布式账本，就难以被篡改。这是因为数据分散存储在多个节点上，且如需更改需要获得大多数节点的同意。此外，分布式信任网络通常是透明的，所有参与者都能看到交易和数据状态，这不仅有助于建立参与者之间的信任，还能验证交易的合法性。智能合约在某些系统中被用来自动执行合同条款，减少对中介的需求。由于没有单一控制点，分布式信任网络对审查具有抵抗力，没有单一实体可以阻止交易或控制信息流动。最后，分布式信任技术具有可扩展性和灵活性，可以根据不同需求进行定制和扩展，如选择不同的共识机制和治理模型以适应特定应用场景。分布式信任技术的发展和应用正在不断推进，它为金融、供应链管理、身份验证、版权保护等多个领域提供了新的解决方案。

4. 应用领域

元宇宙目前的主要应用领域包括教育、游戏、商业、娱乐和城市治理等方面。

在教育方面，元宇宙展现出巨大的应用潜力，有望推动教学模式从被动接受向自主体验升级，并创造沉浸式、互动式的学习体验。具体应用方向包括虚拟教室，利用 VR/AR 技术打造沉浸式学习环境以提高学生的学习兴趣和效率；场景模拟，通过模拟历史场景、科学实验、艺术创作等学习场景，让学生在沉浸式环境中探索；虚拟导师，借助虚拟人技术为学生提供个性化学习指导和答疑解惑；虚拟学习社区，建立跨时空的交流与协作平台；项目式学习，利用元宇宙平台开展团队合作并培养学生的问题解决能力。这些应用方向共同推动了教育模式的创新与发展。

在游戏方面，电子游戏技术通过游戏引擎、实时渲染和三维建模，在虚拟世界中构建真实物理世界的映射对象，是目前元宇宙应用最直观的表现方式，即元宇宙应用大多以 VR 游戏的形式呈现。部分游戏公司已经启动了元宇宙的资本布局。字节跳动投资的公司代码乾坤发行了《重启世界》，其概念与 Roblox 相似。此外，字节跳动投资的摩尔线程是视觉计算和 AI 计算的平台提供商。2021 年 8 月，字节跳动收购中国 VR 设备公司 Pico，迎接元宇宙时代的到来。网易公司推出《河狸计划》原创游戏社区，提供低门槛游戏开发工具。Sony 拥有 PlayStation 主机系统和游戏生态，推出了 Dream Universe，如图 7-4 所示，用户可以在其中创作 3D 游戏、制作视频并将其分享到 UGC 社区。

在商业方面，元宇宙虚拟商店可以给用户提供沉浸式购物体验。利用 XR 技术举办虚拟会展可以降低成本并扩大参展范围。通过 AR 技术，用户在家中就能试穿服装或试用化妆品。Lacoste 的虚拟商店允许用户通过 AR 技术欣赏独家系列的服装，让用户仿佛置身于实体店中。NBA 夏洛特黄蜂队与 AI 公司合作推出的虚拟在线商店是一个 AI 驱动的平台，该平台提供了多种官方授权的服装和商

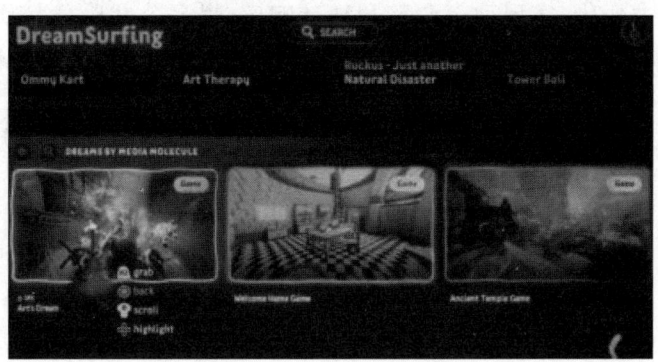

图 7-4　Dream Universe

品,粉丝可以在虚拟在线商店购物。一些城市正在布局元宇宙以促进消费和经济发展。例如,上海五五购物节期间,东方卫视打造了"元宇宙"互动场景,让消费者在体验消费乐趣的同时感受技术带来的创新变化。

在娱乐方面,ZEPETO 等平台允许用户创建自己的 3D 卡通化身,并在虚拟空间中进行社交和互动。ZEPETO 已经吸引了 3.4 亿用户,估值达到 10 亿美元,成为亚洲最大的元宇宙平台。文化展馆通过提供声、光、电一体化的沉浸式展馆解决方案,为观众创造了引人入胜的参观体验。例如,洲明科技为由湖南博物院推出的"生命艺术——马王堆汉代文化沉浸式数字大展"提供了全球首创的博物馆 LED 透声沉浸式球幕空间,为观众带来了"音画共鸣"的沉浸式视听体验。网易投资的虚拟角色社交平台 IMVU 主打化身场景社交,用户可以自由设计化身,在海滩、花园、KTV 等场景中聊天并做出各种动作。IMVU 拥有自己的虚拟货币 VCOIN,以及用户生成平台 WithMe,这些功能都让用户可以更加深入地参与到平台的社交和经济活动中。WithMe 平台允许多位用户一起看视频、密室逃脱、玩游戏,并提供了丰富的虚拟形象改造选项,使用户在虚拟空间中的互动更加个性化和多样化。米哈游公司出资 8 900 万美元参与"社交元宇宙"Soul 的私募配售。WithMe 是一款虚拟社交应用,它提供了丰富的虚拟形象改造选项,允许用户在系统预设的 Avatar 中选择想改造的选项并进行 DIY 改造,包括发型、五官、头型等改造选项。WithMe 的社交与娱乐功能非常惊艳,用户可以在一个场景内实现多种互动,如在舞池中跳舞、在墙上绘画、密室逃脱等。

在城市治理方面,元宇宙有望成为智慧城市的解决方案。城市空间综合治理需要在城市物理时空框架内充分考虑交通、水、能源、建筑等城市要素,湖泊、公园等生态环境要素的建设和运营。通过引导城市资源要素的高效流动,促进城市物理空间的智能化,实现居民生产生活的高效协同,优化人居环境、工作环境体验。通过对物理空间的布局、用地形态、基础设施与服务质量、道路交通系统支撑、生态环境承载能力等城市要素的智能监测和实时感知,分析城市内部人地系统的时空影响机理及动力变化,实现动态调整和精准响应,提高公共服务品质,优化城市空间布局,促进经济高效运行,推动精细化城市管理,营造宜居生活环境,强化城市安全保障等。元宇宙可以帮助构建数字化家庭空间,并通过隐私计算和参与式感知计算技术,获取居民的消费需求和生活诉求,提供更加个性化的服务。同时,元宇宙也可以通过 VR 技术扩大居民家庭空间的行为活动感知和空间体验。

7.2 人工智能与机器学习

7.2.1 人工智能

人工智能(AI)的发展可以追溯到 20 世纪 40 年代,至今已有 80 多年的历史。1943 年,美国神经生理学家沃伦·麦卡洛克和沃尔特·皮茨提出了"神经网络"的概念,为人工智能的诞生奠定了基础。1956 年,美国达特茅斯学院举行了一次历史性的会议,会议主题为"人工智能"。会上,约翰·麦卡锡、马文·闵斯基、克劳德·香农等科学家共同探讨了人工智能的未来发展,标志着人工智能学科的正式诞生。科学家们的合影如图 7-5 所示。人工智能的基本原理涉及多个学科领域,主要包括计算机科学、心理学、神经科学、数学和哲学等。

图 7-5 达特茅斯会议期间合影

20 世纪 60 年代,人工智能研究主要集中在逻辑推理和搜索算法上。1965 年,美国科学家艾伦·纽厄尔和赫伯特·西蒙开发了逻辑理论家(Logic Theorist)程序,该程序能够证明数学定理。20 世纪 70 年代,专家系统成为人工智能研究的热点。1972 年,美国科学家爱德华·费根鲍姆(见图 7-6)开发了世界上第一个专家系统——DENDRAL,它用于有机化学领域。

20世纪70年代末,人工智能研究遭遇瓶颈,许多项目因资金不足而停滞,人工智能研究进入寒冬期。20世纪80年代,随着计算机性能的提升,人工智能研究逐渐回暖。1980年,日本科学家提出了第五代计算机计划,旨在开发具有人工智能特性的计算机。与此同时,机器学习成为人工智能研究的重要分支。1986年,美国科学家大卫·鲁梅尔哈特等提出了反向传播算法,为神经网络的发展奠定了基础。20世纪90年代,深度学习开始崭露头角。2006年,加拿大科学家杰弗里·辛顿提出了深度信念网络(deep belief network),为深度学习的发展奠定了基础,深度学习逐渐成为主流技术路线之一。

图7-6 爱德华·费根鲍姆

21世纪初,随着互联网的普及,大数据时代的到来为人工智能提供了前所未有的发展机遇,基于海量数据训练的模型表现出强大的泛化能力,推动了图像识别、语音处理等多个子领域的突破性进展。2012年,亚历克斯·克里热夫斯基等科学家在ImageNet图像识别大赛中,使用深度学习技术并取得了冠军,这标志着深度学习在计算机视觉领域的突破。21世纪第二个十年,人工智能在语音识别、自然语言处理、自动驾驶等领域取得了广泛应用。2016年,谷歌AlphaGo战胜世界围棋冠军李世石(如图7-7所示),引起全球关注。

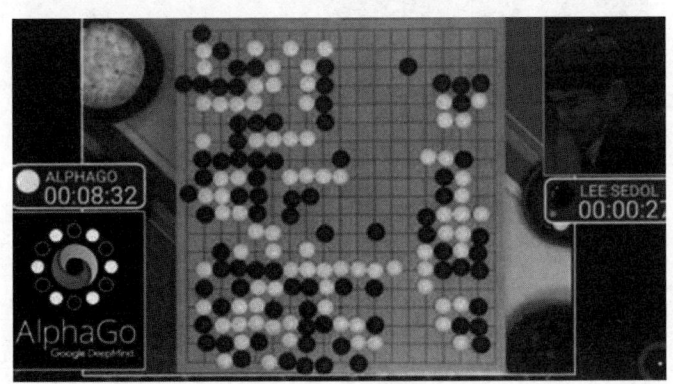

图7-7 AlphaGo大战李世石

我国政府高度重视人工智能发展,出台了一系列政策措施,以推动人工智能产业创新。2017年,国务院发布了《新一代人工智能发展规划》。2020年,中国科学技术大学潘建伟等人成功构建76个光子的量子计算原型机"九章",如图7-8所示,其求解数学算法"高斯玻色取样"只需200 s,而当时世界上最快的超级计算机要用6亿年。

2022年，ChatGPT（如图7-9所示）一经发布，瞬间引爆人工智能产业，带动了相关领域发展。人工智能与云计算、物联网、生物科技等领域的融合，为人类带来了前所未有的机遇。例如，人工智能在医疗、教育、金融等领域的应用正改变着我们的生活。从初创阶段到全面爆发阶段，人工智能不断突破技术瓶颈，为人类社会带来了巨大变革。

图7-8　九章

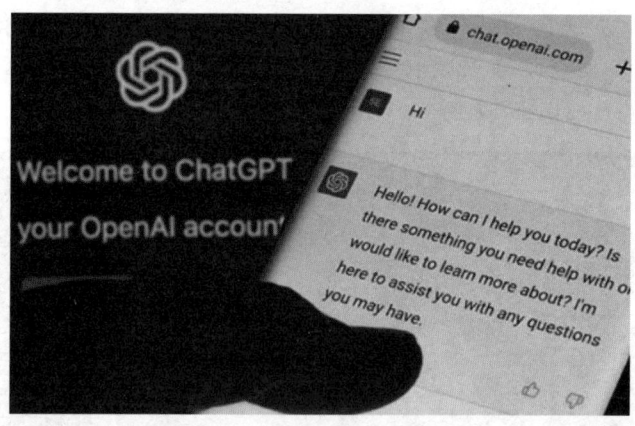

图7-9　ChatGPT

符号主义，也称为逻辑主义，是人工智能的一种传统方法。它基于的原理包括符号表示、符号操作、逻辑推理。符号表示：信息和知识可以用符号来表示，这些符号可以是数字、字符或者更复杂的对象。符号操作：通过一系列的规则和算法，可以对符号进行操作，从而进行推理和解决问题。逻辑推理：使用形式逻辑（如命题逻辑、谓词逻辑）来模拟人类的推理过程。

连接主义是人工智能中的一种主要方法，它受到生物神经网络的启发，基于神经元模型等原理。神经元模型：模仿生物神经元的结构和功能，构建人工神经元。

网络结构:将大量的人工神经元连接成网络,形成神经网络。学习算法:通过调整网络中的权重,网络能够学习和存储信息,如反向传播算法。

行为主义关注于智能体的行为和与环境交互的能力,其基本原理包括自适应行为等。自适应行为:智能体能够根据环境的变化调整自己的行为。强化学习:通过奖励和惩罚机制,智能体能够学会在特定环境中执行最优行为。

进化主义原理借鉴了生物进化的概念。遗传算法是一种模仿自然选择和遗传机制,通过迭代搜索优化问题的解决方案。遗传算法具有适应性,智能系统的设计和行为能够根据环境需求进行优化。同时,遗传算法也具有多样性,通过保持种群的多样性,增加找到全局最优解的可能性。

启发式方法基于经验和直觉的原理,指导问题解决和决策过程,从而通过启发式规则,减少搜索问题的解空间,以及在无法保证全局最优的情况下,寻找足够好的局部最优解。采用启发式方法时需要有适应性规则,即根据问题的具体情况,设计适合的启发式规则。

知识表示与推理是人工智能的核心原理之一,它涉及知识建模、推理机制等。知识建模将领域知识表示为计算机可以处理的形式,如框架、语义网络、本体等。推理机制:使用逻辑推理、概率推理等方法来处理知识,从而得出结论或解释。

人工智能的这些基本原理相互交织,共同构成了人工智能研究和应用的基础。随着技术的发展,这些原理在不断地演化和完善,以适应新的挑战和需求。

7.2.2 机器学习

机器学习是人工智能的一个分支领域,它致力于开发算法和统计模型,使计算机系统能够利用数据"学习"并进行决策或预测,而无须明确的编程指令。机器学习算法能够从数据中识别模式,并通过经验改进其性能。这个过程类似于人类学习,即通过观察和经验获得知识,然后利用这些知识来做出更好的决策。

1. 数据集(dataset)

在实际应用中,原始数据集通常被分割成训练集(training set)、验证集(validation set)和测试集(test set)。训练集用于模型学习,验证集用于模型选择和超参数调整,测试集用于评估模型的最终性能。

(1)训练集

训练集是在机器学习过程中用于训练模型的子数据集。它包含了多个样本(或称为实例),每个样本由特征(输入变量)和对应的标签(目标变量或输出变量)组成。训练集的主要目的是让机器学习算法能够从这些数据中学习到潜在的规律和模式,进而构建一个能够对未知数据进行预测的模型。训练集中的每个样本通常表示为一个特征向量,例如,在图像识别任务中,每个图像可能被表示为一个像素值的矩阵。标签是样本的已知输出,对于监督学习来说,它们是模型试图学习的目标。训练集的质量对模型的性能有着直接影响。如果训练集包含错误数据或偏差,那么模型可能会学习到错误的模式。因此,对训练集进行预处理,如去除异常值、处理缺失值、特征缩放等,是非常重要的。

(2)验证集

验证集是在机器学习模型训练过程中使用的一个数据集,其主要目的是调整模型的超参数和选择模型。验证集是原始数据集中的一部分。不同于训练集和测试集,它不参与模型的训练过程,且应该与训练集和未来的测试集在数据分布上保持一致。验证集的大小通常小于训练集,因为它只需要能够评估模型性能,而不需要像训练集那样用于学习模型参数。验证集用于评估不同超参数设置下模型的性能,通过比较性能指标(如准确率、损失函数值等),可以选择出最优的超参数组合。验证集可以用来监控模型的泛化能力。如果在训练集上的性能持续提升,而在验证集上的性能不再提升甚至下降,这可能意味着模型开始过拟合训练数据。

(3)测试集

测试集是用于评估最终模型性能的子集,通常是模型未见过的数据。测试集用于评估模型的最终性能,包括准确率、召回率、F1分数、均方误差等指标。测试集可以检测模型是否能够泛化到新的、未见过的数据上,这是模型成功的关键。

2. 特征

特征是数据集中的单个属性或列,它代表了数据样本的某种量化或定性属性。在监督学习中,特征通常与目标变量一起使用,以训练模型预测未知数据的目标值。特征类型包括数值特征(numerical features)、类别特征(categorical features)、文本特征(text features)、时间特征(time features)和图像特征(image features)。

(1)数值特征

数值特征分为连续特征和离散特征。连续特征可以取无限种可能值的特征,如温度、重量、身高;离散特征虽然也是数值,但只能取有限种可能值的特征,如鞋码、评分(1-5)。

(2)类别特征

类别特征包括有序特征和无序特征。有序特征的类别之间有自然的顺序,如教育水平(小学、中学、大学);无序特征的类别之间没有顺序,如颜色(红、蓝、绿)。

(3)文本特征

文本特征包含自然语言文本,如评论、描述或文档。

(4)时间特征

时间特征是与时间相关的特征,如日期、时间戳。

(5)图像特征

图像特征从图像中提取的特征,如边缘、颜色直方图、深度学习中的特征向量。

特征工程是机器学习中的一个关键步骤,包括特征选择(feature selection)、特征提取(feature extraction)、特征构造(feature construction)和特征缩放(feature scaling)。

3. 评估

模型评估的目的是确定模型在解决特定问题时的有效性和可靠性。这包括了解模型在训练数据集上的表现,以及在未见过的数据(如验证集和测试集)上的泛化能力。对于不同类型的问题,有不同的评估指标。

(1) 对于分类问题

准确率(accuracy),即正确预测的样本数占总样本数的比例。精确率(precision),即正确预测的正样本数占预测为正样本总数的比例。召回率(recall),即正确预测的正样本数占实际正样本总数的比例。F1 分数(F1 score),即精确率和召回率的调和平均值。ROC 曲线(receiver operating characteristic curve)和 AUC 曲线(area under curve)用于评估分类模型的性能,特别是在类别不平衡的情况下。

(2) 对于回归问题

均方误差(mean squared error,MSE),即预测值与实际值之差的平方的平均值。均方根误差(root mean squared error,RMSE),即 MSE 的平方根。平均绝对误差(mean absolute error,MAE),即预测值与实际值之差的绝对值的平均值。

(3) 对于无监督学习

轮廓系数(silhouette coefficient)用于评估聚类结果的紧密度和分离度。调整兰德指数(Adjusted Rand Index,ARI)用于衡量聚类结果的相似度。

4. 分类

机器学习可以从多个角度进行分类,不同的分类标准反映了机器学习领域的多样性和复杂性。

根据学习方式分类,机器学习可以分为监督学习(supervised learning)、无监督学习(unsupervised learning)、半监督学习(semi-supervised learning)和强化学习(reinforcement learning,RL)等。①监督学习使用带有标签的数据集进行训练,模型通过学习输入与输出之间的映射关系来预测未知数据的输出。其子分类包括回归(regression)和分类(classification)。回归预测连续值,如房价;分类则预测离散标签,如垃圾邮件检测。②无监督学习使用未加标签的数据集进行训练,模型通过发现数据中的模式或结构来进行学习。通常包括聚类(clustering)和降维(dimensionality reduction)。聚类将数据分为不同的群组,如市场细分;降维则减少数据集中的变量数量,如主成分分析(PCA)。③半监督学习结合使用少量标记数据和大量未标记数据进行训练。常见的应用包括文本分类、图像分类等。④强化学习通过与环境的交互来学习达到目标的策略,通常涉及奖励和惩罚机制。有基于价值的(value-based)强化学习,如 Q-learning;也有基于策略的(policybased),如策略梯度方法。

根据算法类型分类,机器学习可以分为基于实例的学习(instance-based learning)和基于模型的学习(model-based learning)。①基于实例的学习通过存储训练实例来预测新实例的类别或值,如 k-最近邻(k-NN)、局部加权学习(LWL)。②基于模型的学习则基于训练数据构建一个模型,然后用这个模型来预测新数据,如线性模型、决策树、神经网络。

根据算法复杂度分类,机器学习可以分为线性模型(linear models)和非线性模型(non-linear models)。①线性模型假设输入和输出之间存在线性关系,如线性回归、逻辑回归。②非线性模型假设输入和输出之间存在非线性关系,如决策树、支持向量机(SVM)、神经网络。

除了监督学习中提及的分类和回归任务,还有聚类任务(clustering tasks)、异常检测任务(anomaly detection tasks)等。聚类任务的目标是将数据分组到不同的群组中,如市场细分、基因数据分析。异常检测任务的目标是识别数据中的异常或异常值,常用于信用卡欺诈检测、网络入侵检测。

根据数据是否结构化学习任务分类,机器学习可以分为结构化数据学习(structured data learning)和非结构化数据学习(unstructured data learning)。①结构化数据学习处理表格形式的数据,具有明确的字段和类型。②非结构化数据学习处理没有固定格式或结构的数据,如文本、图像、声音,常见的自然语言处理(NLP)、计算机视觉就属于这个范畴。

这些分类标准并不是相互独立的,一个机器学习模型可以同时属于多个类别。例如,一个深度学习模型既可以同时是非线性模型、基于模型的学习方法,也可以用于监督学习任务。

7.2.3 强化学习

强化学习是机器学习的一个重要分支,主要研究如何让智能体(agent)在与环境(environment)的交互中学会做出最优决策(如图 7-10)所示。强化学习、监督学习和无监督学习并列为机器学习的三大类别,其特点在于智能体通过不断尝试,根据环境反馈调整自己的行为,以达到最大化累积奖励(cumulative reward)的目的。

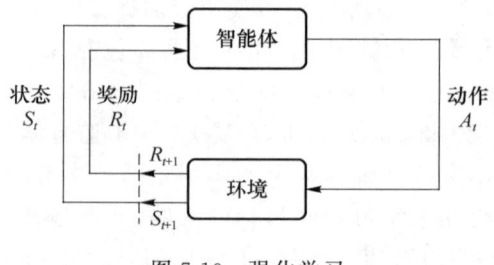

图 7-10 强化学习

强化学习的过程通常可以描述为一个马尔可夫决策过程(Markov decision process,MDP)。MDP 是一个用于决策的数学框架,它提供了一个序列决策问题的模型,其中决策者在每个时间步长基于当前状态做出决策,并且其决策会影响后续的状态和奖励。MDP 的组成部分包含如下 5 点。

① 状态集合(S):环境中的所有可能状态的集合。

② 动作集合(A):智能体可以采取的所有可能动作的集合。

③ 转移概率(P):在给定当前状态和动作的情况下,转移到下一个状态的概率。

④ 奖励函数(R):执行一个动作并在特定状态下获得的即时奖励。

⑤ 折扣因子(γ):未来奖励的折扣因子,用于计算回报。

MDP 的目标是找到一个策略 π,该策略定义了在每个状态下应该采取的动作,以最大化长期累积奖励。长期累积奖励通常通过回报(return)来表示,回报可以是一个有限的或无限的序列。通常我们考虑有限的回报:

$$G_t = R_{t+1} + \gamma R_{t+2} + \gamma^2 R_{t+3} + \cdots + \gamma^{T-t-1} R_T \tag{7-1}$$

其中,G_t 是从时间步 t 开始的回报,T 是最终时间步。

状态价值函数 $V^\pi(S)$ 表示在策略 π 下,从状态 S 出发的期望回报:

$$V^\pi(s) = E[G_t | S_t = s] \tag{7-2}$$

动作价值函数 $Q^\pi(s,a)$ 表示在策略 π 下,从状态 S 出发并采取动作 a 后的期望回报:

$$Q^\pi(s,a) = E[G_t | S_t = s, A_t = a] \tag{7-3}$$

强化学习具有较强的决策能力,因此在生活中的应用十分广泛。在网络资源优化问题中,强化学习可以带来决策优化、自动化、长期规划、多目标优化等优势。强化学习智能体能够根据实时网络状态和流量模式自动调整其策略,使得资源分配更加灵活且适应性更强。强化学习不仅能够考虑短期的奖励,还能够学习长期的策略,这有助于优化整个网络的长期性能。强化学习减少了网络对人工干预的需求,可以自动化地对网络资源进行管控和优化,降低运维成本。另外,强化学习可以同时考虑多个优化目标,如最大化吞吐量、最小化延迟、保证公平性等,实现多目标的平衡。由此可见强化学习是城域光网络智能优化中必须被考虑的策略,为此,本小节将介绍强化学习中比较常见的强化学习算法。

1. 蒙特卡罗强化学习

蒙特卡罗强化学习(Monte Carlo reinforcement learning)是一种基于统计采样,无模型且无须事先学习环境动态模型的强化学习算法。它通过与环境的交互来学习最优策略。在蒙特卡罗强化学习中,智能体通过与环境进行一系列交互来学习。每个交互包括观察状态、执行动作、获得奖励以及转移到下一个状态。智能体在与环境的交互中收集大量的经验样本,并使用这些样本来评估和改进策略。

具体而言,蒙特卡罗强化学习通过采样多条完整的轨迹(即从初始状态开始到终止状态结束的一系列状态、动作和奖励),然后使用这些轨迹来估计策略的价值函数或行动价值函数。其中,价值函数用于评估不同状态或状态-动作对的好坏,而策略则是智能体根据当前状态选择动作的规则。蒙特卡罗强化学习是第一个不基于模型的强化学习求解问题的算法。它可以规避动态规划求解问题的复杂性,同时还可以在事先不知道环境的情况下转换模型,因此,这个算法可以应用在海量数据和复杂模型上。但是,该强化学习算法存在固有的缺点。它的每一次采样都需要收集一个完整的状态序列。如果在解决问题的过程中很难获取到比较多的完整的状态序列,那么蒙特卡罗强化学习算法可能就失效了。

2. Q-learning

Q-learning 是一种无模型的强化学习算法,同时 Q-learning 也是一种基于价值(values-based)的学习算法。基于值的算法根据方程(特别是 Bellman 方程)更新值函数。与 Q-learning 相对的学习类型是基于策略的学习,其在上次策略改进中获得贪婪策略来估计价值函数。Q-learning 是一种 off-policy 学习器,其在选择策略的时候,会按照使用 ε 的贪婪策略选择执行的动作,也就是存在一定的探索功能,可以防止求解出的是局部最优解,而无法得到想要的训练结果。同时,对于任意的有限马尔可夫决策过程(finite Markov decision process,FMDP),Q-learning 可以找到一个能够最大化所有步骤的奖励期望的策略。Q-learning 策略算法是在 1989 年被克里斯·华金(Chris Watkin)提出的。相继地,在 1992 年,针对该算法的收敛证明被 Watkin 和彼得·达扬(Peter Dayan)证明。

Q-learning 算法中的"Q"代表动作的质量。质量表示给定动作在获得未来奖励方面的有用程度,即存储对应动作的奖励值。在算法的设计方面,一般情况下,算法都会设定折扣因子 γ。Q-learning 算法奖励值的计算公式如下:

$$Q^{\text{new}}_{(s_t,a_t)} \leftarrow Q(s_t,a_t) + \alpha[r_t + r \max_{a_{t+1}} Q(s_{t+1},a_{t+1}) - Q(s_t,a_t)] \tag{7-4}$$

其中:r_t 表示的是从状态 s_t 到状态 s_{t+1} 所得到的奖励值;α 是学习率,其取值范围为 $0<\alpha\leqslant 1$;γ 为折扣因子,或者可以称为衰减系数,取值范围为 $0\leqslant\gamma\leqslant 1$,$\gamma$ 越大说明当前的策略比较重视未来获得的长期奖励,反之,策略比较重视短期的回报,不计较长期回报所带来的价值。

在 Q-learning 算法中,最重要的操作就是如何存储奖励回报值。在该算法中,使用 Q 表存储。Q 表是计算每个状态下行动的最大预期未来奖励的数据结构。在选择动作的过程中,利用 Q 表来选择最佳动作。Q-learning 算法流程如图 7-11 所示。

在图 7-11 中,Q-learning 算法首先进行初始化,然后按照一定的策略选择执行的动作,紧接着与环境交互,执行当前的动作。根据环境返回值计算最终的奖励值,之后更新 Q 表数据。经历一段时间的迭代,达到最终优化的目标。

Q-learning算法最大的优点就是简单,易于理解,但是它的缺点也是显而易见的。该算法只能处理有限马尔可夫决策过程,其性能受限于状态和动作空间的规模,导致处理问题的灵活度严重受限。Q-learning算法通过存储并更新表格探寻最优解,故只能被用于有限且离散状态下。然而,实际场景中,如智能驾驶场景、游戏场景等,每秒会产生连续的帧变化,且每帧图片包含数以千万计的像素点,所以无法通过表格来维护如此庞大的 Q 表。深度强化学习(DRL)的出现克服了传统强化学习的局限性,其将强化学习优势和深度学习优势结合在一起。具体地,深度学习具备较强的感知能力,能够在进行海量数据

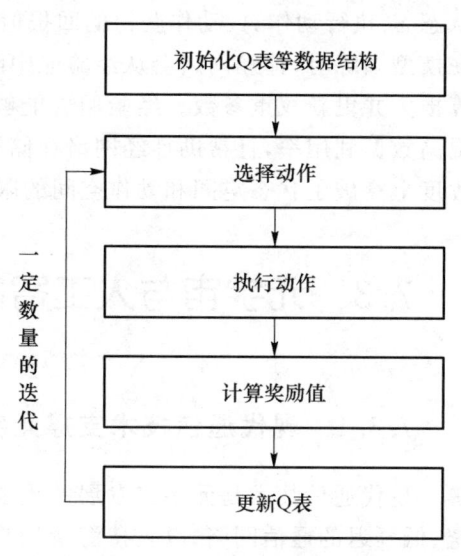

图 7-11　Q-learning算法流程

的训练后掌握数据背后的潜在规律并实现对数据的预测;强化学习则可以通过不断探索和交互进行策略优化。DRL 的出现为负载场景下的决策问题提供了解决方案。

基于 Q-learning 思想,面向复杂环境状态 S 时,需要求出该状态下的 Q 值。若能找出 Q 和 S 间对应的函数关系,那么该问题将迎刃而解。而神经网络的存在刚好解决了这一问题。为了解决 Q-learning 表格存储奖励这一方法在连续、无穷状态下的局限,我们利用价值函数近似动作-价值对,借助神经网络构建函数,将状态输入神经网络中,输出不同动作得到的 Q-value,最后训练并调整神经模型优化参数,使模型收敛。图 7-12 和图 7-13 分别展示了 Q-learning 算法和深度 Q 网络(DQN)算法。

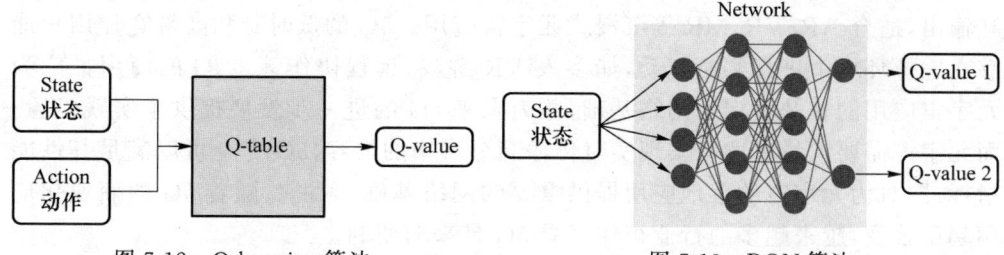

图 7-12　Q-learning算法　　　　　　图 7-13　DQN 算法

DQN 改进了 Q-learning 算法,即向 DQN 的神经网络部分输入状态,得到状态对应动作的 Q 值,同时训练网络不断逼近价值函数。除此之外,DQN 还采用经验回放的方式训练模型,使得模型能够更快收敛得到最优效果。经验回放是将当前

状态 S、执行动作 A、动作获得的回报值 R 和下一状态 S' 组成四元组放入经验池，在模型训练时，神经网络会从经验池中随机取出指定条数的数据，通过梯度下降计算损失并更新权重参数。经验回放能够将现有数据打散以降低数据间的相关性，提高数据利用率，且帮助神经网络存储历史数据。深度强化学习的出现，在一定的程度上突破了状态空间和动作空间的限制，提升了强化学习的适用性。

7.3 元宇宙与人工智能对现代通信技术的影响

7.3.1 现代通信技术支撑元宇宙发展

现代通信技术是元宇宙发展的重要推动力之一。元宇宙的构建需要高效、稳定、低延迟的通信网络，以支持海量用户的实时交互，虚拟世界的构建和动态内容的无缝更新。本节详细分析了高速网络连接、边缘计算、分布式计算、量子通信、数据安全和空间通信技术在元宇宙中的应用。

1. 高速网络连接

网络及运算技术是元宇宙的基石。在元宇宙概念的应用场景下，访问系统数据库，和现实世界的终端设备进行实时数据传输，用户在虚拟空间中进行实时交互等相关常规操作，都需要低延迟、大带宽的高质量网络和高性能的计算平台的支撑。

无论是远程执行计算繁重的任务、访问大型数据库，还是在用户之间提供共享体验，都离不开网络与通信。元宇宙时代所需要的沉浸式体验，要求网络具有低延迟、大带宽、高可靠性等特点。5G 作为新一代信息化基础设施，其上网速率高达 1 GB/s，时延低至 1 ms，连接能力可达到 100 万连接/km^2。相比 4G 网络，5G 网络不仅传输速率显著提高，而且其超低的时延能够在动态场景下迅速响应用户输入和输出，适合 AR/VR/MR 等沉浸式元宇宙应用。5G 的低时延和高带宽让用户能够在虚拟环境中进行实时互动，如多人 VR 游戏、远程协作等。5G 的商用推广为元宇宙应用的普及奠定了网络基础，并为未来 6G 的进一步发展提供了实践经验。而元宇宙需要大量带宽来实现实时传输高分辨率的内容，5G 完全可以满足其性能指标，同时为元宇宙的落地应用提供重要的网络基础。目前，随着 5G 的商业化应用趋于普及，越来越多的行业正在享受 5G 带来的便利。

然而，目前的 5G 仍存在一些不足，影响着元宇宙应用的用户体验感，如复杂环境下的信号干扰、网络拥塞等问题。未来的 6G 网络将是一个地面无线与卫星通信集成的全连接世界，6G 不再是简单的网络容量和传输速率的突破，而是为了缩小数字鸿沟，实现"万物互联"这个"终极目标"。6G 的目标是实现更高的网络速度、超低延迟和全球覆盖。6G 的速率可达 100 Gbit/s，峰值速率甚至可达 1 Tbit/s，时延有望控制在 0.1 ms 以下。相较于 5G，6G 不仅会突破网络容量的限制，还将通过与卫星通信、物联网等其他技术的集成，实现全球无缝覆盖。6G 网络架构将通过引入人工智能（AI）和机器学习（ML）技术进行优化，实现更智能的流量调度和资源分配。元宇宙的应用场景将因此进一步拓展，用户可在全球任何地点无缝接入虚拟世界，体验流畅的互动和真实的沉浸感。未来，随着 6G 的逐步成熟与商业化应用，元宇宙世界与物理世界的交互延迟将大幅降低，用户在元宇宙世界的感知体验也将大幅改善。

2．边缘计算和分布式计算

边缘计算和分布式计算都是计算模型，它们旨在优化数据处理和资源利用，但它们在设计和实施上有所不同，并从不同的方面支撑了元宇宙的发展。

边缘计算是一种将数据处理和分析从中心化的数据中心转移到网络边缘的技术。通过在用户设备附近或边缘节点处理数据，边缘计算可以显著降低数据传输的延迟，并提高系统的响应速度。对于元宇宙用户而言，边缘计算可确保更快速的反馈和实时的互动，使得虚拟环境中的操作如同现实一样自然。边缘计算尤其适合那些需要即时反馈的应用场景，如 AR 导航、VR 游戏、虚拟购物体验等。在边缘计算的支持下，元宇宙可以在不牺牲用户体验的前提下实现高质量的互动和快速的内容更新。边缘计算通过在数据产生的地方进行处理，大幅减少了数据在网络中的传输时间，降低了对中央数据中心的依赖，从而能够确保用户互动的即时响应。

分布式计算是一种将大型计算任务拆分并分配给多个计算节点进行并行处理的技术，适用于大规模的、复杂的计算需求。分布式计算在元宇宙的环境仿真、物理计算、用户管理等方面尤为关键。元宇宙的规模和复杂度要求计算系统具备高扩展性和灵活性，而分布式计算能够有效地应对这些需求。通过将计算任务分配给不同节点进行处理，分布式计算可以显著提高资源利用率和计算效率。例如，分布式计算能够支持元宇宙中的实时物理模拟、复杂渲染和大规模用户交互，从而构建出更真实的虚拟场景。

边缘计算多分布在网络边缘，如物联网设备、小型数据中心或基站；而分布式计算的节点可以分布在任何地方，包括边缘和数据中心等。分布式计算可以包含强大的计算资源，适合处理大规模的、复杂的数据处理任务，资源分配侧重于全局优化，将任务分散到多个节点以提高效率。分布式计算具有高可扩展性，可以轻松地通过增加计算节点来提升整体计算能力，适应元宇宙不断增长的计算需求。因此，分布式计算可以有效地支持元宇宙中复杂的环境模拟和物理计算，存储海量数据。此外，分布式计算更是区块链技术的基础。

3．量子通信和数据安全

在元宇宙的构建中，数据安全和隐私保护是用户信任和平台稳定性的基石。

量子通信作为一种新型的通信技术,为元宇宙提供了前所未有的数据安全解决方案。

量子通信利用量子态的特性,如量子纠缠和量子不可克隆定理,来实现信息的传输。量子纠缠允许两个或多个粒子在任何距离上瞬间共享其量子状态(即使它们被分隔开)。量子不可克隆定理指量子信息不能被完全复制,这保证了通信的不可伪造性。量子密钥分发(QKD)是量子通信技术的一种应用,它利用量子态的特性来确保密钥的安全传输。QKD的原理是通过量子纠缠或单光子发送密钥,并利用量子不可克隆原理,使得任何试图窃听的行为都会被发现。QKD可以为元宇宙用户的身份认证、加密通信提供安全保障,有效保护用户的隐私和资产,为元宇宙中的用户身份验证和数据传输加密提供了强有力的保障。

然而,量子通信技术的实现复杂,需要克服量子比特的稳定性和传输距离的限制,同时基础设施建设也面临巨大挑战。尽管如此,量子通信在元宇宙中的应用前景广阔,它将助力构建一个安全、可靠的元宇宙环境,以保障用户数据和资产的安全,增强用户之间的互动和交易信心。随着量子技术的不断发展和完善,我们有理由相信,量子通信将为元宇宙的长期发展注入强大动力。

4. 空间通信技术

空间通信技术,是指利用地球轨道上的卫星或其他空间平台,通过无线电波在空间中传递信息的技术。这种技术具有覆盖范围广、传输距离远、不受地理环境限制等特点。卫星通信技术利用地球同步轨道(GEO)、中地球轨道(MEO)和低地球轨道(LEO)上的通信卫星,实现全球范围内的信息传输。卫星导航技术为元宇宙提供精确的时间同步和位置信息,确保用户在虚拟世界中的实时互动。卫星遥感技术通过获取地球表面信息,为元宇宙中的虚拟环境构建提供数据支持。

空间通信技术在元宇宙中的应用主要体现在实现全球覆盖和支持实时互动两个方面。空间通信技术通过打破地理环境的限制,使得元宇宙用户无论身处何地都能接入虚拟世界。同时,卫星导航技术为元宇宙用户提供精确的位置和时间信息,从而实现了虚拟世界中的实时互动。

7.3.2 人工智能在现代通信技术中的应用

1. AI在移动网络基础设施中的应用

AI在移动网络基础设施中,覆盖了无线接入网、核心网、传输网和终端设备的多个层面,在优化网络性能、提高数据传输效率和提升用户体验方面发挥着重要作用。

无线接入网是移动网络中连接用户和网络核心的关键部分,其性能直接影响用户的体验。AI在无线接入网的应用主要集中在物理层和数据链路层的性能优化方面。例如,Massive MIMO 技术在 5G 网络中广泛使用,其通过多输入多输出天线系统大幅提升数据吞吐量和传输效率。然而,为了使 Massive MIMO 高效运行,网络需要大量的信道状态信息(CSI),以便为 MIMO 系统的预编码和波束成形提供支持。AI 算法,尤其是深度学习算法,如 CNN,可以分析有限的导频信号,提取信道状态信息的特征,实现对 CSI 的预测,从而大幅提升 MIMO 的效率和数据传输质量。深度神经网络(DNN)在 OFDM 符号检测的精度提升,以及 LDPC 码、Polar 码的解码效率优化中也有广泛应用。例如,在无线数据传输中,OFDM 是一种高效的频分多路复用技术,通过在不同频率上传输多个数据流来提高频谱利用率。DNN 通过自动学习不同噪声条件下的符号特征,可以有效提高 OFDM 信号的解码准确率,从而降低误码率。此外,LDPC 码和 Polar 码的解码过程也可以通过 AI 模型加速,使得这些编码方案在保持高传输效率的同时进一步减少传输误差。

自组织网络(SON)是一种用于动态优化和调整网络配置的技术,AI 在 SON 的多个方面得到了应用,如网络覆盖、性能优化、节能、干扰管理、移动性管理、负载均衡等。SON 通过实时分析网络数据并根据需求自动调整网络资源,可以有效提高网络的自适应能力。在实际应用中,AI 算法可以监测各基站的用户数、信号强度等信息,并根据这些信息进行动态负载均衡。5G-MoNArch 的 RAN-DAF 和 ORAN 的 RIC 都引入了 AI 算法,用于对无线资源进行智能管理和性能优化,以提升网络的可靠性和稳定性。

在核心网方面,AI 用于网络切片管理和质量保障。AI 算法可以根据用户需求、网络资源的分配和流量预测动态地调整切片资源,确保服务质量。此外,在传输网中,AI 通过软件定义光网络(SDON)和认知光网络(CON)的智能管理和控制,可以有效预测故障,缩短恢复时间,优化光的信噪比,提升网络传输效率。同时,AI 还可用于 IPv6 网络的路由优化,确保数据的快速传输和精确传递。

2. 移动网络基础设施

AI 技术的引入极大地改善了移动网络的各个环节,从无线接入网、核心网到传输网和终端,AI 技术的应用使得网络变得更加智能、灵活和高效。

在无线接入网层,AI 用于物理层和数据链路层的优化。例如,5G 中 Massive MIMO 系统的大规模天线阵列提升了通信效率,但同时增加了系统复杂性。AI 技术的应用使得 CSI 的提取与预测变得更为高效。在实际应用中,CNN 等深度学习算法通过对有限导频信号的分析与特征提取,能够准确预测 CSI,从而提升 MIMO 系统的波束赋形、预编码等性能。这种智能化处理方法不仅提高了频谱效率,也降低了运维成本。

在核心网中,AI 的应用集中在网络资源的调度和切片管理上。5G 网络提供了网络切片的功能,使运营商可以在相同的物理基础设施上部署多个虚拟网络,以满足不同用户的需求。AI可以动态分析用户需求和网络状况,自动分配或调整网络切片资源,确保高效利用带宽资源。

在传输网层,AI可以基于对历史数据的分析和预测来优化光网络的流量管理,减少延迟并提高传输质量。

AI在终端设备的应用包括智能天线的方向优化、信号强度预测、功率控制等。AI可以实时分析用户位置和信号强度,调整天线方向以提升接收信号质量。这种智能化的信号优化策略特别适用于移动终端设备,用户能够在不同的地理位置获得一致的网络体验。

3. AI在网络管理与运维中的应用

现代通信网络的规模和复杂性不断增加,传统的人工运维难以满足实时的故障监测和性能优化需求。AI技术在网络管理与运维中通过数据分析、故障预测、自动化响应等,提升了运维效率和服务质量。

网络运维支撑系统(OSS)是一个用于管理通信网络和应用的软件系统,具有网络管理、业务交付、业务执行、服务保障和客户服务五大功能。AI技术的引入提升了OSS的自动化和智能化水平。例如,在中国5G OSS中,运营商增加了一个网络AI中台用于异常检测、容量预测、网络优化、根因分析、故障自愈等。这个智能中台通过数据分析和机器学习模型,可以实时监测网络运行情况,预测可能出现的故障,并提前采取措施,以确保网络的高可靠性和稳定性。

故障预测是AI在网络管理中的重要应用之一。通过分析大量历史数据和实时网络状态,AI技术可以识别潜在故障和异常模式,并提前发送预警。此外,AI还具备自愈能力,即在故障发生时自动调整网络配置以最小化服务中断。例如,在光网络和IP网络中,AI可以自动选择最佳传输路径,避开存在故障的链路,从而保证网络的连续性。

AI技术在客户服务中的应用体现在智能客服和自动化问题处理上。通过自然语言处理(NLP)和情感分析技术,AI可以实时分析用户的问题并自动回复,进而提高服务响应速度和用户满意度。此外,通过数据挖掘和推荐算法,AI可以根据用户的需求和偏好提供个性化推荐,提高服务的精准性。

4. AI在电信业务中的应用

在电信业务中,AI通过个性化推荐、身份认证、语音交互等手段为客户提供更高质量的服务。

在个性化推荐方面,AI的推荐算法通过分析用户的历史行为、兴趣偏好和消费模式,为用户制定个性化推荐策略,帮助电信运营商实现精准营销。AI模型可以结合产品匹配度、用户价值等因素生成综合决策模型,帮助电信运营商提高产品推荐的精准性,增加用户的转化率。例如,通过AI算法,运营商可以向用户推荐适合的套餐、增值服务和数字化内容,从而提高用户的体验感和运营商的收益。

在身份认证方面,AI通过人脸识别、指纹识别等生物识别技术提高了用户身份验证的准确性和便捷性。AI技术的引入使得电信业务中身份验证任务的效率大幅提升,不仅增强了用户账户的安全性,还降低了人工验证带来的时间成本和错误率。

在语音交互方面,AI技术实现了客户与机器人之间的智能交互。AI通过语音识别、意图分析和情感检测等,可以自动识别客户的诉求并做出相应的回复。AI客服不仅能够处理常规问题,还可以分析用户的情感状态,帮助座席人员为用户提供更具个性化的服务。此外,AI可以对服务过程中的语音质量进行智能量化评分,为电信运营商提供了评估和改进客户服务的新手段。

本 章 小 结

人工智能与元宇宙的融合为人类社会带来了巨大的机遇和挑战。人工智能为元宇宙提供了智能化的技术支持,使其更加逼真、生动和智能;而元宇宙则为人工智能的应用提供了广阔的舞台,使其在多个领域得到应用。现代通信技术为元宇宙的发展奠定了基础,并提供了高效、稳定、低延迟的通信网络。未来,随着技术的不断发展,人工智能与元宇宙将更加深入地融合,为人类社会带来更加美好的未来。

第 8 章 计算社会科学

> 随着信息技术的飞速发展,计算机科学与人工智能技术在社会科学领域的应用日益广泛。计算社会科学(computational social science)是一门跨学科的研究领域,它结合了计算机科学、数学、统计学、人类学、社会学、心理学等多个学科的知识,旨在利用计算机和人工智能技术解决社会科学中的问题。计算社会科学的研究方法包括数据挖掘、机器学习、自然语言处理、网络分析等,这些方法可以帮助研究人员从大量数据中提取出有价值的信息,揭示社会现象背后的规律,为政策制定和社会治理提供科学依据。

8.1 计算社会科学概述与发展

8.1.1 计算社会科学概述

计算社会科学的崛起代表了一种全面而深刻的转型与创新,它为人文社会科学的传统研究方法带来了新的维度。在探索市场动态与个体行为之间的复杂联系,预测和评估公共管理与政策的效果,模拟社会现象的复杂性,分析信息传播的模式,以及制度和文化的历史发展等方面,计算社会科学不再仅仅依赖于经验、理论、数据、图像和调查问卷,也不是简单地模仿自然科学的方法,而是通过分布式计算分析个体行为和社会结构,对数据进行虚拟化处理,实现按需挖掘、分割、调取和重组。这种方法逐渐在现实世界中得到广泛应用,揭示了人类社会发展规律,并能够通过动态可视化技术预见和塑造未来。

计算社会科学强调了以人为中心的研究理念,将社会科学的研究特色与现代科技的进步紧密结合起来。它体现了人类文明在更高层次上的进步和发展。通过这种结合,计算社会科学不仅能够更深入地理解社会现象,还能够为社会管理和政策制定提供更为精确且具有前瞻性的指导。这种研究方法的创新,是人类知识探索的一个重要里程碑,它标志着社会科学研究在技术和方法论上的一次重大飞跃。

8.1.2 计算社会学发展历程

计算社会学最先是用于建模和解释那些从简单的活动中涌现出复杂行为的社会过程。"涌现"背后的思想就是一个大系统表现出来的属性并不一定格式其组成部分的属性。引入涌现思想的人是 Alexander(亚历山大)、Morgan(摩根)和 Broad(布罗德),他们在 20 世纪初期提出了这个概念和方法,目的是为同一论和二元论这两个针锋相对的观念体系寻找一个平衡。

尽管涌现思想在计算社会学的建立中扮演着重要的角色,却也有人不同意这种思想,代表人物就是爱泼斯坦(Epstein)。爱泼斯坦怀疑涌现思想的作用,因为有些方面是无法解释的,他发表了一番反对涌现思想的宣言:"各个部分的生成性自足构成了全部现象的解释。"

基于主体的建模对计算社会学有着历史性的意义。这些模型最早出现在 20 世纪 60 年代,用于模拟组织和城市等的控制和反馈机制。在 20 世纪 70 年代时,基于主体的建模引入了个体作为主要的建模单元进行分析,并且使用自底向上的策略来对行为建模。20 世纪 80 年代时发生的改变则主要是主体们在交互时是独立的。

1. 系统论和功能主义时期

在战后时期,万尼瓦尔·布什的微分分析器、约翰·冯·诺伊曼的元胞自动机、诺伯特·维纳的模控学与克劳德·香农的信息论在技术系统中成为模拟与了解复杂度的典范。相对应地,物理学、生物学、电子学和经济学等领域的科学家开始表述一种一般性的系统理论,其中所有自然与物理现象皆为一个系统中具有相同模式与性质的相关元素的展现。随着艾弥尔·涂尔干以实证的方式分析复杂现代社会的呼声兴起,结构功能主义社会学家(如塔尔科特·帕森斯)借助这些构成元素之间系统化与层级化互动的理论尝试构建宏大而统一的社会学理论体系。如 George Homans(乔治·霍曼斯)等社会学家辩称社会理论应该被形式化(正规化),成为命题和精确术语的阶层结构,其他的命题与假设可以从中推演出来并被操作化以进行实证研究。由于电脑算法与程式早在 1956 年就已用来测试和验证数学定理,如四色定理,社会科学家与系统动力学家预期类似的计算取径可以类比地"解决"与"证明"正规化的问题,以及社会结构与动力的理论。

2. 宏观模拟与微观模拟时期

到了 20 世纪 60 年代晚期与 20 世纪 70 年代早期,社会科学家使用更进步的科技对组织、产业、城市与全球人口进行了控制与回馈过程的宏观模拟。这些模型使用微分方程,将人口分布视为其他系统性因素(如存货控管、都市交通、迁徙、疾病传染等)的整体计算型函数来进行预测。罗马俱乐部根据对全球经济的模拟而发表了预测全球环境浩劫的报告。尽管这份报告在 20 世纪 70 年中期因对社会体系进行了模拟而得到了大量的关注,但模型的结果被认为对于模型的假设非常敏感(在罗马俱乐部的例子中,仅有少数的证据支持),亦使得这个新兴领域暂时失去了可信度。随着人们对于利用计算工具来预测宏观的社会与经济行为的怀疑逐渐增加,社会科学家开始将其注意力转向了微观模拟模型,并通过模拟个人层级个体的状态渐进改变(而非人口层级的分布的改变)来预测社会行为,并研究政策的效果。然而,这些微观模拟模型并未允许个体进行互动或适应,且其目的也并非基本理论研究。

3. 仿真建模时期

20 世纪 70—80 年代,数学家和物理学家尝试建模并分析怎样从如原子这样简单的单元中获得全局状态,比如复杂材料在低温、磁场中的属性。科学家们使用元胞自动机(celluer automata),设定了一个只由方格组成的系统,每个方格就是一个"元胞"。元胞自动机与人工智能技术和微型计算机所获得的进步为混沌理论和复杂系统等研究领域的建立做出重大贡献,同时也重新激发了人们在理解交叉学科的复杂物理和社会系统的兴趣。众多致力于研究复杂科学的科研组织便是建立于这个时候:圣塔菲研究所由一群来自洛斯阿拉莫斯国家实验室的物理学家在 1984 年建立,密歇根大学的 BACH 小组也是在 20 世纪 80 年代中期成立的。

这一轮元胞自动机的研究范式催生了使用基于主体的建模的第三次社会模拟浪潮。和宏观模拟类似,这些模型强调自底向上的设计思想,但采用了四个不同于宏观建模的假设:自主、独立、简单规则和适应性行为。相比于预测的准确度,基于主体的建模更加强调理论的建立。在 1981 年,数学家与政治学家罗伯特·阿克塞尔罗德与演化生物学家威廉·汉密尔顿一同在 *Science* 上发表了一篇名为《合作的进化》的经典论文,其使用基于主体的建模展示了在囚徒困境的博弈中,当主体们只遵循简单的、自利的规则时,也可以在互惠的原则上建立稳定的社会合作。20 世纪 90 年代的学者们如 William Sims(威廉·西姆斯)建立了广义互惠、偏见、社会影响和组织信息处理等主题的基于主体的模型。在 1999 年,Nigel Gilbert(尼格尔·吉尔伯特)发表了第一本关于社会模拟的教科书《社会科学家的仿真》,并创立了与其相关的期刊 *Journal of Artificial Societies and Social Simulation*。

4. 社交网络分析时期

和其他社会系统计算模型的发展轨迹不同,社交网络分析(social network analysis)诞生于 20 世纪 70—80 年代,是由图论、统计学和社会结构研究等科研进展所催生出来的分析方法,被许多社会学家如 James Samuel Coleman(詹姆斯·塞缪尔·科尔曼)等采用。20 世纪 80—90 年代,计算和通信技术的持续普及呼唤着网络科学、多层次建模等适用于更加复杂和大体量数据集的分析技术。最近的计算社会学浪潮并没有使用计算机模拟，而是使用了网络分析和高级统计技术对计算机数据库里的行为数据做分析。电子邮件、即时通信消息、万维网上的超链接、手机使用数据、新闻组内的讨论内容等电子记录让社会学家得以在多个时间点、多个层面上直接观察和分析社会行为，打破了访谈、参与观察等传统实证方法的约束。机器学习算法的持续进步则更进一步允许社会学家和企业发现大规模数据集中隐藏的社会交互和演化的模式。

语料库自动解析技术可以大规模地抽取文本中的实体，以及实体间的关系，以将文本形式数据转化成网络形式数据。生成的网络可以包含成千上万个节点，随后应用网络理论等工具加以分析，即可发现关键节点、重点社群等，以及更加广泛的网络属性，比如健壮性和结构稳定性或者结构洞等。如此，我们可以自动执行定量叙事分析中的技术，识别"主语—谓语—宾语"这样的三元组或者"主语—宾语"这样的二元组。

5. 计算内容分析时期

内容分析一直以来都是社会科学和媒体研究的传统组成部分。内容分析的自动化可以研究社交媒体和报刊杂志上数以百万计的新闻内容，使得"大数据革命"惠及社会科学。性别偏向、可读性、内容相似度、读者偏好，甚至情绪等文本挖掘方法都在数百万文档里被研究过了。Flaounas 等人对于可读性、性别偏向和主题偏向等进行了分析，展示了不同的主题有不同的性别偏向和可读性，并探讨了通过分析 Twitter 内容来识别人群的情绪变化的可能性。

Dzogang 等人是大规模历史新闻内容分析的先驱，他们的研究展示了周期性结构如何通过历史新闻内容自动识别出来。在社交媒体领域也有相似的分析，这些分析同样揭示了很强的周期结构。

8.1.3 计算社会科学研究案例

计算社会科学的一个重要特征是它包含纯科学和应用政策分析（应用科学）两部分。也就是说，计算社会科学探究的不仅是对社会宇宙的基本理解，还包括如何改进我们生活的世界。科学史上有许许多多纯科学和应用科学之间的协同效应，一些协同效应可能会随着其所在领域发展到更加成熟的阶段而增强。这在许多其他科学领域已然发生，其中较为典型的案例有量化交易、群体智慧、知识图谱、文化计算等。

量化交易是指以先进的数学模型替代人为的主观判断，利用计算机技术从庞大的历史数据中选出能带来超额收益的多种"大概率"事件，以制定策略，从而极大地减少了投资者情绪的影响，避免投资者在市场极度狂热或悲观的情况下做出非理性的投资决策。巴克莱资本（Barclays Capital）的量化交易部门在 2009 年成功预测了全球金融危机后的市场复苏。他们开发了一种基于统计学习的量化模型，通过分析历史市场数据和宏观经济指标，预测市场走势和投资机会。该模型在2009年准确预测了市场将在第二季度出现反弹，并推荐了相关的投资策略。基于这一预测，巴克莱资本的客户在市场复苏中获得了显著的回报。这个案例说明了量化交易在金融市场中的重要性和应用潜力。

群体智慧，也称集体智能。单一个体所做出的决策往往会比多数决定的决策更不精准，集体智能是一种共享的或者群体的智能，是集结众人的意见进而转化为决策的一种过程。它是从许多个体的合作与竞争中涌现出来的。集体智能在细菌、动物、人类以及计算机网络中形成，并以协商一致的多种形式的决策模式出现。2001年，来自波兰 AGH 大学的 Tadeusz(Ted) Szuba 为集体智能现象提供了一个正式的模型。该模型呈现出一个无意识、随机、并行、分布式的计算过程，并依照社会结构在数理逻辑下运行。在此模型中，将生命和信息建模为抽象的附有数理逻辑表达式的信息分子。因为与环境之间的相互作用，它们可以准随机地移位，而该环境具有其想要的置换。它们在抽象计算空间的相互作用产生了多线程的推理过程，而我们认为这就是集体智能。因而，Szuba 在该模型中采用了非图灵的计算模型，这个理论可以给予集体智能以简单的正式定义，即社会结构的属性，并且对广泛的生物有效（从细菌菌落到人类社会结构）。作为一个特别的计算过程，集体智能为一些社会现象提供了一种简单的解释。在该模型的框架下，Szuba 提出了 IQS（智商联合）的正式定义，即"在 N 元推理的时间和域范围内的概率函数，它反映了社会结构的推理活动"。虽然 IQS 似乎难以计算，但是上述的社会结构建模可以进行近似计算。可能的应用包括通过 IQS 的最大化来优化公司，以及在预防细菌菌落的集体智能方面的抗药性分析。

知识图谱是结构化的语义知识库，用于迅速描述物理世界中的概念及其相互关系。知识图谱通过对错综复杂的文档的数据进行有效的加工、处理、整合，转化为简单、清晰的"实体，关系，实体"的三元组，最后聚合大量知识，从而实现知识的快速响应和推理。图 8-1 为现代通信技术知识图谱示例。

文化计算（culture computing），即文化计算技术，是一种融合了社会计算、大数据、人工智能等现代技术与人文学科、历史学等传统领域，旨在挖掘文化内容、促进数字人文学科研究、推动文化发展的技术方法。该技术致力于对文化基因进行挖掘，探索特征表达的基本方法，并利用文化组学对中华文明进行量化分析，建立文化基因库和文明基因图谱系，同时将量化结果与基于实证的民间文化、考古发现和历史文献相互验证，以深入挖掘中华文化。具体来说，文化计算的过程包括利用机器学习、特征提取等技术来收集和预处理文化特征信息，并基于这些信息对文化进行量化分析和模型构建，进而实现从可视化、计算分析到展示的整个流程。在此流程中，存储、量化和分析提取的文化特征信息构成了文化计算的关键步骤。在特征信息处理时的核心目标在于辨识特定文化基因，因为文化基因代表了文化中的活力、内在联系、遗传代码和核心要素，同时也是文化差异性的显著标志。众多研究人员表明了挖掘文化基因和建立基因库的重要性，并研究了文化基因的实际应用。此外，文化计算的应用范围广泛，可以通过比较不同文化或文化遗产的基因相似度，以时间、空间和基因相似度为坐标，构建文化或文化遗产的时空演化三维模型。在三维空间中，以基因相似度为关键指标，追踪文化遗产的时空演变路径，恰恰是文化计算的核心所在。

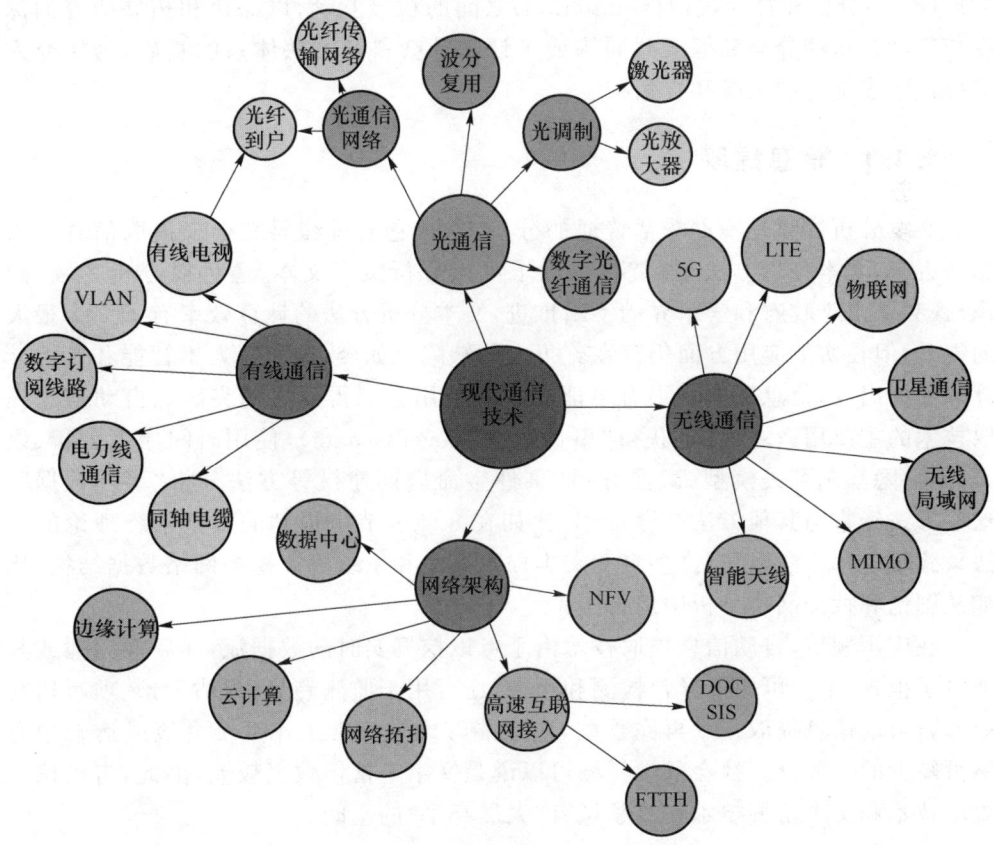

图 8-1　现代通信技术知识图谱

8.2　计算社会科学方法体系

计算社会科学方法体系由一系列相互关联的方法分类、方法论及其内在逻辑构成。由于不同学者在研究工具和方法上的偏好不同，该领域形成了多样的方法流派。David Lazer(大卫·拉泽)将计算社会科学方法归纳为分布式数据收集与分析、大规模在线实验、社交网络分析、系统建模与仿真、机器学习以及自然语言处理。Claudio Cioffi-Revilla(克劳迪奥·乔菲·雷维利亚)则将其划分为自动化信息提取、社会网络分析(SNA)、地理空间分析、复杂性建模和社会模拟等类别。Amaral(阿马拉尔)则提出了自动信息提取、社会网络分析、地理空间分析(社会地理信息系统)、复杂性建模、社会模拟等方法类别。在中国,罗玮和罗教对方法体系进行了早期探索;而吕鹏等人则提出了一个方法论三角框架,主张理论(theory)、数据(data)分析和社会模拟(simulation)之间的积极互动,以深化和拓展研究的深度与广度。这些分类和框架共同构成了计算社会科学方法体系的基础,为研究人员提供了多样化的工具和视角。

8.2.1 信息提取

文本分析曾经是一种非常普通的分析方法,它通过编码文档来提取信息与数据。近来,文本分析方法不断演变,除了可以分析文字文本,还可以分析音频、图像、视频。由于政府和学术界的不断推进,文本分析方法的计算效率有了一个很大的提升,但在实际应用方面仍存在着很大的缺陷。如今,伴随着人工智能和其他计算算法的出现,信息提取将很有可能在实际应用上取得巨大的突破。自动信息提取技术的主要用途之一,是获得"事件数据"(events data),使用时间序列分析、语义分析、隐马尔可夫模型、微波分析、事件生命周期建模等方法分析"事件数据"。这些方法经常与其他方法结合使用,比如在8.2.3节中提到的复杂系统理论的方法。除了这些方法,还有许多自动文本提取算法和系统可以挖掘网络数据结构,比如从图论和社交网络分析中组合出来。

在应用领域,自动信息提取技术由于可以挖掘实时的数据流,如新闻广播或其他电子报告,不仅可用于异常检测和预警,还可用于监测趋势、评估干预、项目执行等。若自动信息提取技术再完善些,应该能够成为日常工作系统升级或运营中心不可缺少的一部分。社会科学领域可以说是文字丰富但数据较差,因此,自动信息提取技术和文本挖掘技术在该领域有"大展身手"的空间。

8.2.2 数据分析

现代的SNA以纯粹的数学理论为基础,社会网络图更像是一个数学图表。社会网络中,个体或一个社区被看作一个点,个体(社区)与个体(社区)之间可能存在的相互依赖关系用连边表示,这样许多个体(社区)就构成了一张社交网络。联盟、贸易体系、认知信仰体系和国家社会体系本身等都是常见的社会网络,是社会科学家感兴趣的研究对象。例如,Stanley Milgram(斯坦利·米尔格拉姆)提出了著名的"小世界"网络。社会科学家们提出许多研究SNA的计算算法,这不仅方便了

SNA结果的可视化，还方便了对网络适应性、功能性、弱点及网络分解的理解。例如，SNA可以根据网络的节点和关系的结构模式，如弹性、脆弱性、可分解性、功能性等得出关于组织结构更深层次的信息，且SNA还可以应用于设计更强大和可持续的网络，如交通运输网络等。

地理信息系统(GIS)最初是社会地理学家和制图员研究地理现象的可视化工具和空间分析的工具。社会地理空间分析(以下简称社会GIS)目前在社会科学中有了许多应用，比如在犯罪学和区域经济学应用可以有效量化冲突，社会GIS与其他的量化技术结合在一起使用可以产生一些仅使用数学和统计模型无法获得的有趣的见解。这一领域目前正在积极地向地理空间科学发展，谷歌地球及其数据设施的发展为社会GIS增加了另一个维度，带来了新的调查方法。而该领域另外一个重要的发展是成立了国家地理信息与分析中心——一个致力于地理信息科学及其相关技术(包括地理信息系统)基础研究和教育的独立研究联盟。

8.2.3 模型驱动

20世纪末，复杂系统科学兴起，这一新兴学科对生命系统、人脑系统、社会系统、经济系统等复杂的系统进行了研究。所谓复杂系统，抽象的说是指个体之间的相互作用比较复杂的系统，比如常见的生态系统、经济市场、社会系统都属于复杂系统的范畴。系统之所以复杂，是因为系统表现出非线性、涌现、自适应等不同的特性，而导致系统不能使用普通的、简单的线性模型来表示。常见的复杂系统建模有神经网络建模、基于主体的建模方法、遗传算法、粒子群优化算法、蚁群优化算法等。复杂系统的理论模型为社会科学中的非均衡系统的动态分析提供了理论支持。非均衡动态系统的例子常常发生在全球最具有挑战的社会科学研究中，如恐怖袭击、国际冲突等。很久之前，科学家们就在社会科学研究领域进行了复杂系统的研究，但伴随着复杂性理论的概念和模型的持续发展，在社会科学研究中应用复杂模型这一领域仍然有很大的提升空间。

simulation，即仿真，又被翻译为模拟，泛指以实验或训练为目的，将原本的系统、事物的关键特性或者行为功能予以系统化和公式化，对关键特征做模拟，从而达到预计系统的发展趋势、发展结果等效果。仿真不仅是一项技术，还是解决问题的一种方法。社会经济等系统，很难在真实的系统上进行实验。早期的计算社会科学的仿真用于对国家安全和国家政策的研究。计算机仿真模型在基础社会研究和政策分析方面的一个特别有价值的应用特征是其能够运行当前的和备选的策略，并观察不同策略对系统的影响，以及评估不同策略带来的效果。另一个特别有价值的应用特征是计算机仿真模型能够在模拟过程中对各个参数进行灵敏度分析，以观察各个参数的鲁棒性，或验证模型的性质和假设。假设在社会科学研究中非常关键，验证假设的正确与否关系到研究结果的正确与否。

8.3 社会网络与图论

社会网络是由众多社会行动者及其相互间的关系构成的集合体。换言之,社会网络可视作一种网络结构,其由代表社会行动者的节点和表示行动者间关系的连线组成。在这个网络中,每个社会行动者以"节点"的形式存在,而他们之间的社会联系则以"边"的形式展现。这些联系可能是单向或双向的,涵盖了朋友关系、职场层级、科研合作、组织内部沟通乃至国家间的贸易等多种形态。SNA旨在对这些联系进行量化研究,是分析社会网络理论的一种实用工具。其核心在于通过明确分析目标、界定社会网络的范围和成员、问卷设计和调查方法、数据录入和构建关系矩阵以及数据处理与分析等步骤,揭示社会网络中的结构特征和动态模式。

8.3.1 图论在社会网络分析中的作用

图论是支撑SNA的关键数学理论之一,它提供了对社会网络进行形式化表达的方法,这些表达可以是社会网络关系图或社会关系矩阵。在图论体系中,网络结构分为有向图与无向图两大类。与此对应地,社会关系网络也可据此划分为有向社会网络和无向社会网络两种类型。社会关系网络图由一组节点 $N=\{n_1,n_2,\cdots,n_k\}$ 及节点间的连线 $L=\{l_1,l_2,\cdots,l_m\}$ 所组成。在无向社会网络中,节点之间的连线是没有方向的,用直线表示,如图8-2所示。

在有向社会网络中,节点之间的连线是有方向的,用带箭头的直线表示,图8-3就是一个简单的有向社会网络图。

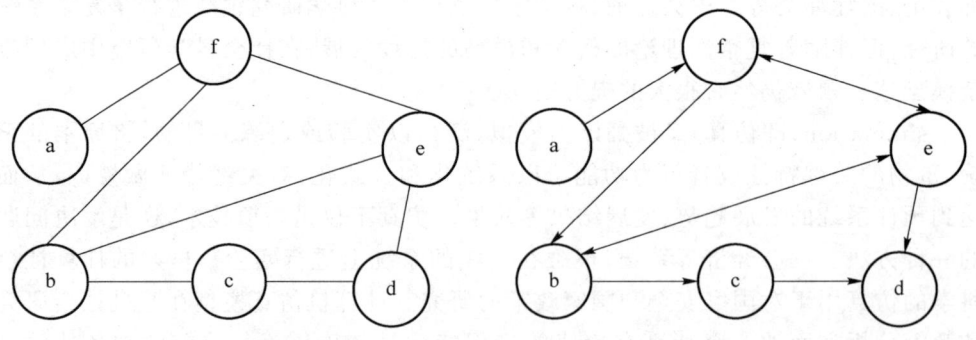

图8-2 社会关系网络图(无向)　　图8-3 社会网络关系图(有向)

社会关系网络图是一种用于直观展现社会成员及其互动关系的图形化手段,它能够明确地勾勒出网络中的个体及其相互之间的联系。但是,随着研究的社会网络规模的增长,这种图形表示可能会变得错综复杂,不易解读。此外,社会关系网络图在执行定量分析方面有所不足,而社会关系矩阵则提供了一种可以解决此问题的有效途径。社会关系矩阵是由社会关系网络图衍生而来的,其矩阵元素象征着行动者间的相互作用。这种结构化的矩阵表达方式不仅便于计算机操作,而且为数据的计算机化存储和量化分析提供了基础。给定社会网络 N 的关系结构由矩阵 M_N 表示,矩阵 A 为社会关系矩阵(邻接矩阵),其中 a_{ij} 表示二元 $g \times g$ 矩阵 A 的一个元素。

为了清晰阐述,以下内容将以无向社会网络作为示例。若两个行动者之间存在联系,则用 1 表示;若不存在联系,则用 0 表示。如表 8-1 所示,观察这样的矩阵可以发现,对于无向社会网络,用二元值表示的社会关系矩阵是对称的。

表 8-1 社会关系矩阵

矩阵	A	B	C	D	E	F
A	0	0	0	0	0	1
B	0	0	1	0	1	1
C	0	1	0	1	0	0
D	0	0	1	0	1	0
E	0	1	0	1	0	1
F	1	1	0	0	1	0

1. 节点度量指标

(1) 度

度是指一个节点上连接的数量。度是一个有关中心度的度量指标,有时也被称为度中心度,定义为 $\delta(n_i) = \delta_i = \Sigma_j a_{ij}$。

(2) 距离

n_i 和 n_j 之间的距离为 d_{ij},$d_{ij} = d(n_i, n_j)$,指连接 n_i 和 n_j 任意边中连接的最小值,即所谓的测地线。因此,对所有 $n_i \in N$,都有 $d(n_i, n_i) = 0$。

(3) 特征向量中心度

假设节点的中心度分数为 x_i,$x_i = \frac{1}{\lambda} \Sigma_j a_{i,j} x_j$,其中 λ 表示矩阵 A 的特征值,e_j 为特征向量中心度。特征向量中心度与节点度相同,但由每个事件或相邻节点的中心度加权得到,可衡量节点的影响力。假定两个节点的节点度相同,与其他节点高度相关的节点会具有更大的影响力(特征值中心度)。

(4) 中介中心度

中介中心度衡量的是某一节点在所有其他节点对之间的最短路径上作为桥梁的频率,也就是该节点出现在所有节点对之间经过该节点的最短路径总数。

(5) 聚类系数

用聚类系数刻画某个节点相邻的两个节点彼此也相邻的概率,网络中一个度为 δ_i 的节点 n_i 的聚类系数 C_i 定义为式(8-1):

$$C_i = \frac{E_i}{\frac{(k_i(k_i-1))}{2}} = \frac{2E_i}{k_i(k_i-1)} \tag{8-1}$$

其中 E_i 是节点 n_i 的 k_i 个邻节点之间实际存在的边数,即节点 n_i 的 k_i 个邻节点之间实际存在的邻居对的数目。

2. 网络度量指标

(1) 大小

$S=|N|$,即指网络中包含的节点数量总和。社会网络的规模范围跨度大,可为小型网络,也可为大型网络。

(2) 长度

$L=|L|$,即网络中的连接总数。

(3) 密度

对于较大的 S 而言,即 $Q=L/S(S-1)=L/(S^2-S)\approx L/S^2$,在网络 N 中与可能连接总数相关的实际连接数。网络密度与长度具有线性关系,与网络大小的平方成反比。有趣的是,对于长度相同的(连接数相同的)网络,$Q\propto 1/S^2$ 的出现独立于网络结构,所以它是幂律与泛性质。

(4) 直径

$D=\max_{n_i \in N_\varepsilon}(n_i)$,即最大节点离心率,是网络中最大的测地距离。

(5) 半径

$R=\min_{n_i \in N_\varepsilon}(n_i)$,即最小节点离心率,是网络中最小的测地距离。

(6) 平均度

$\bar{\delta}=2L/S=Q(S-1)$,即度量网络中节点的一般连通性。这可能是大小之外最常见的网络指标,只要其分布合理,数据就足以提供信息(如非多模态或高度倾斜数据)。

(7) 度偏度

$\text{Skew}(\delta)=(\delta-\bar{\delta})/\sigma\delta$(根据 Pearson 方程)。由于度的分布可以有多种形式,因此,度偏度对检测非均衡分布意义重大。

(8) 紧密度

紧密度的定义如下:

$$F = \frac{\Sigma_{i \neq j}\left(\frac{1}{d_{ij}}\right)}{S(S-1)} \tag{8-2}$$

其中,d_{ij} 是网络中的二元距离。注意反向距离必须使用测地距离矩阵 G 来计算得出,$G^* = \{1/d_{ij}\}$。

3. 动态特征

在社交网络中,三元闭包现象普遍存在,它指的是如果两个人有一个共同的朋友,那么他们成为朋友的概率将会增加。具体来说,假设个体 A 与个体 B 是朋友,同时个体 A 与个体 C 也是朋友,那么个体 B 与个体 C 通过个体 A 形成了三元闭包。基于三元闭包的理论,我们可以推断出在社交网络中,如果两个人拥有共同的熟人,那么他们之间建立联系的可能性会显著提高。因此,三元闭包的数量常被用作评估两个节点之间相似度的一个指标。

社团闭包是指,如果两个个体都是某个社团或组织的成员,那么他们之间建立直接联系的可能性将增加。

会员闭包现象描述的是,在社交网络中,如果一个人的朋友圈中有人参加了某个社团,那么此人加入该社团的概率也会相应增加。如果顶点 n_i 有 k 个朋友在社交网络中的顶点集 V 中,则顶点 n_i 相对于 V 的会员闭包数 $t = |NB_{(i)} \cap V|$,其中 $NB_{(i)}$ 代表顶点 n_i 的邻居集合。

8.3.2 社会网络分析方法

社会网络分析(SNA)专注于探讨行动者及其相互关系,旨在解析网络结构对行动者及整个群体的影响。该研究方法作为一门独立的研究社会网络结构的学科,目前已经形成了一套专门的概念体系。通过研究社会网络结构的属性,可以揭示行动者之间的社会关系和社会结构。SNA 技术能够从多种视角对网络进行探究,涵盖了中心性分析、凝聚子群识别以及核心-边缘结构分析等多个维度。

1. 网络中心度分析

社会网络研究人员最常用到的是网络中心度分析,它包括节点中心度、紧密中心度和间距中心度。它们从不同的角度刻画了网络节点的特征,其指标可以由计算机自动算出。①节点中心度,指行动者在社会网络中的位置状况,也就是某一节点直接与其他节点联系的连接数的情况。可见,行动者的中心度较高则表明其在网络中占据较高的中心度位置,换言之就是其拥有较大的资源优势。某节点中心度的计算方式就是计算出与该节点直接联系的其他节点的数量,在图表示中即某节点与其他节点连接的"线"的条数。中心度最大的节点就是该网络的中心。在传播研究中,中心度分析可以帮助研究人员刻画出信息传播网络中不同媒体的影响情况。②紧密中心度,指某节点与其他所有节点的距离的总和。在一个社会网络中,紧密中心度越小的节点就越可能是网络的中心。紧密中心度不但可以反映传播网络的结构,而且可以反映整个网络内信息传播的密度情况。就传播的意义而言,它表明在传播网络中直接影响的其他媒体越多,则越可能在传播网络中居于中心位置。③间距中心度,指一个节点在多大程度上是网络中其他节点之间的"中介"。通过该节点连接起来的节点越多,则该节点的间距中心度就越高。间距中心度在传播网络中的意义在于,其可以反映一个媒体对信息流动的控制情况,也就是说,一个媒体节点的间距中心度越高,说明它在传播中越可能起着关键的作用。

2. 凝聚子群分析

凝聚子群指社会网络中的子网络。同一子网络中行动者之间的相似度相对较高,不同子网络中行动者之间的相似度相对较低。按照社会网络理论,一个网络,尤其较大和较复杂的网络内部并非均质的,而是可能形成若干个凝聚子群。凝聚子群又被称为子群,它指"这样一些行动者的子集,他们之间具有相对较强的、直接的、高度的、经常的或积极的联系"。凝聚性子群分析有四个维度:①关系的互惠性;②子群内成员之间的接近性或可到达性;③子群内部成员之间的关系频次;④子群内部成员之间的关系密度相对于子群外部成员之间关系的密度。子群分析的作用主要在于对传播网络进行更深入的分析,也就是分析一个整体网络内部是如何构成的,这些构成具有什么样的特征以及如何影响传播行为。如果对整个社会网络的分析属于宏观分析的话,那么对子群的分析可以被视为中观分析,对结构对等性的分析可被视为微观分析。

3. 核心-边缘结构分析

核心-边缘(core-periphery)结构分析旨在探究社会网络中节点的重要性分布,识别出哪些节点居于网络的中心位置,而哪些则处于边缘。这一分析方法在多个领域具有广泛的应用价值,包括但不限于精英网络、科学引文网络和组织关系网络等,可以用于揭示这些社会现象中的核心与边缘结构。

核心-边缘结构的表现形式取决于关系数据的类型,即可分为定类数据和定比数据。在统计学中,定类数据以类别形式存在,通常用数字编码,但这些数字不适用于数学运算;而定比数据则以数值形式表示,适用于数学计算。基于数据类型,可以构建不同类型的核心-边缘模型:对于定类数据,可构建离散型核心-边缘模型;而对于定比数据,则可构建连续型核心-边缘模型。离散型核心-边缘模型根据核心与边缘成员间关系的存在与否及其紧密程度,可进一步细分为三种类型:①核心-边缘全关联模型;②核心-边缘局部关联模型;③核心-边缘无关模型。在核心-边缘关系缺失模型中,核心与边缘之间的关系被视为缺失。

具体而言,核心-边缘全关联模型描述了一个网络,其中所有节点被划分为两个群体,一个群体内部节点紧密相连,形成核心;另一个群体的节点之间无联系,但与核心群体的所有节点都有联系。核心-边缘无关模型中,两个群体的节点均无内部联系,且核心群体与边缘群体之间也无联系。核心-边缘局部关联模型则介于两者之间,边缘群体的节点与核心群体的部分节点有联系,但内部无联系。核心-边缘关系缺失模型中,核心群体的节点密度最高,形成凝聚子群;而边缘群体的节点密度最低,两者间的关系密度被视为缺失,不予考虑。

8.3.3 社会网络主要理论

1. 小世界现象

小世界现象("small world" phenomenon),也被称作六度分隔理论或小世界理论,其提出了一个观点:在任意两个人之间,只需最多通过六个中间人就能建立联系。换言之,你与任何一个陌生人之间,最多只需经过六个人即可产生关联。1967年,哈佛大学心理学教授斯坦利·米尔格拉姆通过一项连锁信实验验证了这一理论。他试图证明,平均只需五个人作为中介,就能连接两个互不相识的美国人。这一现象强调的是,并非所有人之间的联系都需要经过六个层级,而是表明了一个核心理念:任意两个原本不相识的人,通过某种途径,最终都能建立起联系。显然,不同的交流方式和联系能力会导致在实现个人期望的机遇上出现显著差异。社交网络就是典型的小世界网络。人们与同事、亲戚等形成紧密的局部群体(高聚类系数),但通过少数"桥梁"人物(如交友广泛的人或有名望的公众人物),可以跨越不同群体,使得社交网络的平均路径长度变短。小世界现象令人吃惊的地方其实不仅在于其任意两个人之间的路径可以如此之短,还在于在保证路径如此之短的情况下竟保证了高的聚集性。

2. 弱关系与"嵌入性"理论

在《弱关系的力量》一文中,格兰诺维特提出了弱关系力量假设,这是社会网络研究的一个重要里程碑。他提出了"关系力量"这一理念,并依据互动的频繁程度、情感的强烈性、亲密水平以及互惠行为这四个标准,将人际联系分为"强关系"与"弱关系"两大类。他主张在高度同质的社会网络中,成员之间交换新颖信息的机会较少,而异质网络则有助于信息的流通,充当个体获取多样化信息资源的渠道。格兰诺维特进一步阐释,尽管并非所有的弱关系都能起到信息桥梁的作用,但任何发挥这一作用的关系必定属于弱关系。这是因为强关系通常存在于信息高度同质的群体内部,而弱关系则跨越了群体界限,能够将不同群体的重要信息传递给其他群体的成员。

在1985年出版的《经济行动和社会结构:嵌入性问题》一书中,格兰诺维特对"嵌入性"理论进行了深入探讨,提出经济行为并非单独发生,而是根植于社会结构之中。社会网络构成了这一结构的框架,而信任则是网络嵌入的核心机制。在经济活动中,交易是最基本的行为模式,其顺畅进行依赖于交易双方所建立起的信任基础。"嵌入性"理论认为,经济交易更可能发生在相互熟悉的个体之间,而非完全陌生的个体之间。与弱关系理论强调的信息传递作用不同,"嵌入性"理论更加关注信任在交易过程中的作用。信任的建立和加强需要双方的长期互动。因此,有学者指出,格兰诺维特的弱关系假设与嵌入性概念之间存在某种紧张关系,后者似乎更加注重强关系的重要性。

3. 结构洞理论

在1992年问世的著作《结构洞》中,博特首次系统阐述了一个观点:社会资源或社会资本的丰富程度并非由关系的强弱直接决定。他提出,个人或组织的社会网络主要由两种不同的关系结构构成:

在一种网络结构中,每个行动者都与其他行动者建立了联系,不存在任何断裂的关系,这种网络结构在整个网络中呈现出"无洞"的特点,且通常只在小型群体中出现。

在另一种网络结构中,某些个体与一部分其他个体保持着直接的联系,但对于另一部分个体则不存在直接的联系,这种缺失直接联系或关系断裂的情况在网络结构中形成了一种"空洞",这类空洞被称作"结构洞"。例如,在由A、B、C构成的网络中,如果A与B、B与C之间存在联系,但A与C之间没有直接联系,那么A与C之间就形成了一个结构洞。

博特将结构洞理论用于分析市场竞争行为,并指出资源的优势与关系的优势共同构成了企业的整体竞争优势。在结构洞特征的社会网络中,竞争者因其关系优势的增加而能获取更多的利益。尽管如此,在现实社会中,这种极端的网络类型实际上是极为罕见的。

4. 社会资本理论

社会资本概念涉及个体或集体间的联系——包括社会网络、互惠规范及信任,这些联系构成了由人们在社会结构中的位置所带来的资源。根据这一理论,资源不仅可以通过控制获得,还可以通过行动者及其网络中发展出的信任与合作来获取。基于此,林南提出了社会网络的三大核心假设。①地位优势假设:社会地位较高的个体更有可能获取社会资源。②弱联系优势假设:个体网络的异质性越大,通过弱联系获取社会资源的可能性越高。③社会资源效果假设:拥有丰富社会资源的个体在工具性行为中更可能取得理想结果。

林南进一步指出,社会资源的数量和质量与网络成员的社会地位以及网络的异质性成正比,但与网络联系的紧密程度成反比。社会资源不仅深植于社会网络之中,还能够借助社会网络作为渠道间接地积累。

在资源和资本的关系中,法国社会学者皮埃尔·布迪厄将社会网络的观念拓展至社会资本的领域,他提出社会资本的积累与网络的大小、多样性和资源的丰富程度紧密相连。布迪厄将资本划分为经济资本和文化资本,并分析了这两种资本与权力和社会地位之间的相互作用,指出它们塑造了社会空间的结构,并影响着群体与个体的发展路径。在此基础上,众多研究人员将社会网络资本视为嵌入社会网络中的资源集合体,并主张社会网络资本是与经济资本、文化资本相提并论的一种关键资本形态。

本 章 小 结

  计算社会科学作为一个新兴的跨学科领域,正逐渐展现出其在理解和解决社会问题方面的巨大潜力。随着大数据、人工智能和机器学习等技术的发展,计算社会科学能够处理和分析前所未有的海量数据,从而为社会科学研究提供新的视角和方法。通过数据驱动的决策制定、社会网络分析、模拟和建模等手段,计算社会科学有助于揭示社会现象背后的复杂模式和机制,为政策制定和社会干预提供科学依据。此外,计算社会科学还能够促进不同学科之间的融合,打破传统学科界限,促进创新思维和解决方案的产生。

  然而,计算社会科学的发展也面临诸多挑战。首先,数据隐私和伦理问题亟待解决,如何在收集和分析个人数据时保护隐私、避免数据被滥用是关键。其次,数据的偏差和不完整性可能影响研究结果的准确性和可靠性,对研究的严谨性构成挑战。再次,计算社会科学需要大量计算资源和专业技能,这可能限制其发展和普及。复杂的计算模型可能难以进行解释和理解,将影响模型的接受度和应用;跨学科沟通障碍也是一个问题,不同学科之间的术语和方法差异可能导致合作效率低下;政策和法规限制可能阻碍数据的获取和使用,限制研究的深度和广度。最后,公众对计算社会科学的接受度,尤其是在隐私和数据安全方面的担忧,也可能影响其发展。

  尽管存在这些挑战,但随着技术的进步和社会对数据驱动决策需求的增加,计算社会科学有望在未来发挥更大的作用。通过不断改进数据保护措施,提高数据质量,加强跨学科培训和合作,以及提高模型的解释性和透明性,计算社会科学可以为社会科学研究和实践带来革命性的变化。同时,随着公众对数据科学和计算方法的理解和接受度的提高,计算社会科学将更有可能被社会广泛接受和应用,从而在解决社会问题和促进社会进步方面发挥更大的作用。

第 9 章 现代通信技术与经济发展

> 21世纪是技术革命时代,现代通信技术与经济发展联系紧密,重塑全球经济格局,推动经济转型升级。从电报、电话到互联网、5G乃至6G,通信技术的发展提高了信息传递速度和效率、降低了通信成本、打破了地理界限,促进了生产要素流动和无形资产传播,推动了经济发展。经济发展内涵不断丰富。通信技术是实现经济发展目标的关键工具,促使经济向知识密集型、创新驱动型转变。区块链和数字货币的兴起,为两者融合带来机遇和挑战,可以提升通信行业质量效率,催生新商业模式和产业生态。但融合过程也面临数据隐私、信息安全、法律法规、监管政策等难题。本章将梳理现代通信技术对经济发展的影响,分析区块链和数字货币在通信领域的应用影响,展望融合新趋势并提出发展建议。

9.1 通信技术驱动经济发展

在 21 世纪的全球化浪潮中,现代通信技术驱动着经济的飞速发展。从移动互联网到 5G 网络,从云计算到大数据,通信技术的每一次革新都在重塑经济格局,激发新的增长潜力。它不仅极大地提升了信息传输的速度和效率,更深刻地改变了人们的生活方式、企业的运营模式以及政府的治理方式。

9.1.1 通信技术对经济发展的直接贡献

在 21 世纪,通信技术已经成为推动经济发展的核心力量之一。它不仅改变了人们的日常生活方式,还深刻影响了全球经济的结构和运行方式。从最初的电报、电话,到如今的互联网、移动通信,通信技术的每一次革新都为经济发展注入了新的活力。

第9章　现代通信技术与经济发展

通信技术的快速发展直接推动了经济的增长。通信技术作为基础设施建设的重要组成部分，为经济的现代化发展提供了坚实的基础。例如，在中国，通信行业在高速铁路、城市轨道交通、智慧城市等基础设施领域发挥了重要作用，为经济增长提供了有力支撑。通信技术的普及和应用，使得信息传输更快、更可靠，降低了交易成本，提高了市场效率，从而促进了经济的整体增长。通信技术的创新催生了许多新兴产业，如互联网产业、电子商务、数字金融等，这些新兴产业的崛起为经济增长注入了新的动能。以电子商务为例，随着互联网的普及和移动通信技术的发展，线上购物成为人们的日常生活方式之一。电商平台利用大数据技术，为用户提供个性化的商品推荐，提高了购买转化率，促进了消费市场的繁荣。同时，电子商务还带动了物流、支付等相关产业的发展，形成了完整的产业链，为经济增长提供了强大的支撑。

通信技术对产业结构的优化起到了关键作用。一方面，通信技术推动了信息产业的快速发展，使其成为国民经济的重要支柱之一。建立在现代通信技术基础上的电子信息产业派生出庞大的产业链，包括电子制造业、软件业和通信产业等。这些产业的发展不仅带动了相关产业的繁荣，还促进了产业结构的升级和转型。另一方面，通信技术通过提升和改造传统产业，推动了产业结构的优化。在制造业领域，工业互联网、智能制造等新技术的发展，使得生产流程更加高效、精准。例如，通过智能传感器和机器人等设备，企业可以实现生产流程的自动化和智能化管理，提高产品质量和生产效率。在服务业领域，通信技术的应用推动了服务模式的创新和服务质量的提升。例如，远程医疗、在线教育等新兴服务模式的兴起为人们提供了更加便捷、高效的服务体验。

通信技术的快速发展为市场拓展提供了新的机遇。通过互联网和移动通信技术，企业可以轻松地将产品、服务和信息传达给全球范围内的潜在客户。这不仅扩大了企业的市场范围，还提高了企业的市场竞争力。同时，通信技术的发展还催生了众多新兴行业和商业模式，如社交媒体、共享经济等，这些新兴行业和商业模式为企业提供了更多的发展机遇和盈利空间。在提升竞争力方面，通信技术也发挥了重要作用。通过数据分析和商业智能的应用，企业可以更好地了解市场需求和竞争对手的动态，制定更有针对性的市场策略。例如，电商平台利用大数据技术对用户行为进行分析，优化商品推荐算法，提高用户的购买转化率和满意度。此外，通信技术还推动了企业管理的数字化转型，提高了企业的运营效率和管理水平。

通信技术的应用显著提高了生产效率并降低了成本。如图9-1所示，通过云计算、大数据等技术，企业可以实现资源的优化配置和高效利用。例如，云计算技术使得企业可以按需获取计算资源，无须大规模投资硬件设施，降低了运营成本。同时，大数据技术还可以帮助企业优化产品设计、改进营销策略等，进一步降低企业的运营成本。在金融领域，通信技术的革新同样带来了深远影响。互联网金融的兴起,如支付宝、微信支付等移动支付平台的广泛应用,以及区块链金融技术的探索,都打破了传统金融的时空限制。这些新兴模式让金融资源能够更灵活、更高效地流向实体经济。特别是小微企业和创新型企业,通过在线融资、数字货币等新型金融服务,获得了前所未有的发展动力。例如,通过区块链技术,小微企业可以更容易地获得贷款,因为区块链可以提供透明的供应链数据和交易历史,降低银行的风险评估成本。

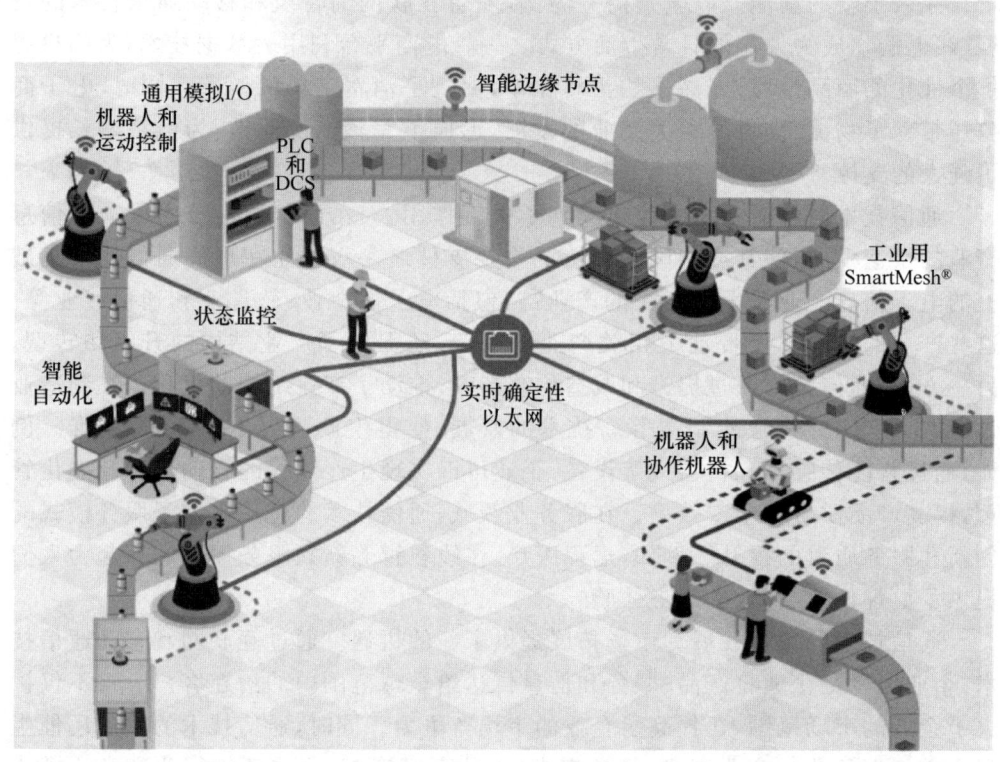

图 9-1　通信加速工业生产

通信技术的发展加速全球化进程。在全球范围内,通过电子邮件、视频会议、远程办公等方式,企业可以轻松实现跨国交流和协作。这不仅提供了跨境贸易和投资的机会,还促进了各国之间的经济合作和共同发展。同时,通信技术的发展还使得全球范围内的信息共享和知识传播更加便捷,为全球经济一体化提供了有力支撑。互联网的广泛应用使得人们可以轻松获取来自世界各地的新闻、学术研究和文化内容,促进了不同文化之间的交流与理解。例如,在线教育平台的兴起使得全球各地的学生都能够接触到世界顶尖大学的课程资源,推动了知识的全球化传播。此外,通信技术的发展还为全球经济一体化提供了有力支撑。通过电子商务平台,中小企业能够轻松进入全球市场,拓展业务范围。这不仅促进了全球贸易的增长,还为发展中国家提供了更多的发展机会,推动了全球经济的均衡发展。

5G 的出现是通信领域的重大突破,对经济发展产生了深远影响。5G 网络具有高速率、低延迟和大容量连接的特点,为众多行业带来了革命性的变化。在医疗方面,5G 使得远程手术成为可能,医生能够实时操控千里之外的机械臂进行精准手术。在智能交通方面,5G 支持车辆与基础设施之间进行快速通信,从而提高交通效率和安全性。此外,5G 还为智能制造、自动化供应链管理等新兴产业创造了条件。通过智能传感器和机器人等设备,企业可以实现生产流程的自动化和智能化管理,提高产品质量和生产效率。在经济方面,5G 的普及和应用推动了相关产业链的繁荣。例如,在通信设备制造领域,5G 基站、芯片、天线等设备的生产需求大幅增加,带动了相关企业的快速发展。同时,5G 还推动了云计算、大数据分析等技术的应用和发展,为数字经济提供了新的增长动力。

9.1.2 通信技术对经济发展的间接影响

通信技术作为现代社会的基石,其影响力远远超出了直接的产业贡献,它像一股无形的力量,渗透到经济的每一个角落,通过影响教育、文化、社会治理等多个方面,间接地推动了经济的快速发展和社会的全面进步。

通信技术对教育领域的显著影响,是其对经济间接影响的重要体现。互联网和移动通信技术的普及使得远程教育成为可能,极大地拓宽了教育的边界。在过去,优质教育资源往往集中在少数名校和地区,而大多数地区的学生难以接触到这些资源。但现在,通过在线教育平台,如慕课(MOOC)、网易公开课等,全球各地的学生都可以轻松获取到来自世界顶尖学府的课程资源,从而实现了知识的无界传播。学生不再受限于地域,而是可以接触到全球顶尖的教育资源和教学方法。这不仅提高了教育的普及率,也显著提升了教育质量。教育水平的提升,直接促进了人力资源的优化配置。受过良好教育的人才更容易适应快速变化的市场需求,成为创新和经济发展的主力军。此外,教育普及还提高了全民的科学文化素质,增强了社会的创新能力和发展潜力,为经济的长期稳定增长奠定了坚实的基础。

通信技术极大地促进了全球文化的交流与融合,对经济发展产生了深远的影响。互联网等让世界各地的文化产品、艺术表现形式和思想观念得以迅速传播,增进了不同文化背景群体之间的理解和尊重,促进了文化的多元化发展。这种文化交流不仅丰富了人们的精神生活,还推动了创意产业的蓬勃发展,如数字娱乐、网络游戏、动漫设计等,成为新的经济增长点。同时,文化的融合促进了跨国合作,为国际贸易和投资创造了更多机会。企业通过理解和适应不同文化背景下的消费者的需求,开发出更具国际竞争力的产品和服务,进一步拓宽了市场边界。文化的融合还促进了旅游业的繁荣,人们因对异国文化感兴趣而去旅行,带动了旅游目的地的经济发展。

通信技术是缩小城乡差距、推动城乡发展一体化的关键。在农村地区,移动互联网的普及使得农民能够便捷地获取市场信息、农业技术知识、教育培训资源等,促进了农业现代化,提高了农业生产效率和农产品附加值。同时,电商平台为农产品打开了销售渠道,帮助农民直接对接消费者,减少了中间环节,增加了农民收入。此外,通信技术还促进了乡村旅游的发展。乡村特色文化、自然风光通过网络平台得到宣传,吸引了城市游客,带动了乡村旅游经济的发展。城乡之间的信息流通和资源共享,加速了城乡一体化进程,有助于构建更加均衡的经济发展格局。

通信技术在环境保护和可持续发展方面发挥着不可替代的作用。智能监测系统能够实时监测空气质量、水质、土壤污染等环境指标,为环境保护提供科学依据。大数据分析技术则能帮助预测环境变化趋势,制定更有效的环保政策。在能源管理领域,智能电网、智能家居等技术提高了能源使用效率,减少了能源浪费。同时,通信技术还促进了绿色经济的发展。通过在线交易平台,绿色产品和服务能够更容易地找到消费者,普及绿色消费理念。共享经济模式减少了资源闲置,提高了资源利用效率,是通信技术促进可持续发展的一个生动例证。

通信技术为中小企业和弱势群体提供了更多参与市场竞争的机会,促进了公平竞争的市场环境。电子商务平台降低了创业门槛,使得小微企业能够与大企业同台竞技,通过创新和服务赢得市场份额。同时,通信技术也为偏远地区和弱势群体提供了获取信息、教育和就业机会的渠道,从而帮助他们摆脱贫困,实现自我发展。例如,移动支付和微型金融服务让农村和低收入人群能够便捷地进行金融交易,获得贷款支持,促进了金融包容性。在线教育平台为贫困地区的儿童提供了接受高质量教育的机会,打破了贫困的代际传递。这些变化都是通信技术对减少社会不平等、促进包容性增长的重要贡献。

以中国农村电商为例,移动互联网技术的普及为农村地区带来了前所未有的发展机遇。农民通过手机即可上传农产品信息,与全国各地的买家直接联系。这拓宽了销售渠道,增加了农民收入。同时,电商平台提供的物流、支付、客服等一站式服务,降低了农产品流通的成本,提高了整个供应链的效率。农村电商的发展还带动了农村物流、包装、设计等相关产业,创造了大量就业机会,促进了农村经济的多元化发展。更重要的是,它激发了农民的创业热情,增加了农村经济的内生动力,为乡村振兴战略的实施提供了有力支撑。

9.2 新兴通信技术助力通信经济

现代通信技术正引领全球经济快速发展,而区块链技术与数字货币作为新兴力量,正逐步成为通信经济的新引擎。本节将深入探讨区块链技术与数字货币的相关概念、特性及其在通信经济中的应用,展示其如何提升通信安全、优化交易成本、推动服务创新,并展望其未来发展趋势与挑战,从而为通信经济的可持续发展提供新视角。

9.2.1 区块链技术与数字货币的相关概念

区块链技术本质上是一种去中心化的数据库技术,它通过分布式数据存储、点对点传输、共识机制、加密算法等计算机技术,实现了数据的不可篡改和高度透明。区块链技术最初与比特币紧密相关,但随着其不断发展,已经逐渐渗透到其他多个领域,成为数字经济时代的重要支撑。区块链的核心思想是将数据以区块(block)的形式连接成链(chain),每个区块中记录了一组交易信息,并且每个区块都有一个独特的哈希值和前一个区块的哈希值,从而确保数据的不可篡改性和链的完整性。图9-2为区块链层次化技术结构。区块链的去中心化特征使得任何参与者都可以在没有中介的情况下进行验证和记录,节点之间通过共识机制来达成一致,有效地防止了数据的单点故障和篡改,大大提高了系统的透明度和安全性。

区块链网络中有多个机构进行相互监督并实时对账,避免了单一记账人造假的可能性,增强了数据安全。它的交易记录和其他数据都是不易篡改并且可溯源的,通过加密方式安全连接在一起,确保数据的安全性和防篡改性。此外,交易信息是公开的,但账户的身份信息是高度加密的。区块链系统集成了对称加密、非对称加密及哈希算法的优点,并使用数字签名技术来保证交易的安全。其利用分布式共识算法来生成和更新数据,从技术层面杜绝了非法篡改数据的可能性,从而取代了传统应用中保证信任和交易安全的第三方中介机构。区块链技术按照节点参与方式的不同,可以分为公有链、联盟链和私有链。公有链是完全去中心化的,任何人都可以参与验证和读取数据,如比特币和以太坊;联盟链由多个组织共同管理,参与者受限于联盟的成员;私有链的参与权限受限,通常由单一组织或集团控制。

区块链技术的核心组成部分包括区块、链、共识机制、智能合约和密码学等。区块是打包记录一段时间内发生的交易和状态结果的数据结构,每个区块以一个相对平稳的时间间隔加入链上;链是由区块按照时间顺序串联起来形成的整个状态改变的日志记录;共识机制是区块链系统中各个节点达成一致的策略和方法,常用的共识机制有 PoW(工作量证明)、PoS(权益证明)、DPoS(授权股权证明)等;智能合约是可以自动化执行一些预先定义好的规则和条款的一段计算机程序代码,它大大提高了经济活动与契约的自动化程度;密码学则保证了区块链上数据传输和访问的安全。

数字货币是一种基于加密技术的数字资产,它使用区块链来记录和验证交易。与传统货币不同,数字货币不依赖于中央银行或政府的支持,而是通过一个分散的网络来实现交易的安全性和透明性。其交易模型如图9-3所示。数字货币具有去

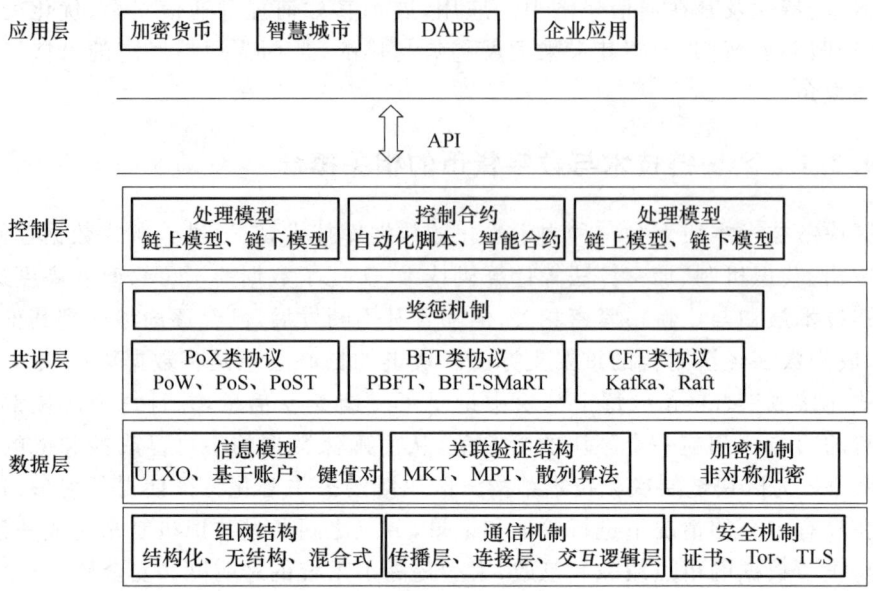

图 9-2 区块链层次化技术结构

中心化、匿名性、透明性和不可篡改性等特性。数字货币的定义并没有一个统一的权威界定,但广义上包括加密货币(如比特币等)、电子货币(如信用卡等)、虚拟货币(如 Q 币等)和中央银行数字货币(CBDC)。狭义上,数字货币通常指的是基于区块链网络相关技术发展起来的加密货币。加密货币通常不由政府机构发行,因此被视为非法定货币或私人数字货币,可以实现无国界的所有权转移。

数字货币不依赖于物理载体,是具有传统货币多种职能的"观念化"货币。其背后必须存在真实的价值支撑,这种支撑可以源于货币当局或者权威的金融机构。数字货币可以与商品或者其他形式的资产进行自由交换,且交换方式更为方便快捷。数字货币具有无限可分割的优势,可以满足日常小额交易需求。其数字形式存储允许使用者随时在各种设备上进行存取、划转、支付以及查询等操作。

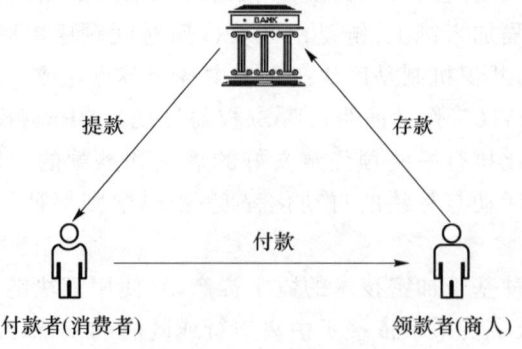

图 9-3 数字货币交易模型

比特币是最早也是最著名的数字货币，由神秘的创始人中本聪在 2009 年发布。它基于区块链技术的点对点（peer-to-peer）支付系统，允许用户直接交易而无须经过中介机构。比特币的总供应量被限制为 2 100 万枚，目前已有超过 1 869 万枚被"挖出"。其数据结构见图 9-4。除了比特币，市场上还有许多其他类型的数字货币，如以太坊、稳定币、主流币等，每种币都有其独特的功能和用途。以太坊通过智能合约支持去中心化应用，稳定币则确保了市场上的价格稳定性。

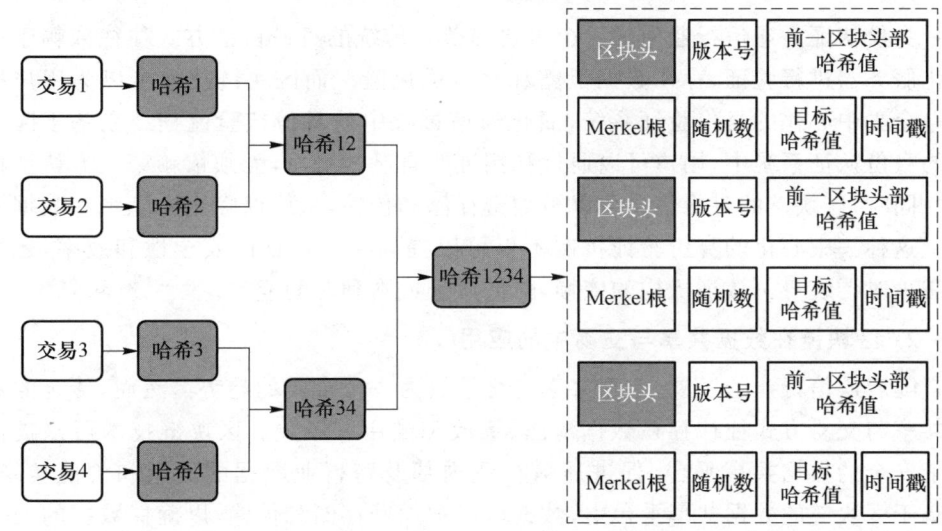

图 9-4 比特币系统的数据结构

数字货币的交易可以在中心化交易所和去中心化交易所进行。中心化交易所提供了丰富的交易类型和辅助功能，而去中心化交易所则提供了更高的隐私保护和直接控制资产的能力。数字货币的颠覆性一方面体现在其具有天然的世界货币属性，流通和使用不受时间和空间的限制；另一方面体现在其铸币权从中央政府机构扩大到个人，掌握关键技术的团队或个人可以创建并发布自己的数字货币版本。

区块链是数字货币的基础技术，而数字货币则是区块链技术最初且最知名的应用之一。区块链为数字货币提供了一个去中心化的环境，使得用户能够在没有第三方中介的情况下安全地进行交易。在区块链技术体系中，交易的可信和安全并不是通过某个权威的中心化机构来保证的，而是通过加密和分布式共识机制。

区块链的去中心化特性使得数字货币的交易不再依赖于中央机构，降低了交易成本和风险。它的不可篡改性和加密特性确保了数字货币交易的安全性和可信度。此外，其交易记录是公开的，但账户身份信息是加密的，这在增加了交易透明度的同时保护了用户的隐私。区块链上的智能合约可以自动化执行交易规则，提高了交易的效率和自动化程度。

区块链技术与数字货币作为现代通信经济的新引擎，其以独特的去中心化、透明性、安全性和智能合约等特性,正在深刻地改变着我们的经济结构和商业模式。随着技术的不断发展和应用的拓展,我们有理由相信,区块链技术与数字货币将在未来的数字经济中扮演越来越重要的角色。

9.2.2 区块链技术与数字货币在通信领域的应用

1. 区块链在身份认证中的应用

身份认证是通信行业中的一个重要环节。传统的身份认证方式往往依赖于中心化服务器进行验证,存在数据泄露和篡改的风险。而区块链技术可以为用户提供一个去中心化的身份验证系统,简化通信过程中的身份核验流程。在基于区块链的身份认证系统中,用户可以通过私钥证明自己的身份,无须依赖第三方认证机构。同时,区块链的身份信息可以被加密存储和传输,从而保障用户隐私和数据安全。这种去中心化的身份验证机制不仅可以提高身份认证的安全性和效率,还可以减少对传统身份认证机构的依赖,降低认证成本和时间成本。

2. 区块链在数据共享与交易中的应用

随着通信行业的发展,数据共享与交易成为一个重要的趋势。然而,传统的数据共享与交易方式往往存在数据泄露、篡改和滥用等风险。区块链技术可以提供一个安全的数据共享平台,促进通信行业内部及跨行业数据的流通和价值转换。在基于区块链的数据共享平台中,数据可以被加密存储和传输,以确保数据的安全性和隐私性。同时,区块链的共识机制和智能合约等机制,可以实现数据的安全共享和交易。例如:在通信行业内部,不同运营商之间通过区块链平台共享用户数据、网络状态等信息,可以提高通信网络的可靠性和效率;在跨行业数据共享方面,区块链可以实现通信行业与其他行业(如金融、医疗、交通等)的数据共享和融合应用。

3. 区块链在跨境通信服务中的应用

跨境通信服务一直是通信行业的一个重要领域。然而,传统的跨境通信服务存在流程复杂、成本高、安全性差等问题。区块链技术与数字货币的结合为跨境通信服务的发展提供了新的解决方案。区块链技术可以简化跨境通信服务的流程并降低成本。通过区块链的去中心化和分布式特性,跨境通信服务可以绕过传统的中介机构,实现点对点的直接通信,从而降低服务成本并提高服务效率。同时,区块链的共识机制和加密算法可以防范常见的网络攻击,提高跨境通信服务的安全性。数字货币在跨境通信服务中也发挥着重要作用。数字货币具有去中心化、匿名性、可追溯性等特性,可以实现全球范围内的即时支付和结算。对于跨境通信服务来说,这意味着可以更方便地实现跨境支付和结算,降低汇率转换和手续费等成本。同时,数字货币的可追溯性有助于打击跨境通信服务中的欺诈行为,提高服务的安全性和可信度。

4. 实际应用案例

"联通链"是联通数字科技有限公司基于自主研发的联通链平台搭建的区块链服务,如图 9-5 所示。在数字政府领域,联通链被应用于辽宁省 12345 便民服务热线区块链平台项目中。该项目通过区块链技术实现了政务便民服务的数据共享机制,进一步提质增效。该项目一方面通过线上处置、督办、研判等方式,减少了人工干预;另一方面利用区块链、大数据等新兴技术推动业务办理,降低了大量数据核实、办理结果复核等人工成本、时间成本和经济成本。

图 9-5 联通发布区块链平台"联通链"

江西联合股权交易中心"区块链+股份市场"试点项目是中央网信办主导的国家级区块链创新应用试点项目之一。通过区块链技术的应用,该项目有效增强了江西股交作为区域股权市场的公信力,同时提高了股权交易的审批效率。挂牌企业提交资料后,由智能合约自动完成核验,整个审批流程无人工干预,效率提升了 50% 以上。"区块链+隐私计算"技术应用于区域股权交易领域,有效地解决了当前场外市场证券发行与交易、数据披露、资金托管等方面信息不对称的问题,实现了数据要素的可信互通流转。

数字人民币 SIM 卡硬钱包(如图 9-6 所示)是中国移动、中国电信、中国联通联合中国工商银行、中国银行推出的创新支付产品。该产品将数字人民币软钱包关联至超级 SIM 卡,使得 SIM 卡具备数字人民币支付功能。用户只需在手机里插上运营商发行的超级 SIM 卡,登录数字人民币 APP 开通 SIM 卡硬钱包后,即可利用手机 NFC 功能"碰一碰"完成支付。这种支付方式不仅便捷、安全、可靠,还支持手机在断网、亮屏、熄屏、无电关机等情况下进行支付。数字人民币 SIM 卡硬钱包的落地丰富了数字人民币的业务形态和超级 SIM 卡的应用场景,有助于数字人民币的普及和通信行业的数字化转型。

图 9-6　SIM 芯片钱包

区块链技术与数字货币作为新兴技术,正在逐步渗透通信领域的各个方面,为通信行业带来了前所未有的变革。通过提升通信安全性,优化通信服务流程,促进跨境通信服务发展,改善供应链管理,简化身份认证流程以及实现安全的数据共享与交易等方式,区块链技术与数字货币正在成为通信经济的新引擎。随着技术的不断成熟和市场的日益扩大,相信区块链技术与数字货币将在通信领域发挥更加广泛的作用,推动通信行业的持续创新和发展。

9.2.3　区块链技术与数字货币对通信领域的影响

区块链技术与数字货币的迅猛发展,正在对通信领域产生深远而广泛的影响。这些新兴技术不仅革新了传统的通信方式,提高了通信效率和安全性,还推动了通信行业的数字化转型,促进了新业务模式的诞生,加强了跨行业合作,并对监管框架提出了新的要求。

区块链技术的去中心化特性使得信息可以在网络中快速传播,减少了传统通信方式中因中心化节点造成的延迟。在通信网络中,区块链可以作为一种高效的分布式数据存储和传输机制,优化网络资源的利用,提高通信速度和质量。同时,通过智能合约等自动化机制,区块链可以简化通信业务流程,减少人工干预,降低运营成本。在漫游服务中,区块链技术使不同运营商之间可以直接结算和清算,避免了传统方式中因多个中介机构参与而导致的效率低下和成本高昂等问题。通过区块链的智能合约,漫游费用可以实时、自动地结算给相应的运营商,从而提高了结算效率和透明度,降低了运营成本。

区块链技术的不可篡改性和加密特性为通信数据的安全性和隐私保护提供了强有力的保障。在通信过程中,区块链可以确保数据的完整性和真实性,防止数据被篡改或窃取。同时,通过加密算法和分布式存储,区块链可以保护用户隐私,防止通信内容被泄露或滥用。在数字货币领域,区块链技术为支付和交易提供了安全、匿名的环境。数字货币交易记录被记录在区块链上,每一笔交易都经过验证并加密存储,确保了交易的安全性和隐私性。这种技术优势不仅适用于数字货币交易,还可以扩展到通信领域中的支付和结算业务,从而提高整体通信系统的安全性。

区块链技术与数字货币的兴起加速了通信行业的数字化转型。传统通信行业面临着技术升级和业务模式创新的压力,而区块链技术和数字货币为通信行业提供了新的技术支撑和业务机会。通过引入区块链技术和数字货币,通信企业可以构建更加智能、高效、安全的通信网络和服务平台,提升用户体验和服务质量。基于区块链的物联网技术正在成为通信行业的新热点。区块链技术确保了物联网设备间的安全互信和互操作性,推动了物联网设备的广泛应用和互联互通。在智能家居、智慧城市等领域,区块链技术可以为物联网设备提供安全、高效的通信机制,促进物联网生态的发展。

区块链技术与数字货币的引入促进了通信领域新业务模式的诞生与发展。通过结合区块链技术的去中心化、透明性、不可篡改等特性,通信企业可以开发出更多创新性的产品和服务,满足用户多样化的需求。基于区块链的通信数据共享平台可以在不同运营商之间实现数据共享和交换,为用户提供更加个性化、精准的服务。通过区块链技术保护用户隐私和数据安全,用户可以放心地分享自己的通信数据,获得更加便捷、高效的服务体验。同时,通信企业可以通过数据共享平台获取更多用户数据,为业务创新和发展提供有力支持。另外,基于数字货币的通信支付和结算业务也呈现出新的发展态势。数字货币具有快速、便捷、低成本的特点,适用于小额支付和跨境支付等场景。通过引入数字货币支付和结算业务,通信企业可以为用户提供更加便捷、安全的支付方式,拓展业务范围和收入来源。

区块链技术与数字货币的引入加强了通信行业与其他行业的合作与生态构建。通过区块链技术的去中心化和分布式特性,不同行业之间可以实现更加高效、安全的信息共享和交互。这种跨行业合作不仅有助于提高通信行业的服务质量和创新能力,还能推动其他行业的数字化转型和发展。在金融领域,通信行业与金融行业的合作日益紧密。通过区块链技术实现的通信数据共享和交易结算可以为金融行业提供更加安全、高效的数据支持和支付服务。同时,通信行业也可以借鉴金融行业的经验和技术推动自身业务的创新和发展。在医疗、教育、交通等领域,通信行业可以通过区块链技术与这些领域实现深度融合。通过共享医疗数据、教育资源、交通信息等数据,通信行业可以为这些领域提供更加智能化、个性化的服务。同时,这些领域也可以为通信行业提供新的业务机会和发展空间。

区块链技术与数字货币的兴起对通信行业的监管框架提出了新的要求。传统监管方式可能无法完全适应这些新兴技术的发展和应用,需要监管部门进行创新和调整。一方面,监管部门需要加强对区块链技术和数字货币的监管力度,确保其合法、合规地应用于通信领域。通过制定相关法律法规和标准规范,监管部门可以规范区块链技术和数字货币的发展和应用,保护用户权益和市场秩序。另一方面,监管部门需要积极探索新的监管方式和技术手段,以适应区块链技术和数字货币的特点和发展趋势。例如,通过引入监管沙盒(如图9-7所示)、智能合约审计等机制,监管部门可以在保障安全且合规的前提下,鼓励创新和发展。

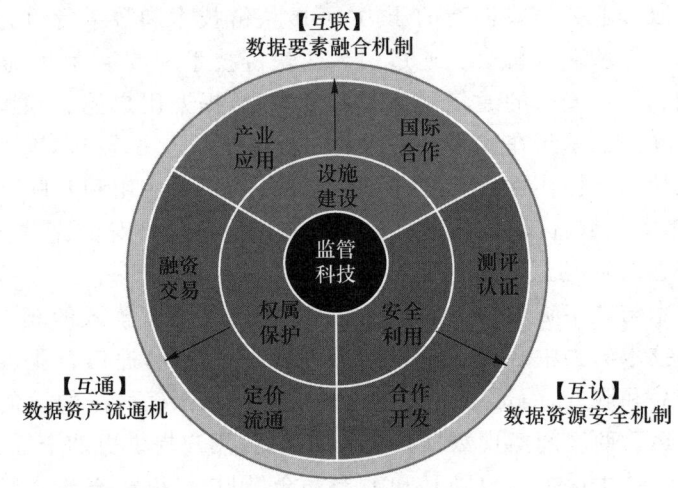

图9-7 数据监管沙盒

此外,监管部门还需要加强与其他国家和地区的合作与协调,共同应对区块链技术和数字货币带来的全球性挑战。监管部门通过合作与交流,共同制定国际标准和规范,推动区块链技术和数字货币的健康发展。

区块链技术与数字货币作为新兴技术,正在对通信领域产生深远而广泛的影响。通过提高通信效率与降低运营成本,增强通信安全性与隐私保护,推动通信行业的数字化转型,促进新业务模式的诞生与发展,加强跨行业合作与生态构建以及对监管框架提出新的要求等方式,区块链技术与数字货币正在成为通信领域发展的重要驱动力。随着技术的不断成熟和市场的日益扩大,相信区块链技术与数字货币将在通信行业发挥更大的作用,推动通信行业的持续创新和发展。

9.3 通信技术与经济发展的展望与挑战

通信技术飞速发展,与经济的交汇点日益显著。它不仅是经济增长的驱动力,也带来了诸多挑战。我们需正视网络安全、数据隐私、数字鸿沟等问题，通过政策引导、技术创新等手段，共筑安全、稳定、可持续的通信与经济发展新环境。本节将围绕这一主题，深入分析未来通信技术与经济发展交汇点的趋势与挑战，共同探索这一交汇点上的无限可能与应对策略。

9.3.1 未来经济发展格局与通信技术前沿

在展望未来的经济发展格局时，我们不得不关注通信技术前沿所扮演的核心角色。科技日新月异，通信技术正以前所未有的发展速度推动着经济的转型与升级，以及塑造着一个全新的、高度数字化和智能化的经济时代。

未来经济的核心特征将围绕数字化与智能化展开。物联网、大数据、云计算、人工智能等技术的广泛应用，要求通信技术必须提供超高速度、低延迟、大容量的网络支持。5G/6G的普及与演进，正是为了满足这一需求而诞生的。5G已经以其超高速率、大容量、低延迟的特性，为物联网、自动驾驶、远程医疗等领域提供了强大的技术支撑。而6G的研究与开发则预示着更加广阔的前景，其将更加注重空天地海一体化网络构建，实现全球无缝覆盖，为未来的数字经济和社会智能化奠定坚实的基础。

与此同时，平台经济与共享经济模式的兴起（如图9-8所示）同样离不开通信技术的强力支持。移动互联网和高速网络技术使得信息匹配更加高效，资源利用更加灵活，促进了服务、产品、知识的共享与交换。这种经济模式的变革，不仅激发了市场活力和创新潜力，也对通信网络的稳定性、安全性和可扩展性提出了更高的要求。

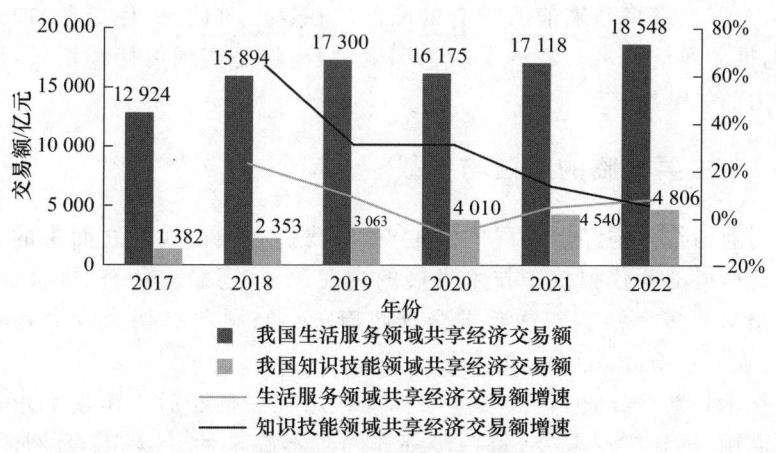

图9-8 2022年共享经济行业发展情况

在绿色可持续发展的背景下，通信技术同样发挥着关键作用。智能电网、远程监控、智能物流等技术手段的应用，提高了能源使用效率，减少了碳排放。而绿色通信技术的研发与应用,如低功耗通信设备、可再生能源供电的基站等,则成为行业发展的新方向,助力全球经济向更加环保、可持续的方向发展。

如图 9-9 所示,量子通信与卫星互联网等前沿技术的突破,给未来的通信网络带来了革命性的变化。量子通信技术因其理论上无法被破解而具有的安全性,为信息安全领域提供了新的解决方案。而卫星互联网则作为地面通信网络的补充和延伸,正逐渐成为实现全球互联互通的关键。这些技术的融合与应用将大大提高通信网络的性能和安全性,同时扩大其覆盖范围,为全球经济一体化提供强有力的通信保障。

图 9-9　自由空间远程量子密钥分发

未来经济发展格局将深刻受到通信技术前沿的影响。随着数字化、智能化、平台化、绿色化等趋势的加速演进,以及 5G/6G、量子通信、卫星互联网等前沿技术的不断突破,全球经济将迎来前所未有的局面。在这个时代,抓住机遇,加强技术创新与合作,推动通信技术与经济发展的深度融合,将是实现可持续增长,以及提升国际竞争力的关键所在。

9.3.2　主要面临的风险与挑战

在探讨通信技术与经济发展的交汇点时,我们必须正视随之而来的复杂风险与挑战。这些挑战不仅根植于技术发展的内在逻辑,还涵盖经济、社会、安全乃至全球竞争格局等多个维度。这要求全球政府、企业、科研机构及社会各界携手合作,共同构建一个稳健、可持续的发展环境。

通信技术日新月异,但其成熟度与标准化进程往往滞后于市场需求。新技术从研发到商用,再到广泛普及,每一步都伴随着不确定性。以 5G 为例,尽管全球范围内已展开大规模部署,但在实际应用中仍面临性能稳定性、覆盖范围、能耗效率等多方面的挑战。而更为前沿的 6G、量子通信等技术,由于研发周期长、投资巨大,其技术路径与标准化进程充满变数。这不仅可能导致市场碎片化,增加企业的研发成本与用户的使用门槛,还可能阻碍经济的顺畅转型与快速增长。

随着通信技术的飞速发展,网络安全与数据隐私保护问题日益凸显。高速、大容量的通信网络为数据传输提供了前所未有的便利,但同时也为黑客攻击、数据泄露等安全威胁提供了可乘之机。量子计算等颠覆性技术的发展,更是对传统加密体系构成潜在威胁,数据安全面临前所未有的挑战。同时,大数据、人工智能等技术的广泛应用使个人数据的收集、处理与使用变得更加普遍。如何确保用户隐私不受侵犯,防止数据滥用,已成为亟待解决的社会问题。这些问题不仅关乎用户权益,还可能危及国家安全与社会稳定,对经济造成难以估量的损害。

通信技术的快速发展虽然为经济增长注入了强劲动力,但也加剧了社会不平等与数字鸿沟。在偏远地区或经济欠发达地区,由于基础设施落后、资金匮乏,人们往往难以享受到先进的通信服务,导致在信息获取、教育、医疗等方面存在明显的机会不平等。这种不平等不仅体现在地理空间的差异上,还延伸至不同年龄、性别、收入水平的人群之中。数字鸿沟的存在,不仅阻碍了经济的全面发展,还可能引发社会不满与冲突。因此,需要政府与社会各界共同努力,通过政策引导、资金扶持、技术培训等多元化手段,促进通信技术的普及与公平使用。

现代经济对通信技术的依赖程度不断加深,使经济体系对通信技术的任何波动都极为敏感。通信设备的生产、网络的建设与维护,均依赖于全球供应链的稳定运行。然而,地缘政治冲突、自然灾害、贸易争端等外部因素,都可能导致供应链中断,进而影响通信技术的应用。此外,通信技术在金融、交通、能源等关键领域的广泛应用,使其安全性、稳定性直接关系到国家经济的安全与稳定。因此,构建更加韧性、多元化的供应链体系,降低经济对单一技术或供应商的依赖已成为当务之急。

未来通信技术与经济发展的交汇点面临着多维度的风险与挑战。为了应对这些挑战,全球范围内的政府、企业、科研机构及社会各界需要加强合作,共同推动技术研发与标准化进程,完善法规政策体系,加强网络安全与数据隐私保护,促进数字包容,缩小数字鸿沟,构建更加韧性、多元化的供应链体系,推动可持续发展与绿色转型,以及在国际竞争中寻求合作与共赢。只有这样,我们才能共同塑造一个更加安全、稳定、繁荣的通信技术与经济发展新格局。

9.3.3 推动经济可持续发展的策略

在通信技术与经济发展紧密交织的当下,推动经济可持续发展成为一个复杂而多维的任务。这不仅要求我们在技术创新上不断突破,还需要在政策制定、市场监管、人才培养、国际合作等多个方面协同发力。

技术创新是推动经济发展的核心引擎。政府要加大对基础研究和前沿技术创新的投入,通过设立专项基金,提供税收优惠等激励措施,鼓励企业、高校和科研机构开展联合研发。特别是 5G/6G、量子通信、人工智能、物联网等关键技术领域要加快突破核心技术并制定标准,提升国家在全球科技竞争中的地位;要注重跨学科、跨领域的融合创新,促进信息技术与其他产业技术的深度融合,催生新的经济增长点,如智能制造、智慧城市、远程医疗等新兴业态。

与此同时,构建安全可靠的通信网络是保障经济持续健康发展的基础。政府建立健全网络安全法律法规体系,明确数据保护责任,加大对网络犯罪行为的打击力度,为数字经济发展提供坚实的法治保障;推动网络安全技术的研发和应用,提升网络系统的防御能力和恢复能力,确保关键信息基础设施的安全稳定运行。在全球化背景下,国际合作对于共同应对网络安全挑战尤为重要,各国应加强信息共享、技术交流和协作,共同构建全球网络安全命运共同体。

为了促进数字经济的均衡发展,缩小数字鸿沟,政府实施数字包容战略。这包括提供公共 Wi-Fi、补贴通信设备、开展数字技能培训等措施,确保所有人群都能平等地获取和使用通信技术。特别是在偏远地区和经济欠发达地区,加大基础设施建设力度,提升网络覆盖范围和服务质量,让数字技术成为推动当地经济发展的新动力。同时,鼓励企业开发适合不同人群的数字产品和服务,以满足多样化的信息需求,促进数字经济的普惠性和包容性。

绿色通信是实现通信技术与经济可持续发展的重要途径。政府制定绿色通信标准,引导企业采用节能环保的技术和设备,降低通信网络的能耗和排放,包括推广绿色基站、节能型数据中心等绿色通信设施,以及鼓励企业开展循环经济实践,如设备回收、资源再利用等。同时,要加强与国际组织的合作,共同推动全球通信行业的绿色转型,为全球气候治理贡献力量。

在产业结构优化和产业升级方面,政府制定产业发展规划,明确重点发展方向和优先领域。通过政策引导和市场机制相结合的方式,推动传统产业与新兴产业的深度融合,形成新的产业生态。同时,要加强与国际市场的对接,积极参与全球产业分工和合作,提升国家在全球产业链中的地位。

通信企业在追求经济效益的同时应积极履行社会责任,推动社会和谐与发展。企业应关注消费者权益保护、数据安全与隐私保护、环境保护等社会问题,加强自律,诚信经营;同时,要积极参与社会公益事业和慈善活动,为弱势群体提供帮助和支持;通过加强与政府、社区、媒体等各方面的沟通与合作,共同营造良好的社会环境和发展氛围,推动通信技术与经济的可持续发展走向更加美好的未来。

推动通信技术与经济可持续发展是一个系统工程,需要政府、企业、科研机构及社会各界共同努力。通过实施上述策略,我们可以有效应对未来挑战,把握发展机遇,实现通信技术与经济的深度融合和可持续发展。

本 章 小 结

　　现代通信技术作为 21 世纪经济发展的核心驱动力,正在深刻改变全球经济格局和社会运行方式。从 5G/6G 到区块链、数字货币,通信技术的每一次革新都为经济增长注入了新的活力,推动了产业结构的优化和新兴商业模式的诞生。然而,随着技术的快速发展,我们也面临着网络安全、数据隐私、数字鸿沟等多重挑战。如何在技术创新的同时确保社会的公平与可持续发展,成为全球各国共同关注的课题。未来,通信技术与经济的交汇点将更加紧密,量子通信、卫星互联网等前沿技术的突破将进一步推动全球经济的数字化和智能化转型。为了应对这些挑战,政府、企业和社会各界需要加强合作,通过政策引导、技术创新和国际协作,构建一个安全、稳定、包容的通信生态系统。只有在技术、政策和社会责任的多重保障下,通信技术才能真正成为推动经济可持续发展的强大引擎,为全球经济的繁荣与进步提供持久动力。

第 10 章　现代通信技术与教育

> 随着科技的飞速发展,现代通信技术正以前所未有的速度改变着我们的生活,其中教育领域也深受其影响。回顾历史,教育的发展离不开通信技术的进步。从古代的口耳相传,到文字的发明,再到如今的互联网和在线教育平台,每一次通信技术的革新都极大地推动了教育的变革。现代通信技术不仅为学生提供了更加便捷高效的学习途径,也为教师带来了新的教学手段,使教育内容能够迅速传播、存储和再现,彻底突破了时空的限制。本章将深入探讨现代通信技术在教育领域的应用及其影响,并展望教育的发展趋势。

10.1　教育发展史

10.1.1　中国古代教育

自有人生,便有教育。原始社会面临着十分严酷的生存竞争,个体依靠群体协作应对险恶的自然环境,原始的人类社会由此形成。原始教育活动起源于群体社会生活和群体生产活动的需要。这类教育活动深深植根于原始社群的生活实践中,旨在向年轻一代传递生活技能和生产知识,使他们成长为符合社会需求的社会成员。尽管这些教育活动具有一定的目的性,但它们并未经过精心规划。原始人的生活方式直接决定了他们所接受的教育内容,这种教育可以被视作一种"生活化"的教育。在那个时代,教育的主要形式是言传身教,通过示范动作引导模仿,通过口头传授来分享经验。教育中的信息传递依赖听觉和视觉,信息传递的方式相对原始,图 10-1 展示了中国古代教育的变化。

原始人群社会逐渐发展为氏族公社,这一时期可分为母系氏族公社和父系氏族公社两个历史阶段。母系氏族在生产资料公有的制度下,人们共同劳动、共同消费,生活平等。在氏族社会中,随着劳动经验的积累和农业、原始手工业的逐渐发展,由于男女生理、体质的不同,男女承担的劳动任务逐渐有所不同,最终所受到的教育训练也有所不同。除了以上生产劳动方面的教育外,氏族公社还存在生活习俗、宗教、艺术和体力军事等方面的教育。在父系氏族公社时期,私有制逐渐壮大,阶级差异日益显著,原始社会开始瓦解,这预示着阶级社会的到来。政治结构的转变促使教育从生产劳动中逐渐分离,催生了学校的初步形态。氏族首领的选拔方式由民主选举转变为世袭制,催生了最早的贵族阶层。这些贵族通过世袭手段独占知识,将其作为巩固权势的关键手段。随着生产力的提升,剩余产品的出现成为可能,促使一部分人从体力劳动转向脑力劳动,进而教育也分化为针对脑力劳动者的专业教育和面向劳动者的社会教育。

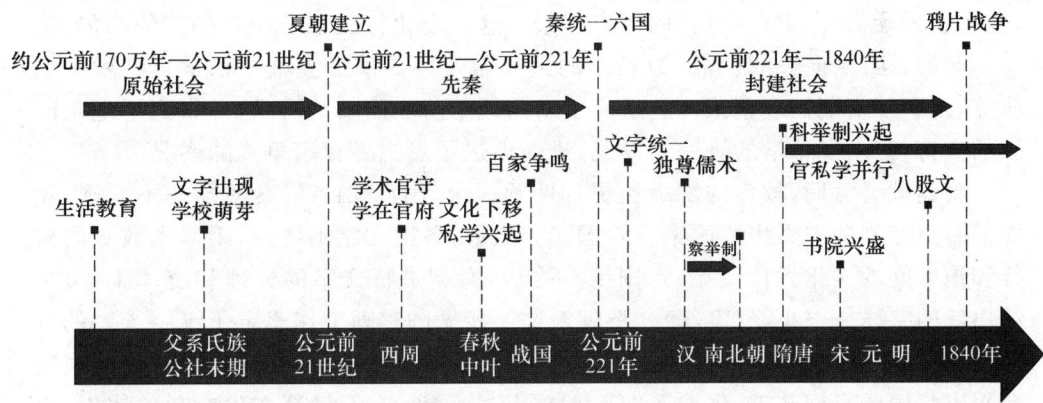

图 10-1 中国古代教育时间轴

人类早期社会已有记录事件和传递信息的需求,因此,发明了多种原始的记录方法,比如结绳、刻木等(如图 10-2 所示)。到了氏族末期,由于事务日益繁杂,记录信息的需求更加紧迫,于是催生了最初的文字。文字作为一种新型的知识记录和传授工具,打破了教育在时间和空间上的限制。然而,掌握文字需要接受相应的文字教学,要求有专门的教师和场所,这进一步推动了学校的初步形成。

从公元前 21 世纪至公元前 476 年,夏、商、西周及春秋时期是我国奴隶制的主要社会阶段。在此期间,教育实质上成为统治阶级,稳固政权的一种手段。奴隶主贵族独揽政权,且为满足培养未来统治者的需求,设立了教育机构,并逐渐形成学校制度。这种制度的特点可概括为"学在官府、政教合一、官师不分"。商代时期文字已经基本成熟。到西周时期,教育制度更加完善,六艺教育体现出当时文化发展的成果。为了满足管理的需要,统治者制定了法规,并以文字记录,汇集成专书。这些资料由当官者掌握,即只有官府有学,民间私家无学术。所以若要学习专门知识,只能到官府中学习,即"学在官府"。

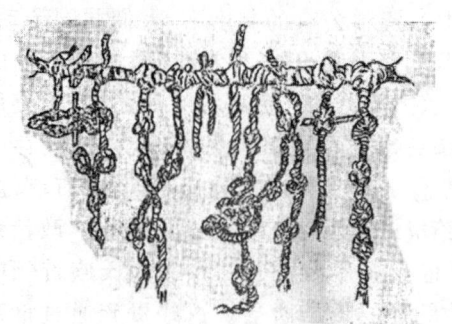 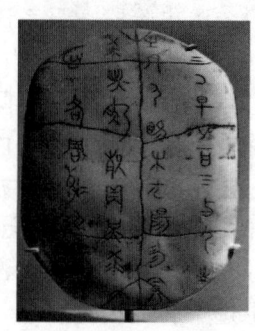

图 10-2　结绳记事、甲骨等古老的信息记录方式

进入春秋时期,诸侯国间的争霸与内部夺权斗争频繁,导致许多没落贵族及其后代流落民间,文化官员四散,典籍和器物也随之流入社会,成为传授学问的媒介。这便是"天子失官,学在四夷"的历史背景。这一变化打破了"学在官府"的格局,使文化与学术开始向民间扩散,为私学的兴起与发展提供了土壤。私学自春秋中期萌芽,至春秋末期初现繁荣。它适应了新兴地主阶级的政治需求,并得到了地主阶级的支持,推动了私学的进一步发展,进而促进了思想界百家争鸣的盛况。

封建社会时期,教育的阶级性更加明显。公元前 221 年,秦朝统一了六国,建立了君主专制的中央集权国家。六国统一之前,各国文字不统一,阻碍了政令的推行和地区间的文化教育交流;六国统一之后,秦朝进行文字的整理和统一工作,总结出新的字体——小篆(秦篆)。秦朝对文字所做的整理工作奠定了汉字统一的基础,对中国的文化和教育的发展做出了巨大的贡献。然而,秦始皇为了铲除六国残余兴家复国的思想基础,采取了"焚书坑儒"的政策,这不仅是文化专制的体现,也是愚民政策的反映。农民起义推翻秦朝的统治后,汉王朝解除了对各种学派的钳制。为了统一统治集团的思想,汉武帝采纳了董仲舒"罢黜百家,独尊儒术"的建议,并将儒学作为政治指导思想。从此,学习儒经成为入仕的重要途径。

从汉到魏晋南北朝时期,察举是一种由下而上推举官吏的方法。隋朝对察举制进行改革,逐步形成以文化才能为选拔标准的科举制度(如图 10-3 所示)。唐朝时,科举制度进一步发展,确立为一种以考试选拔人才的制度。科举制度削弱了门阀制度,促进了社会阶级的流动,扩大了统治基础,有利于社会的安定和政治的清明。隋唐时期,官学与私学并行。而唐朝官学设立"六学二馆",入学要求各不相同,且有着严格的等级限制,这反映了社会政治经济对教育权分配的影响和制约。

宋代时期,书院文化蔚然成风。书院起源于唐代,并在宋代作为一种教育体制蓬勃发展。宋朝在统一全国后,社会经济得到了一定程度的恢复与增长,士人阶层的学习热情空前高涨。然而,当时的统治者却显得颇为急功近利。其过分倚重科举选拔制度,而对于设立学校以培养人才则相对忽视,这使得官学未能得到充分的发展。在这样的背景下,代表私学的书院得到了较大程度的发展。书院的学习内容以四书五经为主,促进了南宋理学的发展和繁荣。后来,书院出现官学化的倾向,即它们开始受到政府的管控,被纳入官方教育体系之中,有的书院甚至直接转变为地方官学,成为科举考试的预备场所。1840年,即鸦片战争前的清朝,是我国封建社会的最后阶段。士人的出路十分狭窄,清朝又特别重视科举。因此,科举得第、入仕做官成为当时士人梦寐以求的人生理想。在巨大的物质利益和精神诱惑面前,部分士人甚至不惜铤而走险,以身试法,营私舞弊。尽管清朝科场的制度最为严密,但是舞弊现象也最为严重。从科举制度产生以后,学校受科举制度的影响日益加深,逐渐成为备考和训练机构,在清朝时尤为严重,具体表现在以下三个方面:①学校以科举中试为目的;②教学内容空疏无用;③教学管理松弛。学校成为科举的附庸,丧失了其作为教育机构的独立性。

图 10-3　中国古代科举考试时的场景

10.1.2　中国近代教育

从1840年到1860年的20年里,西方列强对中国发动了两次鸦片战争,并迫使清政府签订了一系列不平等条约,对中国实施了残酷的经济剥削和政治压迫。这一系列事件导致中国的社会性质开始沦为半殖民地半封建社会并逐渐加深,同时教育主权也遭到了部分剥夺。图10-4展示了中国近代教育的变化。在此背景下,一些具有前瞻性的官员和知识分子开始呼吁变革,并倡导向西方学习。这一改革理念最终在19世纪60年代启动的洋务运动中得以实现。洋务运动在教育领域采取了一系列重要措施,包括建立新型教育机构(如图10-5所示)、翻译西方学术著作以及选派学生出国留学等,这些举措为传统教育体系之外开辟了新的发展空间。

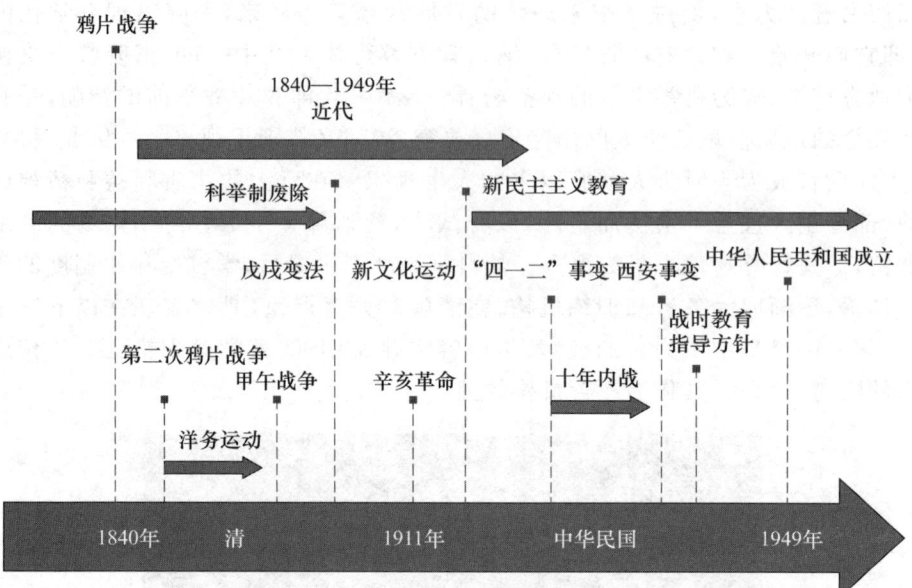

图 10-4　中国近代教育时间轴

图 10-5　洋务运动时期带来的新式学堂

深受甲午战争失败的刺激,一批具有资产阶级意识的知识分子聚集在一起,推动了维新运动的开展,企图变法图存。以康梁为代表的改良派提出了改革科举,系统学习西学,建立新式学校制度,发展女子教育,普及全民教育的设想,隐约勾画出中国近代教育的轮廓。尽管戊戌变法未能成功,但清政府迫于压力还是推行了新政。这一变革促使中国传统教育制度逐渐瓦解,近代教育体系得以确立。中国自此结束了持续1 300多年的科举制度,提出了普及全民教育的设想,设置了教育行政管理机构,教学内容中"西学"在数量上开始占主导地位,出现了规模空前的留学热潮。

第 10 章　现代通信技术与教育

1911年10月10日,武昌起义的爆发迅速点燃了全国的革命火焰。紧接着在次年1月,资产阶级革命党人在南京建立了由孙中山担任大总统的中华民国临时政府,并委任蔡元培为教育总长。然而,随着袁世凯的上台,蔡元培作为民国首任教育总长所提出的文化教育革新方案很快就被尊孔读经的复古风气所淹没。面对革命受挫,一群深受资产阶级文化熏陶的知识分子不甘失败,决心在文化教育领域掀起一场思想变革,即新文化运动。由蔡元培掌舵的北京大学成为新文化运动的中心,并发挥了举足轻重的作用。新文化运动倡导民主与科学精神,有力地批判并清算了封建专制教育及其复辟倾向,推动了教育观念的深刻变革。在积极吸收和借鉴西方教学理论与方法的同时,中国教育界的自主意识显著增强,这体现在1922年"新学制"的出台以及收回教育权运动上。新民主主义教育开始萌芽,中国共产党提出了初步的教育纲领,对教育本质和作用有了基本认识,并在工农教育与干部教育方面进行了初步尝试,为后来的根据地教育建设和新民主主义教育的发展奠定了坚实基础。

1927年"四一二"事变后,国民党违背了孙中山提出的联俄、联共、扶助农工三大政策和新三民主义,于南京建立了国民政府。中国共产党则选择通过武装斗争进行革命,并建立了工农政权。面对这一局面,南京国民政府采取了军事剿灭的政策,中国由此进入了长达十年的内战时期。在这十年间,国民政府加大了对教育的投入,以维护其统治,教育体制也逐步完善,民国教育迎来了稳步发展和逐步定型的阶段,各类教育均取得了显著进步。抗日战争爆发后,中华民族团结一心,共同抵抗外敌。1938年,国民党在武汉召开了临时全国代表大会,确立了"战时须作平时看"的战时教育指导方针,并采取了一系列紧急措施,如将高等学校内迁、设立国立中学以收容流亡青年,并尽力维持学校正常教学秩序,为国家建设培养和储备人才(如图10-6所示)。抗战胜利后,全国人民渴望和平建国,社会迎来了一个宝贵的发展机遇。然而,国民党却发动了全国规模的内战。随着解放战争的胜利,国民党军事崩溃、经济破产、政治瓦解,其专制独裁的教育体制也随之终结。

图10-6　抗日战争时期的西南联大

中国共产党通过武装斗争建立农村革命根据地后,提出并实施了新民主主义教育方针政策。苏区时期,提出了保障工农大众教育权利的教育方针;抗日民主根据地时期,在干部教育和民众教育方面取得了成绩和经验;而在解放区,则开始了中小学校正规化和高等教育建设的探索。新民主主义教育逐渐走向成熟,为即将到来的中华人民共和国教育做了准备。

10.1.3 西方古代教育

图 10-7 展示了西方古代教育的变化。古希腊作为西方文明的摇篮,其教育体系同样充满了智慧与启迪。在古希腊,教育被视为塑造公民品德、培养智者的重要途径。早在荷马时代,长辈通过讲述神话、历史和英雄故事,向年轻一代传递智慧与价值观。随着城邦制度的兴起,斯巴达和雅典成为古希腊教育的两大典范。斯巴达注重军事教育,教育内容以体育和军事技能为主。相比之下,雅典的教育则更加全面,旨在培养既有智慧又有品德的公民。在雅典,男孩会接受文法、音乐、体操等多方面的教育,而女孩则主要在家中接受家庭教育,学习家务和纺织等技能。古希腊的哲学家,如苏格拉底、柏拉图等,对教育理念产生了深远影响,为后世的教育体系奠定了坚实的理论基础。此外,古希腊还建立了许多学园和图书馆(如图 10-8 所示),为学者提供了交流学习的场所,推动了学术的繁荣与发展。

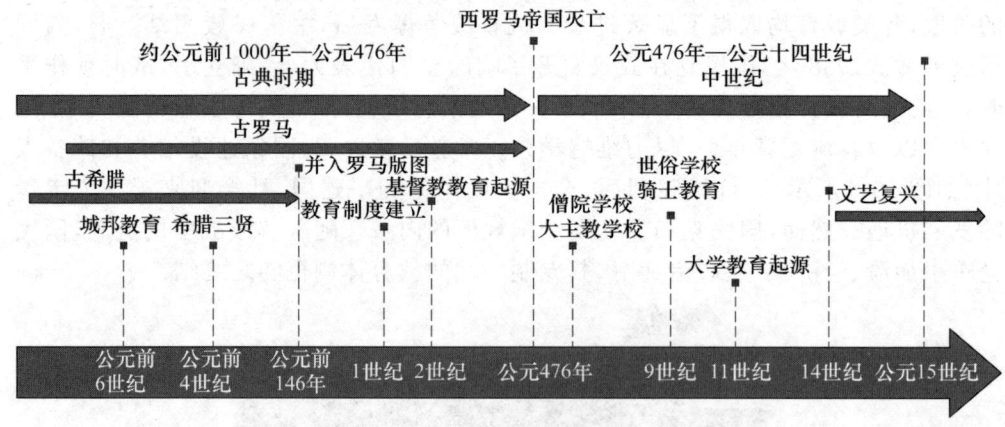

图 10-7 西方古代教育时间轴

古罗马的教育体系在很大程度上借鉴了古希腊,并在此基础上发展出了自己的特色。在罗马共和国早期,教育主要由家庭承担。随着罗马帝国的扩张,教育逐渐走向公共化,政府开始兴办学校,为公民提供更为系统的教育。罗马的学校分为初级学校和高级学校两个阶段。初级学校主要教授阅读、写作和算术等基础知识,而高级学校则侧重于文法、修辞和哲学等高级学科。在罗马,教育不仅注重知识的传授,更强调品德的培养。因此,罗马的教育体系中包含了大量的道德教育内容,旨在培养公民的责任感和荣誉感。

图 10-8　古希腊雅典学院

公元 476 年，西罗马帝国灭亡后，西欧众多小王国间频繁交战。其中，法兰克国王与基督教教会紧密合作，并利用教会作为扩张领土和维护统治的工具。随着法兰克王国成为最强大的西欧国家，基督教教会也发展成统一的罗马教会，成为封建制度的重要基石。自此，西欧中世纪早期的文化教育几乎完全由教会掌控，异教学校和世俗文化受到排斥。这一时期的教育机构主要包括僧院学校和大主教学校。僧院学校位于修道院内部，分为内学和外学两部分：内学专注于培养未来的僧侣，而外学则面向俗人的子女进行宗教教育。大主教学校设立在主教的驻地，其主要目标是培养神职人员。

自 9 世纪起，随着社会政治和经济的发展，教会为迎合人心，除了注重宗教教育外，也开始注意知识的传授。这一时期的学校主要分为两种：一种是世俗学校，另一种是宗教学校。这与西方封建时期政教分离的特点有关，即国家的政治统治归封建君主治理，而宗教归教会管理。世俗学校大多招收皇家贵族子弟，以培养高级官员；而宗教学校的场所为寺院，主要目的为培养僧侣等神职人员。

公元 11—13 世纪是西欧中世纪的繁荣时期，随着工农业生产的蓬勃发展和众多城市的兴起，一个新的市民阶层崭露头角。市民们通过不懈努力，成功使众多城市从封建领主的桎梏中解脱出来，实现了自治。在这样的城市中，世俗文化迎来了繁荣期。政治、经济、文化的快速发展对教育提出了新的需求，这为大学的诞生和发展提供了土壤（如图 10-9 所示）。大学的兴起，终结了教会在教育领域长期以来的独占地位。为此，教会从经济、思想及组织层面竭力控制大学，意图使其服务于宗教。同时，教会还自建大学，以增强其在社会上的影响力。尽管中世纪大学未能完全挣脱宗教和传统势力的束缚，但它的产生与发展无疑打破了封建社会的闭塞状态。这一时期的教育进步，在很大程度上为文艺复兴运动的到来奠定了基础。

图 10-9　中世纪大学的产生

10.1.4　西方近代教育

15世纪末期的欧洲,航海家们逐渐出现在世界各处的海洋上,这使得人类第一次建立起跨越大陆和海洋的全球性联系,史称"地理大发现"。与地理大发现几乎同时发生的还有两大运动,即文艺复兴运动和宗教改革运动。这是西方教育从中世纪宗教教育向近代世俗教育过渡的重要转折点。图 10-10 展示了西方近代教育的变化。

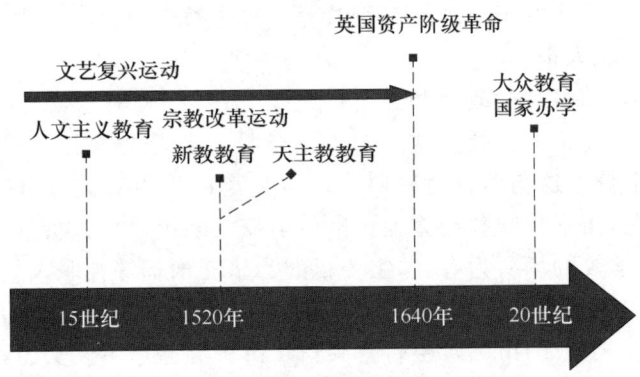

图 10-10　西方近代教育时间轴

文艺复兴运动起源于 14 世纪的意大利北部城市,那里的学者和社会精英开始日益重视古希腊和古罗马的文学与思想。相较于中世纪的人们,他们更加关注世俗与物质世界。最能概括文艺复兴运动核心思想的是"人文主义",它强调重新聚焦于富有创造力的个体。人文主义教育的基本特征如下:以人为本,注重个性发展;课程设置具有古典性质,古为今用;充满世俗精神,关注今生而非来世;教育对象主要是上层弟子,目的是培养上层人物,如君主、侍臣、绅士。图 10-11 展示了文艺复兴时期的三位重要学者。

(a) 达·芬奇　　　　(b) 米开朗基罗　　　　(c) 拉斐尔

图 10-11　文艺复兴三杰

　　1517年,马丁·路德挑战正统教会和教皇权威,由他开始的宗教改革运动扩展到欧洲其他地区。16世纪中叶,约翰·加尔文在日内瓦开创了更具活力的新教形式。宗教改革运动中形成了各种新教教派,新教成为与天主教和东正教并列的三大教派之一。宗教改革导致天主教分裂,新教教派通常与世俗统治者结盟,教会权力逐渐转向地方政府。新教教派重视教育普及,路德派和加尔文派尤为突出。新教改进教学组织,推动班级授课制,促进学校教育发展。路德派主张国家掌握教育权,推行义务教育,建立国家教育体系。加尔文派要求国家开办公立免费学校,普及教育。而天主教成立耶稣会,兴办学校以遏制宗教改革,教育旨在培养精英控制统治阶层,服务天主教。

　　人文主义教育、新教教育和天主教教育既有冲突也有融合。三者都重视古典人文学科,在教育管理方面也有一定的相似之处。从宗教上看,人文主义教育与天主教教育均持反对宗教改革的立场;同时,新教教育与天主教教育均带有宗教色彩,对人文主义教育中的非宗教元素持否定态度。从贵族性上看,天主教教育因其教育目标而具有显著的贵族性,人文主义教育因运动本身的特性同样带有贵族色彩,相比之下,新教教育则更加倾向于群众性和普及性。从教育目的上看,新教教育与天主教教育均将教育视为宗教服务的工具,个人的发展及世俗利益则被置于相对次要的位置。

　　17—19世纪,资本主义制度在一些国家逐步确立并巩固。以1640年英国资产阶级革命为起点,欧洲各国相继爆发资产阶级革命,18世纪60年代开始的工业革命进一步增强了经济实力。与此相适应,近代教育制度逐步建立,教育国家化和世俗化成为普遍趋势,教育的领导权从教会转移到国家。在此期间,小学教育因免费和强制性立法而普及,中等教育也逐渐现代化。各国教育体制逐渐系统化,形成了由科层管理的整合教育体制,教师需经过培训,以保证教育质量。这一变革深刻转变了教育的理念和形态,同时也重新定义了学校、社会与国家之间的关联,使得教育更加普及,成为社会结构的核心要素。国民教育体系的建立,在教育史上树立了重要里程碑,预示着大众教育新纪元的开启,并推动了扫盲工作的显著进步。此体系成为国家主导教育发展的起点,并在20世纪逐渐主导了各国的教育进程,有力推动了教育的普及化与现代化。国民教育体系的形成,不仅显著提升了国民的整体教育水平,也为国家的持续繁荣与发展奠定了坚实的基础。

10.1.5 通信技术在教育发展中的作用

物质、能量和信息是构成自然界的三大基本要素。信息交流自人类社会形成以来就存在。教育的发生离不开信息的传递,而通信技术作为信息传递的重要手段,其进步对教育产生了深远的影响。从原始社会到现代,每一次通信技术的进步都极大地推进了教育的变革。

在原始人群社会,教育主要通过言传身教的方式来进行。长辈通过讲述故事、传授技能和生活经验来教育下一代。这种方式虽然有效,但信息传递效率低,且难以保存和广泛传播。

到氏族公社末期,人类创造出了最初的文字。文字作为一种全新的记录和传授知识的工具,极大地突破了教育在时间和空间上的局限。人们开始将经验和事迹以文字的形式记录在甲骨、青铜器或是简帛上,这为教育提供了极为丰富的素材和资料。

进入西汉时期,人们已经掌握了造纸的基本技艺。而到了东汉,宦官蔡伦在前人经验的基础上,对造纸工艺进行了改进,这使得纸的使用变得越发普遍。纸逐渐取代了简帛,成为人们广泛使用的书写材料。这一变革极大地促进了典籍的流传,同时也显著提升了教育的普及程度和效率。

北宋时期,平民发明家毕昇在总结历代雕版印刷实践经验的基础上,于宋仁宗庆历年间(1041—1048年)成功制成了胶泥活字,并实现了排版印刷,从而发明了活字印刷术。这一伟大的发明极大地提高了书籍的印刷速度和数量,同时显著降低了书籍的成本。这使得更多的人能够有机会接触到书籍和知识,从而进一步推动了教育的普及和发展。

电报、电话、广播和电视的发明和普及带来了第三次信息技术革命,极大地改变了信息的传播方式。电报为后来远程教育的发展提供了概念上的启示;电话使人们能够远程实时地交流思想和知识;广播使教育内容可以迅速传播给更多的人,覆盖到偏远地区,提高教育普及率;电视使高质量的教育资源能够被更多的人群接触到,而丰富的教育节目使教育内容更加生动。

互联网时代带来了第四次信息技术革命。人类交换信息不仅不受时间和空间的限制,还可利用互联网收集、加工、存储、处理、控制信息。通信技术的应用,使人类知识能够迅速传播、存储、再现,突破了时空限制,极大地缩小了教育差距,有效地促进了教育公平。

10.2 学校教育中的现代通信技术

通信技术在学校教育的应用场景上可以分为四个大类,即"学""教""管""评"。"学"即学习,学生获取知识、技能的过程;"教"即教学,指教师进行教研、备课和授课;"管"即管理,可以分为班级管理、学校管理两大场景;"评"即评价,对学生学习成果进行评估、反馈和记录。其具体应用场景如图 10-12 所示。

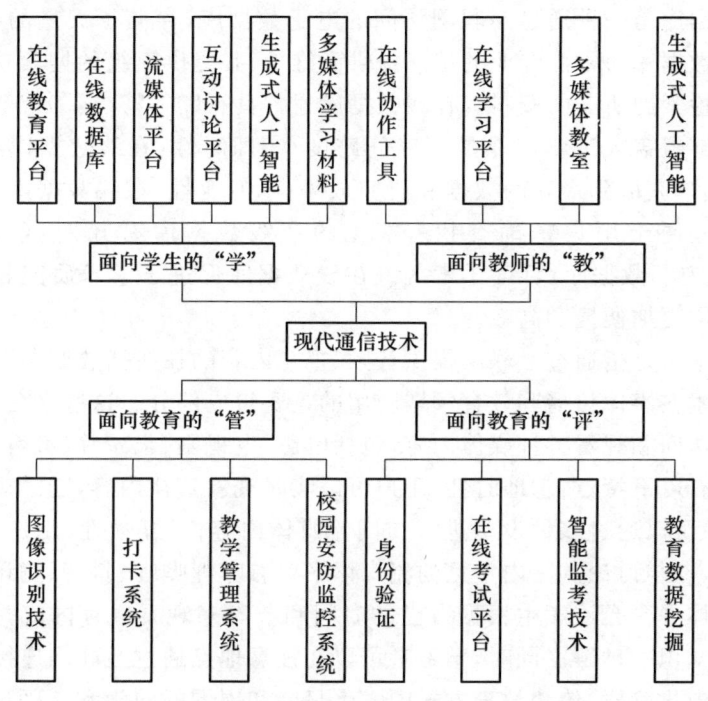

图 10-12 现代通信技术在学校教育中的应用场景

10.2.1 面向学生的"学"

学生学习的过程,即获取信息、处理信息的过程,同时也是将信息内化和应用的过程。这一连续的循环不仅涉及认知活动的多个层面,也是学生构建知识体系,提升思维能力的基础。现代通信技术在这一过程中扮演着至关重要的角色,它不仅改变了信息的获取和处理方式,还极大地促进了信息的内化和应用。

在信息获取阶段,传统的教育方式常常是通过书籍阅读、听讲和实验观察等多种方式来接触新的知识。现代通信技术的发展为学生带来了前所未有的信息资源。当前互联网上所存在的搜索引擎、在线教育平台、在线数据库和流媒体平台都是良好的信息获取渠道。相比于传统的教育方式,学生能够方便且快捷地接收到大量优质信息资源。

在线教育平台,即在线网络的教育平台,实质是面向全国的资源共享,一种新的教育学习平台。国内有着多种多样的在线教育平台,如微教育、网易公开课、百度教育、腾讯微课堂等,尤为著名的有清华大学发布的中文版 MOOC 平台"学堂在线"。在线教育的未来必须要有国家相关政策的支持。通过建立学分认可制度,在线教育将在教育观念、教育体制、教学方式、人才培养过程等多个方面带来深远的影响。

在线数据库是一种通过互联网访问的电子数据库,存储了大量的数据和信息资源。这些数据库通常由专业的信息提供商维护,并提供高级的搜索功能,使得用户能够快速检索到所需的资料。在线数据库通常具有以下特点:①广泛性,在线数据库通常能够覆盖大量学科领域和时间跨度;②即时性,在线数据库通常实时更新,能确保用户获取到最新的数据和研究成果;③专业性,在线数据库提供专业的分类和索引,便于用户精确查找。常见的在线数据库有知网(CNKI)、IEEE Xplore、中国专利数据库、百度学术等。在线数据库促进了学术研究和知识传播,使得信息获取更加便捷和高效。

流媒体平台是指通过互联网提供音频、视频内容的在线播放服务,其已经成为现代通信技术在媒体传播和教育领域应用的重要组成部分。这些平台使得用户可以随时随地访问和观看各种媒体内容,包括电影、电视剧、纪录片、教育视频等。流媒体平台具有以下特点:①即时性,用户可以实时观看直播内容,随时观看视频;②便携性,用户可以通过多种设备进行访问流媒体内容;③互动性,用户可以在观看时发表评论,参与讨论。国内常见的流媒体平台有哔哩哔哩、抖音、腾讯视频、爱奇艺等。流媒体平台允许学生根据自己的时间和节奏来观看教育内容,并通过互动功能增加对知识的理解。同时,学习者可以在任意地点通过互联网连接进行学习。

在信息内化阶段,传统教育方式中学生只能和周围的同学和老师进行沟通,或只能通过实践来进行更深层次的思考和理解。现代通信技术有效地推动了教育的数字化转型,教育中传统"师—生"二元结构正在转向为"师—生—机"三元结构。现代通信技术提供了多种方式来促进学生对知识的理解和吸收,如互动讨论平台、生成式人工智能或多媒体学习材料。互动讨论平台为学生和教师提供了一个在线交流和讨论的空间。互动讨论平台形式多种多样,可以是教育系统中的讨论区,也可以是创建的聊天群组如 QQ 群或微信群等。互动讨论平台允许用户即时发送或接收信息,便于快速交流思想和信息,同时用户也可以在不同的时间参与讨论。通过互动讨论平台,用户可以更方便地传输文本、图片、视频或音频等多媒体文件;通过对讨论内容进行反馈,可以促进学生深入思考。生成式人工智能是当前较为热门的研究方向,如何利用人工智能技术对教育进行赋能值得讨论。以北京邮电大学打造的"码上"智能教学平台为例,它基于科大讯飞星火大模型,能够为师生提供实时、个性、启发式的编程教学服务。与"码上"类似,"邮谱"智能学习平台能借助数据大模型构建知识图谱,帮助学生高效地实现知识点的"串珠成链",从而有效提高学生个性化、跨学科学习的质量与效率。多媒体学习材料结合文本、图像、动画和视频等多种形象的信息表现形式,能够让学生更深刻地记录并理解所获得的信息。例如,在进行实验讲解时,利用多媒体材料或者通过计算机仿真实验场景(或者操作过程),能够让学生在安全环境下进行实践的同时,增加学生对实验的印象,加深学生对实验操作的理解。

10.2.2 面向教师的"教"

教师教学中主要有教研、备课、授课三大应用场景。在教研场景下,教师可以应用如腾讯文档、金山文档等在线协作工具共同创建和编辑校验资料。通过视频会议,不同地区的教育专家或教师可以进行实时交流和研讨。通过对学生作业情况或答题情况进行数据收集,教师可以了解学生学习情况,并及时调整教学内容。教师可以使用问卷星等在线问卷调查工具进行教育调查,根据反馈进行教研来优化教学方式。在备课场景下,教师可以通过搜索引擎获得合适的教学材料和课程资源,如电子书籍、教学视频或者其他各种多媒体材料。教师可以将收集到的材料做成 PPT 或者经过处理后在课堂上展示给学生,以达到更好的教学效果。使用云存储服务,教师可以将教学资料保存在云端中,实现教学资料的云端同步和备份,以随时随地进行访问。在授课场景下,教师可以通过商用或自研的在线学习平台发布课程资料和作业,以便于学生访问课程内容,提高教学的灵活性和可及性。在线上授课中,教师通过腾讯会议等视频会议软件进行远程教学和互动,能够在特殊情况下进行远程教学,并与学生实时互动。在线下授课中,教师可以通过多媒体教室、智能白板等工具展示学习资料,提高课堂互动性,以增加学生的学习兴趣以及对知识的理解。生成式人工智能也为教师教学提供了高效的辅助工具,如北京邮电大学新上线的"邮大师"智能学伴平台,其作为一位"数字人学伴",能够为学生提供了陪伴式、个性化的一对一问答服务。该平台一方面将为学生提供一个互动时效性和成长支持性较强的数字环境;另一方面将大大节省教师在应答基础性、重复性问题上的时间成本,帮助教师将更多精力投入对学生的思想引领和高阶能力培养之中。

10.2.3 面向教育的"管"

教育管理主要可以分为班级管理和学校管理两大层级。班级管理主要指的是教师对所负责班级的日常教学和学生行为的管理,它涉及学生行为监督、班级考勤管理、班级交流平台等多个方面。现代通信技术在班级管理中的应用,极大地提高了管理的效率和质量。在学生行为监督上，教师可以通过图像识别等技术观察或记录学生在课堂上的听课表现。在班级考勤管理上，可以通过打卡等方式记录学生出勤情况。根据统计结果，教师可以即时了解每个学生的情况，并采取相应的指导措施。在班级交流平台上，可以利用腾讯课堂、雨课堂等多种在线课堂工具进行课堂互动。此外，远程教学可以使用在线投票、互动白板等多种功能增加课堂的趣味性和参与度。现代通信技术在班级管理中的应用，不仅提高了教师的管理效率，还提高了学生的参与度和满意度。通过实时的数据跟踪和反馈，教师能够更精准地了解学生的学习需求，及时调整教学策略。随着技术的不断发展，班级管理将更加智能化和个性化，为学生创造更好的学习环境。

学校管理涵盖教学管理系统和校园安全两大领域。教学管理系统通过数字化的手段优化教学资源配置，提高教学和校园生活的管理效率。例如，选课管理允许学生根据自己的兴趣和学业要求选择课程；网上办公平台支持学生或教师快速办理各种事务，减少杂事的干扰，提高工作和学习效率。此外，空闲教室查询的功能可以帮助学生和教师快速找到可用的教室或会议室，这不仅可以提高教室的使用效率，还可以为学生和教师节省宝贵的时间，让他们能够专注于学习和教学活动。针对安全校园，校园面积大，人口流动性较大，传统的人工监控效率低下。尽管监控点数量多，但视频清晰度不够高，且安保人员难以长时间专注于监控上百个视频画面。通过5G赋能的智慧校园安防监控系统能够实现全天24小时的智能监控。门禁系统可以结合人脸识别技术在全校设置电子隔离栏，从而有效提升校园的安全管理水平。

10.2.4 面向教育的"评"

教育评价涉及考试测试、学生评估两大维度。无论是在线下考试还是在线上考试，现代通信技术在考试测试领域的应用都极大地提高了考试的安全性、便捷性和效率。在线下考试中，现代通信技术的应用主要体现在身份验证和监考两个方面。例如，通过使用人脸识别技术和指纹识别技术对考生身份进行验证，确保考生身份的真实性，防止替考等作弊行为；通过视频监控系统进行远程巡视和监考，实现对考场的实时监控，确保考试的公正性和安全性。

线上考试则更多地依赖于在线考试平台来实现考试的全过程管理。这些平台通常具备以下功能：创建考卷、组织考试、自动评分和成绩管理等。在线考试平台支持多种题型，包括客观题和主观题，并且可以实现智能判卷，提高了评分效率和准确性。例如，一些在线考试平台提供了一体化智能判卷功能，支持线上、线下考试的智能判卷，能够处理主观题和客观题，大幅度提高了大规模考试的判分效率。此外，为了防止线上考试中的作弊行为，一些在线考试平台还采用了智能监考技术，如人脸识别、防作弊监测、实时监控等，确保了考试的公平性。这些系统能够在考试前对考生设备和网络环境进行检测,确保考试顺利进行。在数据分析方面,现代通信技术也发挥着重要作用。通过收集和分析考试数据,教育管理者可以了解学生的学习情况,优化教学内容和方法。

现代通信技术在学生评估领域的应用正在逐渐改变传统的评价模式,使之更加高效、全面和个性化。通过在线系统,教师能够快速收集和分析学生的学习数据,包括学生的作业、考试成绩和课堂参与度等,从而进行即时反馈和调整教学策略。2012年10月,美国教育部发布了 *Enhancing Teaching and Learning through Educational Data Mining and Learning Analytics: An Issue Brief*,为教育中如何利用大数据指明了方向。该报告认为,大数据无处不在,教育中也是如此。该报告主张通过教育数据挖掘、学习分析和可视化数据分析来改进自适应学习系统,实现个性化学习,并指出大数据在教育中的应用主要有两大领域,即教育数据挖掘(educational data mining, EDM)和学习分析(learning analytics, LA)技术。EDM的内涵是要对学习行为和学习过程进行量化、分析和建模。EDM的目的是利用统计学、机器学习和数据挖掘等方法来分析教与学过程中所产生的数据。而LA的内涵是要利用已有的模型来认识、理解新的学习行为和过程。也有人把LA定义为:关于学习者以及他们的学习环境的数据测量、收集、分析和汇总呈现。LA的目的是理解和优化学习以及学习情境。LA的主要应用是监测和预测学生的学习成绩,及时发现潜在问题,并据此做出干预,以防止学生在某一科目的学习中产生风险。大数据可以帮助教师对学生做出全面的、正确的评价,而过去对学生的评价往往依靠感觉、直觉和考试,但人的感觉中存在盲点,直觉并不完全可靠,考试也有局限。大数据凭借持续的信息采集,以及严密细致的逻辑推理,能客观地展现出一个学生的完整形象。同时,云端分立的数据库彼此相连,可支持多维度的联机分析,从而呈现给我们一个宏大的教育场景。该教育场景中,每个学生都能得到全面的审视与评估。通过大数据进行分析,教师可以更好地了解学生,理解和观测学生的学习过程,找到最合适的教学方法和教学顺序;针对不同特点的学生采用不同的教学方法与教学策略;及时发现问题,进行有效干预并做出全面的、正确的评价,从而显著提高教学的质量与效率。

10.3 大众教育中的现代通信技术

现代通信技术在推动教育普惠方面发挥着重要作用,特别是在实现教育公平、支持特殊教育和促进终身学习这三个方面。通过远程教育和在线学习平台,优质教育资源不再局限于特定地区,而是可以跨越地理限制,为不同地区的学生提供平等的学习机会。这种技术的应用,使教育内容的数字化和在线化成为可能,从而打破了传统教育的时空限制,让更多人可以受益于高质量的教育资源。

1. 教育公平

在教育公平方面,现代通信技术通过提供远程学习机会,极大地缩小了城乡教育差距。例如,通过高速互联网和视频会议,偏远地区的学生能参与城市中的高质量课程,享受到与城市的学生相同的教育资源。数字化资源的共享和开放课程平台的建设为学生提供了更多的学习选择和机会。这些平台通常具备用户友好的界面,支持大规模的考试管理,包括考试安排、监考和成绩发布,从而提高了管理效率和质量。

2. 特殊教育

特殊教育领域因现代通信技术的应用而得到显著改善。技术支持特殊需求人群学习的现状分析结果显示,我国在信息技术支持特殊教育方面的应用正在逐步增加。例如,语音识别、阅读软件、触屏操作设备等为视觉障碍学生提供了学习上的便利。特殊教育资源教室的建设结合了现代通信技术,为特殊需求学生提供了更加个性化和适应性的教学环境。这些教室不仅配备了先进的教学设备,还提供了丰富的教学资源和活动方案,旨在培养学生健康、自信、友善的品质,将特殊教育资源教室建成一个受全体师生欢迎的融合教育空间。

3. 终身学习

终身学习的理念在现代通信技术的支持下得到了广泛推广。技术的发展使学习不再受年龄、时间和地点的限制,任何人在任何时间、任何地点都能进行学习。例如,苏州大学继续教育学院通过建立线上学习平台,为银龄群体提供了丰富的课程资源,推动了老年教育事业的发展。这种模式不仅丰富了老年人的精神文化生活,也为他们提供了继续教育和终身学习的机会。通过这些平台,老年人可以学习新技能、了解新知识,保持活跃的思维和良好的生活状态。

教育技术的发展为提高教育公平性提供了新的途径和工具。通过创新的教育模式和学习资源,教育技术有助于缩小不同地区、不同社会群体之间的教育差距,促进教育资源的均衡分配。教育技术在促进教育公平方面发挥着重要作用,包括提高教育可及性、支持多样化学习需求、促进教师专业发展、增强学习动机等。

总之,现代通信技术在教育普惠方面的作用是多维度的,它不仅提高了教育资源的可获取性,还为不同群体提供了更加个性化和多样化的学习支持。随着技术的不断发展,未来的教育将更加公平、包容和可持续。现代通信技术在教育公平、特殊教育和终身学习这三个教育领域中的应用,推动了教育的普及和发展,为构建学习型社会和实现教育现代化提供了强有力的支持。

10.4 挑战与展望

现代通信技术在教育领域的应用带来了革命性的变化,它不仅改变了教育资源的获取和分配方式,还为教育的个性化和终身学习提供了新的可能性。然而,这一进程也伴随着一系列挑战。

数字鸿沟是现代通信技术在教育中应用的一个主要障碍。尽管技术的发展使教育资源更加丰富且易于获取,但不同地区和社会群体之间仍然存在显著的不平等。一些偏远地区或低收入家庭可能无法负担高速互联网或先进设备的费用,这限制了他们获取在线教育资源的能力。此外,即使是技术普及的地区,也存在对技术使用不熟练或缺乏信心的个体,这同样阻碍了教育资源分配的公平。

信息安全和隐私保护同样值得关注。随着教育数据的数字化,学生和教师的个人信息安全和隐私面临潜在风险。如何确保在线教育平台的数据安全,防止数据泄露和滥用是一个亟待解决的挑战。2022 年,超星学习通发生了用户信息泄露事件,这不仅侵犯了用户的隐私权,还可能引发一系列安全风险,如诈骗和身份盗用。为了防止类似事件的发生,需要采取一系列措施来加强信息安全。这包括对敏感数据进行加密处理,实施严格的访问控制,定期进行安全审计,对员工进行信息安全培训,建立应急响应机制,遵守相关数据保护法规,以及帮助用户提高个人信息保护意识。信息安全是一个持续的过程,需要平台、用户和监管机构的共同努力,以确保数据的安全和隐私得到有效保护。超星学习通事件提醒我们,信息安全是一个持续的过程,需要持续关注和不断投入,以应对不断变化的安全威胁。

对教育教学内容的监管也很关键。在线教育资源的爆炸性增长带来了内容质量参差不齐的问题。为了确保提供给学生的教育资源的内容是准确、健康且有价值的,不仅需要教育机构的努力,也需要政府和行业的合作。2022 年 5 月,教育部办公厅印发的《国家智慧教育平台数字教育资源内容审核规范(试行)》对于确保教育资源的安全性、合规性和质量具有重要意义。这一规范的发布不仅加强了数字教育资源的审核管理,也保障了教育资源内容的安全性和合法性,对于推动国家教育数字化战略行动的深入实施,提升教育资源供给能力具有积极的推动作用。

随着现代通信技术的不断进步,教育领域正迎来前所未有的变革。未来,教育将更加个性化。借助大数据和人工智能技术,学习系统能够根据学生的学习习惯、能力和进度,提供定制化的学习内容和教学方法。这种个性化的学习路径将有助于提高学生的学习效率和兴趣。2 500 多年前的孔子为我们带来了因材施教的教育思想,到了如今的互联网世界,我们有了大量的学习资源来满足不同人的不同需求,也可以通过大数据精准感知学生的认知结构、能力结构以及情感特征,从而呈现最适合当前学生特征的知识内容、教学策略和方法。

新一代移动网络、普适计算、云计算技术可以提供无所不在的网络与计算空间。在虚拟的网络空间中,知识的社会性将日益凸显。知识不再是静态的实在,而是具有流动性、情境性、社会性的动态特性。知识不再是教师以教材为中介的单点对多点的传播,而是群体之间的多点对多点的互动、改进和建构,且更多地体现出知识建构、知识连接的特点。学习内容的来源、学习的方式将发生根本性变革,每个人既是知识的生产者,也是知识的消费者。教育服务的提供者与接收者之间不再是传统环境下的上下游关系,而是多对多的群体伙伴关系。

除了教育理念上的改变外,现代通信技术也将带来教育方式上的改变。增强现实(AR)和虚拟现实(VR)技术能够为学生创造沉浸式的学习环境,使他们能够在模拟环境中进行实验和探索,从而激发学习动机并提高参与度。这些技术在医学、工程和历史等领域的应用尤为显著,能够提供逼真的模拟体验,加深学生对复杂概念的理解。3D打印技术为教育带来了实物创造的能力,它允许学生将抽象的数学模型、生物结构或工程设计转化为实体对象,从而培养了学生的动手操作和创新思维。此外,通过3D打印技术,学生可以更直观地理解复杂结构,进行原型设计和测试,从而加深对科学和工程原理的认识。区块链技术能够为学术记录和证书验证提供一种安全、透明且不可篡改的方式。通过区块链,学生的学历证书、成绩和学术成就可以被永久记录在去中心化的网络中,便于验证和分享,同时减少了欺诈和错误的可能性。这些技术的融合不仅增强了教育的互动性和实践性,也为个性化学习和终身学习提供了新的途径。

本 章 小 结

现代通信技术的迅猛发展正在重塑教育的面貌,为学习者提供了前所未有的丰富资源和便捷途径。从古代的口头传授到文字的创造,再到纸和印刷术的发明,每一次技术的飞跃都极大地推动了教育的普及和深化。如今,互联网、在线教育平台、数据库和流媒体平台的出现,不仅使学生能够快速获取大量知识,也为教师提供了新的教学手段,同时提高了教育管理的效率和质量。这不仅改变了信息的获取和处理方式,还促进了信息的内化和应用,使教育内容能够迅速传播、存储、再现,突破了时空限制,有效地促进了教育公平。然而,这一数字化教育进程也伴随着挑战,如数字鸿沟、信息安全和隐私保护、教育教学内容的监管等问题。随着技术的不断进步,教育将更加个性化,泛在学习将成为可能,更多的新技术将为教育带来新的理念和新的教学方式。这些变革预示着教育领域将迎来更加公平、包容和可持续的发展。

第 11 章　现代通信技术与艺术

　　从广阔的艺术史的视角来看,艺术与技术的发展常常是交织在一起的,这种关系在许多时代都显得尤其突出。艺术从最早的图像符号记录到古埃及的象征性雕刻,再到古希腊对人类身体美的探索,经历了多元化的表达和形式创新。艺术不仅反映出人类对自我、自然和超自然的理解,也隐隐透露着各个时代的技术进步和文化沟通方式的变迁。

　　随着通信技术的诞生与演变,艺术的表达方式也随之改变。例如,古代的雕刻和壁画在有限的空间中传递宗教信仰和文化象征,古埃及和古希腊便以石刻和浮雕传递永恒的神话图景。而罗马帝国时期,随着建筑和工程技术的突破,庞贝壁画和马赛克图案等装饰艺术不仅是空间的点缀,更是社会生活、宗教仪式的传播媒介。这些艺术品通过旅行商人、征战士兵等流动于各地的交流者进行传播,促进了文化的跨地域交流。通信技术的进一步发展,尤其是书写和语言记录技术的发展,使艺术得以传播和再现。到了中世纪,羊皮纸手抄本和印刷术使艺术与宗教文学、历史叙事结合得更为紧密。艺术以更细腻的方式承载了社会信息和文化,成为文字记录的辅助。印刷术的发明推动了图像与文字的结合,为文艺复兴时期艺术的爆发奠定了基础。人们对古希腊和古罗马的重新探索和复兴在很大程度上依赖于文字和图像的传播。此时,艺术不再只是静态的表达,而是通过绘画、雕塑和建筑等形式实现了观念的跨代传播和创新。

　　通信技术的跨越式发展使艺术的影响更加深远。随着电报、电话、广播、电视的出现,艺术进入了一个全球化的时代,艺术创作和风格可以迅速跨越国界,思想观念在不同时区之间快速传播。这一变革极大地丰富了艺术的题材和表达形式。艺术家们不再受地域或文化背景的限制,而是可以通过通信技术迅速捕捉和融合不同文化元素。可以说,通信技术不仅延续了艺术的传统,也赋予了现代艺术一种前所未有的开放性。

11.1　古典艺术史

在15—17世纪期间，欧洲重新发现和复兴了古希腊、古罗马艺术和文化，这一时期被称为文艺复兴。其实文艺复兴不仅是一场哲学、科学和文学的变革，也是一场深刻的艺术革新，标志着欧洲从中世纪的宗教艺术回归到对古典美学和人文主义思想的借鉴，艺术家重新关注人体、自然和现实世界的表现。在形式、比例、透视和人物表现方面，艺术家们进行了大胆的探索和创新，推动了绘画、雕塑和建筑等领域的重大进步。

文艺复兴的艺术复兴源于对古希腊和古罗马文化的重新发现。古典艺术强调对人体、自然景观以及现实生活的观察和再现，而中世纪艺术则受宗教控制，往往以象征性和神话题材为主，较少关注现实世界。随着意大利的城市国家如佛罗伦萨、威尼斯等地的富裕和文化繁荣，艺术家们开始回归古典文化，重新审视古希腊和古罗马的雕塑、建筑和绘画。加之古典文献的复兴，尤其是古代哲学、数学和自然科学的复兴，艺术家们不仅在技巧上进行了创新，也在艺术的表达上融入了更多人文主义思想，强调个体、理性和自然。

文艺复兴时期，绘画艺术的革新是最为显著的。这一时期的绘画注重对透视法和光影效果的运用，以使画面呈现出更加真实和立体的效果。尤其是线性透视的使用，因为线性透视可以帮助艺术家们根据数学原理在平面上再现三维空间。通过透视法（如图11-1所示），画家能够在画布上表现出空间感和远近感，此时人物不再是扁平的符号，而是栩栩如生、具有立体感的个体。

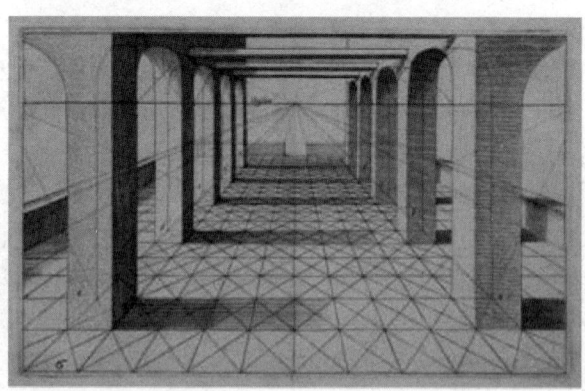

图11-1　透视法

最具代表性的画家是达·芬奇和他的代表作《最后的晚餐》《蒙娜丽莎》（图11-2和图11-3）。《最后的晚餐》描绘了耶稣与他的十二使徒共进最后晚餐的场景。画作的主题是耶稣宣布其中有一位使徒将背叛他,此时每个使徒都表现出不同的反应。达·芬奇通过精湛的情感表现和透视法创造了深度感,光影效果和人物的动态使整个场景栩栩如生。这幅画成为西方艺术史上的杰作。

图 11-2 《最后的晚餐》

《蒙娜丽莎》是达·芬奇的一幅著名肖像画,其以神秘的微笑和深邃的眼神著称。画中的女子形象被认为是佛罗伦萨商人妻子的肖像,但她的身份至今未确定。达·芬奇运用了渐变的色调和精细的光影处理,使人物看起来极为生动,且表情既平静又充满内在的情感。

文艺复兴时期的艺术家们重新审视古希腊和古罗马雕塑,并追求更加真实、精细和表现力强的雕刻技巧。米开朗基罗是雕塑领域的领军人物,他的大理石雕像《大卫》(图 11-4)被视为文艺复兴雕塑的巅峰之作,其展现了完美的比例、动态感和人体结构的精确细节。这尊雕像不仅仅是对古典雕塑的再现,对古典艺术的继承与创新,更是人类力量与美感的象征。同时,作为人体解剖学研究的典范,这尊雕像也展现了人文主义对个体尊严和理性美的崇敬。

图 11-3 《蒙娜丽莎》　　图 11-4 《大卫》

在建筑方面,文艺复兴的建筑师也受到古希腊和古罗马建筑的影响,回归到对理性、对称和比例的追求。布鲁内莱斯基是著名的建筑师之一,他设计了佛罗伦萨大教堂的圆顶(图11-5),这一建筑成就标志着古典建筑元素的回归。文艺复兴建筑中,古罗马的圆顶、柱式和拱门等元素被广泛运用,同时建筑师们也开始探索更为复杂的空间结构,从而推动了建筑的创新。

图11-5 佛罗伦萨大教堂的圆顶

文艺复兴时期的艺术复兴是一次深刻的文化转型。它标志着欧洲从中世纪的宗教束缚中解放出来,回归到古典文明的精神世界。通过对古希腊和古罗马艺术的继承与创新,文艺复兴时期的艺术家们不仅推动了艺术技巧的突破,也促进了人文主义思想的广泛传播。艺术作品的主题从宗教神话转向了人性、自然和世俗生活,这为后来的现代艺术奠定了基础。文艺复兴艺术不仅仅是一种风格,更是一种思想和价值观的体现,至今仍然是西方文化的重要基石。

11.2 通信对视听技术发展的影响

通信技术的不断进步深刻改变了视听技术的发展轨迹。自20世纪初无线电被发明以来,通信技术在不断突破中催生了全新的视听体验。从广播到电视,再到数字化音频和视频,每一次技术革新都推动了文化传播方式的转变。音乐与电影,这两种具影响力的视听艺术形式,始终与通信技术的变革紧密相连。从最初的无线电广播到电视的普及,再到互联网、流媒体的崛起,通信技术不仅改变了视听内容的传播途径,还推动了艺术创作和观众消费习惯的变革。随着技术的不断发展,视听技术逐渐进入数字化、网络化时代,智能化和虚拟现实(VR)技术也开始在视听领域崭露头角。无线电广播使声音的传输突破了空间的局限;电视为人类展现了图像与声音的结合,成为家庭娱乐的核心;互联网的出现使视听内容的传播不再受限于传统的广播电视网络,极大地丰富了内容的获取方式,并彻底改变了用户的消费模式;随着流媒体技术的普及,音乐和电影不再是通过传统的方式进行播放,而是通过网络实现即时传播与个性化推荐,这标志着视听技术进入了一个全新的时代。

本节将探讨通信技术对视听技术的影响,特别是在不同时期如何通过通信手段推动视听内容的创作、传播与消费模式的转变。从无线电到电视,从数字化到互联网、流媒体,每一项技术的突破都为视听产业带来了深远的影响,造就了今天我们所见的多元化视听生态。

11.2.1 通信技术与音乐艺术的演变:从留声机到数字时代

通信技术的发展对音乐和电影的传播、制作和欣赏方式产生了深远影响。早期,音乐依靠现场表演进行传播,且传播范围有限。但随着电报和无线电技术的出现,音乐首次能够实时跨越地理距离,广播让音乐能够传播到更广泛的听众群体中。紧接着,录音技术的革新让音乐实现了保存与重放,唱片和磁带的发明使音乐得以复制和远距离传播。进入互联网和流媒体时代,音乐的消费模式发生了彻底的变革,数字化形式的音乐瞬间传递至全球,人们得以随时随地欣赏世界各地的各类音乐作品。同样,电影也经历了类似的技术变革。从最初的电影院放映到电视转播,再到互联网和流媒体平台的兴起,通信技术让电影突破了地域和时间的限制。数字化和高清技术提升了观影体验,流媒体平台(如 Netflix 和 YouTube)改变了观众的观影方式,使电影不再受限于影院。云计算和大数据的应用进一步优化了电影的制作和分发流程,推动了产业的全球化和多元化发展。通信技术的进步使音乐和电影的传播更加普及和便捷,同时拓展了创作和消费的边界。

1877 年,美国著名发明家、物理学家托马斯·阿尔瓦·爱迪生(Thomas Alva Edison)发明了留声机(图 11-6 和图 11-7),这是人类历史上第一台能够记录和重放声音的装置,并成功在实验中录下了《玛丽有只小羊羔》这首美国经典诗歌。这一发明轰动了全世界,为爱迪生赢得了国际声誉。

图 11-6 爱迪生与他的留声机合影

图 11-7 留声机

1877 年 12 月 24 日,爱迪生在华盛顿提出专利申请书:"将可由人声或其他声音振动的盘、振膜或其他物体与另外一部分材料连接,这部分的材料可由压力、刻蚀或其他方法改变表面,从而能够记录下上述振体的运动痕迹,这种记录下的痕迹,装在第二个振动盘上,便会将振体的声音重现。"

次年,爱迪生留声机公司成立,生产商业性的锡箔滚筒。爱迪生曾说:"我已有了许多项发明,但只有这个才是我的亲生孩子,我急盼它快点成年,以便在我晚年尽点照顾赡养之责。"1888年6月的亨德尔音乐节上举行了第一次留声机音乐录放表演。有报道写道:"在演奏亨德尔的《以色列人在埃及》时,一架震耳欲聋的风琴和一支庞大的乐队齐声轰鸣,而这一宏伟雄壮的曲调,连同它所包含的感情变化、音色差异,都被这台留声机以几乎不可思议的精确性再现出来。"

可以说留声机对音乐产业的意义深远。它使音乐得以被录制和重复播放,打破了现场表演的限制,改变了音乐创作和传播的方式,让音乐能够广泛传播。这不仅促进了音乐作品的商品化,也推动了唱片行业的发展,还为未来的录音技术和音乐产业模式奠定了重要基础。

无线电广播技术可以说彻底改变了音乐的传播方式,它与录音技术的结合真正突破了时间和空间的限制。它不仅扩大了音乐的传播范围,让音乐表演不再局限于现场演出场所,还极大地扩展了音乐的受众。无线电广播的发明可以追溯到19世纪末期。1895年,意大利科学家、实用无线电报通信的创始人伽利尔摩·马可尼(Guglielmo Marconi)(图11-8)第一次成功进行了无线电通信实验(通过无线电波传送了简单的信号),开启了无线电技术的先河。在1901年12月12日这一天,马可尼在加拿大纽芬兰省的圣约翰斯接收到来自距离约2 100英里(3 381 km)外英国康沃尔郡的波特休发送的无线电信号,实现了第一次跨大西洋的无线电通信。马可尼因此在1909年获得诺贝尔物理学奖,被称为"无线电之父"。

图11-8 "无线电之父"——马可尼

1920年11月2日,世界上第一座广播电台美国匹兹堡的KDKA电台(图11-9和图11-10)进行了首次商业性广播,并以最快的速度报道了当天哈定和考克斯竞选美国总统的结果,使那些通过公用高音喇叭收听这次广播的公众大为振奋。这不仅标志着广播事业的开始,也标志着无线电广播作为大众传媒工具的正式起步。

图 11-9　世界上第一座广播电台——美国匹兹堡的 KDKA 电台

图 11-10　通过收音机收听音乐的男孩

　　接下来无线电广播的实际应用迅速扩展到音乐、娱乐产业。同时,在电台播放歌曲也成为推广新音乐的重要手段。此外,无线电广播催生的许多新型音乐节目形式,如音乐排行榜、音乐访谈等,给音乐产业的从业人员带来了更多曝光机会,推动了明星文化的发展,也间接塑造了大众的音乐品味,极大地促进了音乐创作的多样性,推动了流行音乐的兴起。例如,英国摇滚乐队披头士乐队(The Beatles)于1963 年年底发行的 *I Want to Hold Your Hand*,在美国电台被大量播放后,迅速在全球范围内走红,真正实现了全球性的突破,并成为美国"英国入侵"浪潮的开端。这种经典的音乐推广模式成为 20 世纪音乐产业的重要组成部分,并且为之后的电视、互联网等媒介中的音乐推广形式奠定了基础。

　　20 世纪 20 年代的无线电广播革命不仅改变了音乐的传播方式,也改变了整个音乐产业的格局。它使音乐从精英文化逐步走向大众文化,让音乐娱乐成为日常生活的一部分,推动了音乐产业的商业化、流行化和全球化进程。

　　实际上,电话并不是直接影响电影艺术的技术手段,但是对电影艺术产生了多方面的影响。在实际应用中,电话优化了电影的制作流程,提高了电影的发行方式和效率,加速全球发行,推动了电影产业的整体发展,为早期电影产业的全球化奠定了基础。除此之外,在艺术创作层面,电话这个实体本身还在剧本的角色互动,甚至情感表达上提供了新的媒介。

电话作为一种通信工具,天然具备了一种远程互动的方式。它突破了传统面对面交流的限制,给故事增添了复杂性,推动了人物的情感表达。1933年上映的经典电影《西雅图夜未眠》(图11-11)中就通过电话交流构建了男女主角之间的情感纽带,传递出一种距离的遥远感和主角们对情感的渴望,使观众对电影中这段未曾谋面的爱情产生了更深的共鸣。

图 11-11　《西雅图夜未眠》剧照

早期电影发行多通过面对面或书面通信完成,但电话的普及让电影发行商与影院之间的沟通更加便捷。电影公司可以更有效率地安排影片的发行时间、档期和播放场次,大大加快了不同城市,甚至不同国家之间的信息传递,使电影产业能够更加高效地发展。最佳的案例就是美国好莱坞(图11-12)电影的崛起。

图 11-12　美国好莱坞

11.2.2 无线电与电影艺术的突破:广播与有声电影的兴起

1. 磁带技术对音乐产业的影响

伴随着音乐产业上游传播端媒体平台如无线电、广播电台的更新,下游产业链中的音乐消费端和播放设备端的发展也没有落下脚步,比如磁带技术(图 11-13)和随身听的发明。

磁带技术的发明始于 20 世纪 30 年代,最初由德国工程师弗里茨·普弗莱默(Fritz Pfleumer)发明。他使用磁性粉末涂层在纸带上录制音频信号,并发明了磁带录音机。但是磁带技术经历了数十年,直到 20 世纪 60 年代,飞利浦公司推出卡式录音带(compact cassette),才使其进入民用市场。卡式录音带一经问世就取代了黑胶唱片,迅速成为音乐分发和消费的主流介质。后来索尼在 1980 年推出了便携式音乐播放器,又被称作随身听。这两者相辅相成,极大地推动了音乐的普及、消费模式的变革以及音乐产业的商业化发展。

图 11-13 磁带

英国的摇滚乐队滚石乐队(The Rolling Stones)的精选集 *Hot Rocks 1964—1971*(图 11-14)在 1971 年一经发行,销量就超过 1 200 万张,可以说是磁带时代最成功的作品之一。在音乐风格上,这种融合了摇滚、布鲁斯、乡村、雷鬼等多种元素的摇滚乐为后来的音乐流派奠定了基础。在商业上,滚石乐队在音乐管理和制作方式上的成功改变了音乐产业的运作模式。在文化上,滚石乐队成为反叛文化的象征,对社会、政治的影响深远。在艺术上,滚石乐队在音乐方面的自主性鼓励了更多的人追求独立精神和自我表达。

对音乐艺术而言,磁带录音技术开创了新的创作方式。同时,许多业余音乐爱好者、乐队和独立音乐人也不再受限于录音棚的高成本,而是可以自己利用磁带录音机进行 DIY(Do-It-Yourself)录音。这种自录制的音乐逐渐成为独立音乐和地下音乐文化的一部分,尤其在朋克(图 11-15)和独立摇滚等流派中非常流行,这推动了独立音乐的发展。

得益于磁带录音技术的可操作性,普通人也可以自己录制磁带(图11-16),尤其在20世纪60—90年代非常普遍。普通消费者可以使用家用设备录制电台节目、音乐专辑或现场声音,甚至制作混音磁带,将不同歌手的歌曲组合在一起,真正地推动了音乐创作的民主化。

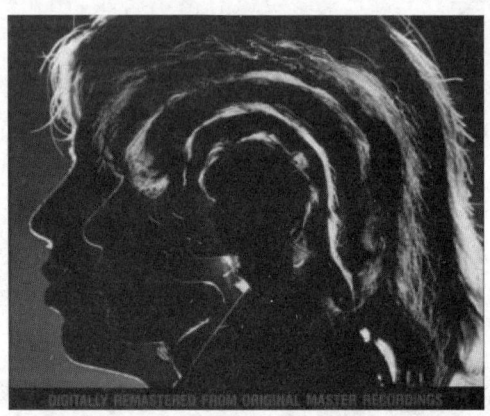

图 11-14　滚石乐队的精选集 *Hot Rocks 1964—1971* 封面

图 11-15　硬核朋克乐队 Black Flag

图 11-16　自己翻录磁带

2. 有声电影的兴起

在有声电影出现之前,电影是一种静默艺术形式。观众在观看电影时,通常会通过现场乐队或小型乐团的音乐伴奏来增强观影体验。尽管电影本身没有声音,但这种音乐表演能为电影增添情感色彩。

早期的麦克风(图11-17)体积庞大且灵敏度低,限制了拍摄的灵活性。20世纪20年代,声音的录制技术得到了提升,成为制作有声电影的关键因素。

20世纪20年代,华纳兄弟公司与贝尔实验室合作开发了维塔声系统(Vitaphone),使用唱片播放声音,以达到与电影图像同步的效果。有声电影已经初见雏形(图11-18)。直到1926年,Vitaphone首次用于电影《爵士歌手》(*The Jazz Singer*),如图11-19所示,这标志着有声电影的诞生。这部电影在票房上取得了巨大的成功,证明了有声电影的可行性,并开创了电影行业的全新时代。

图 11-17　早期麦克风　　　图 11-18　Vitaphone工作嘈杂因此被隔离在录音棚

到了20世纪40年代和20世纪50年代,立体声和多声道音效技术逐渐引入电影中。立体声的引入让观众能够体验到左右声道的声音效果,进一步提升了观影的沉浸感。为了极致地发挥出有声电影的优势,电影制片厂开始采用立体声技术,同时制作更多以音乐、歌唱为主题的影片,并利用音乐和舞蹈的视听魅力,展示了有声电影独特的叙事和表现手段。可以说"歌舞片是有声电影的救星"。1929年上映的经典歌舞片《百老汇旋律》(*Broadway Melody*),如图11-20所示,它展示了有声电影与音乐、舞蹈结合的巨大潜力,因此,成为第一部获得奥斯卡最佳影片(第2届)的有声电影。

有声电影的发明是电影历史上一个重要的里程碑,标志着电影艺术的一次重大飞跃。它引入了对白和音效,结合音效和视觉元素,

图 11-19　第一部有声电影《爵士歌手》

极大地提升了电影的表现力和叙事能力,使观众的观影体验变得更加生动,使电影成为一种更为完整的艺术形式。电影行业因此迅速进入黄金时代。

3. 电视普及与电影制作风格的转变

电视的普及极大地改变了人们的观影习惯,在市场上给电影行业带来了竞争压力。随着家庭电视的普及,观众可以在家中轻松观看到多种类型的电视节目,这大大降低了观众前往影院的频率。因此,为了应对来自电视的竞争,电影制作风格在技术和艺术方面都发生了很大的转变。早期电视如图11-21所示。

图11-20　1929年《百老汇旋律》

图11-21　早期电视

在技术层面,为了与电视的小屏幕区分开来,电影公司开发了更宽的银幕格式,如cinemascope和vistavision等宽银幕技术。这类技术使得画面更加壮观,不仅增加了电影的视觉冲击力,还推动了电影镜头语言的变化。

在艺术层面,电视的内容多样化对电影的题材和内容产生了明显的影响。为了区别于简短的电视节目,电影公司开始寻求更复杂的叙事结构和更深度的人物刻画,制作更大规模、更具吸引力的电影,以保持其作为长篇故事媒介的独特优势。例如,1963年上映的史诗巨制《埃及艳后》就是一个典型例子(图11-22)。

图11-22　1963年《埃及艳后》

虽然电视和电影起初处于竞争状态,但随着时间推移,二者的合作与融合开始逐渐加深，尤其是在电影的宣传和发行领域。在20世纪50年代末，电影预告片、明星访谈和电影幕后制作花絮开始在电视上频繁出现，这扩大了电影的影响力。同时，电视逐渐成为电影的二次发行平台，且这种模式一直延续。直到今日，CCTV6电影频道仍会播放一些经典电影。

此外，电影制作与电视技术的交互也越来越多，特别是在数字化时代到来之后。20世纪末，电视行业率先采用了数字摄影技术，这种技术很快应用在电影制作中，彻底改变了电影的制作流程。电影制作中的数字剪辑技术、CGI效果的使用都深受电视技术进步的启发。

11.2.3 数字化转型：CD、MV与流媒体的音乐革命

20世纪末，音乐数字化已经初现身影。1982年，索尼和飞利浦联合推出的CD唱片（compact disc-digital audio，CD-DA）正式发布（图11-23）。它是一种存储数字音乐的光学碟片。与传统的黑胶唱片和磁带相比，CD能够以更小的体积存储更长时间的音乐，且具有高质量的音频存储能力和不易受损的特点，因此成为主流的音频存储载体。

CD的普及对音乐产业产生了深远的影响。CD在音效提升方面优于黑胶唱片和磁带，主要体现在以下三个方面：首先，CD采用数字化存储，能够准确还原音频信号，减少失真与噪声，确保更高的音质；其次，CD的动态范围更广，能够呈现更丰富的细节与层次，特别是在高频和

图11-23　CD唱片和CD机

低频表现上，远超模拟格式；最后，CD的音频信号处理技术使音效更加清晰，听觉体验得到了提升。

CD的生产和销售使专辑的发行方式发生了变化，促进了专辑概念的建立。例如，迈克尔·杰克逊（Michael Jackson）的专辑 *Thriller*（图11-24）不仅是全球销量最高的专辑之一，也是CD时代销量最多的专辑之一。可见CD的广泛应用促进了音乐市场的全球化。总之，CD的发明和普及为音乐产业带来了重要的技术革新和文化变革。

20世纪中后期，随着卫星通信技术的发展和电视的普及，音乐视频（MV）和音乐节目成为推广音乐的主要渠道。首个MV就是英国乐队皇后乐队（Queen）于1975年发布的 *Bohemian Rhapsody*（图11-25）。该MV采用了多种视觉效果和剪辑技术，被广泛认定为MV这一概念的开创者，开启了音乐与视频结合的新纪元。此后，音乐视频逐渐成为推广音乐和艺术家形象的重要手段，这种将音乐表演更直观地呈现在大众面前的形式进一步扩大了音乐的影响力。

图11-24　迈克尔·杰克逊的专辑 *Thriller*　　　图11-25　首支 MV *Bohemian Rhapsody*

20世纪80年代，随着数字音频技术的发展，人们开始探索如何有效地存储和传输音乐。传统的音频格式（如 WAV）文件较大，不适合在带宽有限的情况下使用，因此需要一种高效的压缩方式。MP3 格式应运而生。

人耳对不同频率的声音敏感度不同，某些频率的声音在特定条件下是不易被感知的。德国弗劳恩霍夫研究所（Fraunhofer）通过研究提出了"感知编码"（perceptual coding）这一概念，并基于此开发了 MP3 的压缩算法（图11-26）。这个算法可以去除冗余和不重要的音频，压缩率高达 90% 且不影响音质，使得音频文件的大小可管理，且可在低带宽环境下流畅播放。所以 MP3 格式迅速被个人电脑、便携式音乐播放器、在线音乐商店等采用，成为主流的传播方式。MP3 格式的发明是数字音乐革命进程的重要里程碑，不仅为后来的数字音乐下载和共享铺平道路，为数字音乐的普及奠定了基础，更深刻影响了音乐产业的未来发展。

图11-26　MP3 格式的音频

MP3 格式的普及对音乐艺术的影响十分深远。首先，它打破了地域和文化的限制，无论你是小众独立音乐人还是大众主流艺术家，都可以轻松获取来自其他文化的音乐风格。这种交融不仅丰富了音乐的表现力，也增加了全球音乐的多样性。其次，随着智能手机的普及，MP3 格式的易用性和便携性改变了人们听音乐的方式,也改变了音乐的消费习惯。

在 VCR(盒式磁带录像机)和 DVD(数字化视频光盘)(图 11-27)问世之前,观众只能在影院或者电视上观看电影,大部分影片都被影院垄断。而 VCR 和 DVD 使观众能够在家中随时随地观看电影,真正地让电影不再局限于电影院,成为家庭娱乐的一部分。

正因为 VCR 和 DVD 领导了全新的家庭观影模式,VCR 和 DVD 租赁店如雨后春笋般涌现。除了可以自己购买,还可以通过支付较低的费用租赁 DVD(图 11-28)。这让电影公司意识到电影的二次销售市场潜力,并借此开创了电影的二次销售市场,VCR 和 DVD 的销售和租赁成为电影收入的重要来源。

图 11-27 早期 DVD

图 11-28 动画《蜡笔小新》中租赁 DVD 的场景

此外,VCR 和 DVD 的普及还推动了内容的多样化和细分市场的发展,也促使导演和编剧等电影创作者开始更加注重影片的整体结构、节奏控制和细节的表现,这对电影的剪辑方式和叙事结构带来了影响。

许多经典电影通过 VCR 和 DVD 得以重新发行,使新一代观众有机会接触到以前的电影艺术。这对电影历史和文化遗产的传承起到了重要作用。像《公民凯恩》(*Citizen Kane*)等经典电影得以通过 DVD 重新发行,继续影响后代。DVD 收藏不仅是观影的需求,也成为一种文化象征。

VCR 和 DVD 的出现彻底改变了电影的观看方式、发行模式和创作形式,推动了电影的家庭化和多样化,使得观众可以在家中自由选择和反复欣赏电影作品。同时,VCR 和 DVD 也促进了小众电影、独立电影的传播,并为电影教育和文化传承做出了贡献。尽管存在盗版问题,但这些技术对电影艺术的影响在总体上是积极且深远的。

11.2.4 21 世纪的音乐与电影:技术革新与艺术发展的未来

进入千禧年后,随着互联网的普及,加之新的技术层出不穷,音乐的传播和消费方式日新月异。2001 年,苹果公司率先推出 iTunes 商店(图 11-29),这一举动为音乐产业带来了革命性的变化。首先,合法化数字下载。这沉重打击了当初由MP3格式带来的盗版问题,保护了音乐艺术创作的合法权益。其次,改变了用户的消费习惯。用户不再依赖实体唱片磁带店,在线上就可以按需购买单曲或者整张专辑,一举改变了传统的音乐获取方式。这不仅为艺术家和唱片公司提供了新的收入来源,还推动了音乐产业向线上销售的全面转型。最后,iTunes 的成功激发了其他音乐平台的兴起,如 Spotify 和 Amazon Music 等,进一步丰富了数字音乐市场。总体而言,iTunes 的推出不仅改变了音乐的消费方式,也对音乐艺术的版权保护、创作、传播产生了深远的影响。

图 11-29　数字媒体播放应用程序 iTunes

　　随着时间的推移,人们对音乐消费的需求发生变化,希望能够随时随地欣赏大量音乐,这促使平台提供更灵活的订阅模式。与此同时,随着互联网的发展,用户对在线音乐、流媒体的接受度逐渐提高。音频压缩和流媒体技术的发展使得高质量的音乐能够流畅播放,减少了用户对下载的依赖。流媒体服务开始崛起,数字音乐下载平台逐渐演变为流媒体音乐平台。

　　于 1999 年上线的 MP3.com 是最先推出的流媒体音乐平台之一,它允许用户上传和分享自己的音乐,并提供在线播放的功能,成为早期数字音乐共享和流媒体的先锋,也为后来的流媒体平台如 Spotify(图 11-30)和 Apple Music 奠定了基础,促进了数字音乐产业的快速发展。

　　2019 年,5G 基站和相关设备的安装逐步推进,多个国家和地区开始推出 5G 商用服务,手机制造商也开始推出支持 5G 的智能手机。5G 凭借自身高速率、低时延、大连接等多项优势开始应用于多个领域,包括云计算、增强现实、虚拟现实和物联网等。这些新技术也快速推进了音乐产业与艺术的发展。首先,最基础的一点就是高速率、低时延的 5G 网络极大地提高了流媒体音乐的质量,用户可以实时播放高质量音频。其次,通过物联网技术,用户可以利用语音指令控制智能音箱,实现即时播放音乐、调节音量等操作,进一步提高了获取和体验音乐的便捷性。例如,亚马逊的 Echo(图 11-31)和谷歌的 Nest 等智能音箱。最后,虚拟现实和增强现实技术改变了音乐表演的方式。近年来还发展出元宇宙演出这种新的表演形式,其通过结合虚拟现实、增强现实和 3D 建模技术给观众带来了全新的艺术体验。

图 11-30　在线流媒体音乐播放平台 Spotify

图 11-31　亚马逊的 Echo

近年来,生成式人工智能(generative AI)对电影艺术的影响正在迅速扩大,涵盖了电影制作、创意过程、观众体验以及产业运作等各个方面。生成式 AI 具备强大的图像、声音和文本生成能力,正在重新定义电影制作的许多核心元素,推动电影艺术进入新的发展阶段。

生成式 AI 可以辅助或直接参与剧本创作,为电影的叙事发展提供思路。通过自然语言处理技术,生成式 AI 能够根据提示或故事大纲生成完整的剧本,探索多种叙事路径和不同的情节走向。而编剧可以根据不同的需求选择最合适的叙事结构,节省创作时间。同时,生成式 AI 在图像生成领域的突破为电影的视觉特效、场景设计和角色创造带来了革新(图 11-32)。

图 11-32　首部 AI 科幻电影《创世纪》

生成式 AI 在音频和音乐生成方面也有巨大潜力,其改变了电影的声音设计和音乐创作过程。生成式 AI 可以根据电影情节、情绪或视觉氛围自动生成电影配乐。通过学习大量音乐作品,生成式 AI 能够创作出符合不同风格和情感的音乐片段,满足电影中的多样化音乐需求。因此,音乐创作的速度加快,成本大幅降低。

生成式 AI 可以极大地加快电影的后期制作过程,尤其是在视频编辑、特效合成和影像修复等方面。通过分析视频内容,生成式 AI 可以根据电影的情绪、节奏和内容自动剪辑素材,智能调整画面衔接、切换效果和镜头节奏,生成初步的剪辑版本,节省人工剪辑的时间,给视频编辑师提供更多的创作选择。生成式 AI 还可以帮助后期制作团队保持视觉一致性与特效优化；维持电影在色调、光影和视觉风格上的一致性，确保每个镜头的效果都与整体视觉氛围相匹配，使电影画面更加流畅自然。

从早期的留声机、无线电广播，到现代的数字化技术、流媒体平台以及5G、生成式AI等新兴技术，通信技术不断推动着音乐和电影产业的演变。音乐从依赖现场表演的传播方式，发展成通过广播、录音、数字下载和流媒体平台普及到全球；电影则经历了从无声到有声，从电影院放映到家庭观影，从传统电视到流媒体的转变。尤其是互联网和移动技术的普及，音乐和电影不再受地域和时间的限制，从而推动了产业的全球化与多样化发展。生成式AI等新兴技术正在进一步改变电影的创作和制作流程，为未来的视听艺术带来更多可能。总体而言，通信技术的进步不仅提升了视听体验，也推动了创作模式和消费习惯的变革，为音乐和电影产业的繁荣与发展开辟了新天地。

11.3 现代通信技术对艺术的帮助

现代通信技术对艺术的影响，正以日新月异的速度推动着艺术形式、创作方式以及观众体验的深刻变革。从数字化、互联网到人工智能、虚拟现实和增强现实，每一次技术突破都为艺术的创作和传播开辟了新天地，也为观众提供了前所未有的沉浸式体验。未来，随着5G、6G、云计算、大数据和物联网等技术的进一步发展，艺术的创作与欣赏方式将进入一个全新的时代，传统与创新的边界变得越加模糊。

11.3.1 人工智能对艺术创作的帮助

在艺术创作的早期阶段，AI主要用于辅助创作者。在音乐创作中，AI可以通过学习大量历史和现代音乐作品，为作曲家提供创作灵感或生成旋律片段。这种技术已经在一些应用程序中得到了实践。例如，谷歌的magenta项目（图11-33）允许用户通过简单的输入来生成新的旋律与和弦进程。此外，AI也可以在编排、和声生成等方面提供建议，甚至帮助作曲家优化作品的结构，使其符合特定的情感或叙事需求。

在电影创作中，AI被用于优化剧本的创作、电影的剪辑、特效的制作等方面。AI可以分析大数据中的观众反馈，识别哪些情节或情感转折最能打动观众，从而为编剧提供创作灵感或修改建议。此外，AI还可以在剪辑过程中自动完成一些重复性工作，如按节奏或情绪剪辑片段，从而节省人工剪辑的时间。AI甚至可以帮助视频编辑师调整电影节奏，使电影更加吸引观众。

随着深度学习技术的发展，AI已经能够生成全新的艺术作品，创造出具备独特风格和情感的艺术表达。例如，AI可以通过生成对抗网络（generative adversarial network,GAN)等技术,结合已有艺术风格,生成新的绘画、音乐、诗歌等作品。由巴黎艺术团体 Obvious 创作的《埃德蒙·德·贝拉米像》(*Portrait of Edmond de Belamy*,见图 11-34)画作便是利用 GAN 生成的,它以 18 世纪肖像画的风格为基础,创造了一幅具有惊人艺术感的作品,拍卖价格甚至高达 43.2 万美元。

图 11-33　magenta

在音乐创作中,AI 通过对历史音乐的学习和情感分析,能够生成新的曲调和旋律,模仿不同的艺术风格。此外,AI 可以通过分析大量的乐曲数据,创作出了风格各异且适合不同情境的音乐。AI 生成的音乐不仅在和弦与旋律上具备音乐性,还能够传递特定的情感色彩,甚至能够根据观众的反馈进行实时调整。

随着 AI 技术的不断成熟,艺术创作不再单纯依赖于个体艺术家的主观情感,而是能通过结合全球范围内的数据和艺术风格,创造出跨越文化差异的艺

图 11-34　《埃德蒙·德·贝拉米像》

术表达。AI 能够分析并学习不同文化的艺术风格和情感表达方式,从而创作出既具有传统文化特色,又能融入现代元素,满足全球观众需求的艺术作品。这种全球化的艺术创作方式不仅推动了艺术的多样性,也让不同文化的艺术作品能够通过科技的力量传播到世界各地。

11.3.2　跨越传统艺术界限的互动

虚拟现实(VR)和增强现实(AR)技术正在快速发展,并且已经逐渐改变我们

与艺术作品的互动方式。随着这两项技术的不断成熟,艺术不再仅仅停留在二维平面或屏幕上,而是进入了一个更加立体、沉浸的体验空间。VR 和 AR 为观众提供了前所未有的互动方式,使艺术作品成为一种能够与观众产生互动的多维体验。这些技术的应用增加了艺术的表现形式,观众的身份也因此发生了改变——从单纯的欣赏者到参与者,甚至是创作者。

VR 技术(图 11-35)通过为观众提供沉浸式的体验,使艺术作品超越了传统的平面界限。佩戴 VR 头显后,观众不仅能够看到艺术作品的静态表现,还能够如身临其境般地进入作品,进入一个完全虚拟的艺术世界。例如,在虚拟画廊中,观众可以"走入"一个虚拟的空间,观看和感受作品,甚至与作品中的人物或环境互动。通过 VR 技术,艺术作品不再是一个孤立的对象,而是成为一个互动的、立体的环境,观众能够在其中自由移动、探索和感受作品的细节。

图 11-35　VR 技术

在 VR 中,观众可以进入绘画、雕塑、建筑等艺术形式的虚拟空间。例如,一幅画作的场景可以"变大",让观众仿佛走入画中,并感受不同的光线、纹理和色彩变化。观众可以与艺术作品中的元素进行互动,如与画作中的人物对话,甚至参与艺术创作的过程中,体验创作背后的思维和情感。例如,VR 中的互动艺术展览可能让观众参与到艺术创作的每个环节中,或是"重塑"画作的细节,或是加入个人的创作元素,完全改变艺术作品的内容和表现形式。VR 技术的核心在于其沉浸感。通过全景视角、立体声音和触觉反馈,观众能够更加真实地感受到作品中的氛围和情感。艺术作品变得不仅仅是可观看的对象,更是"体验"与"参与"的场所。观众可以站在虚拟世界中的任何位置,以不同的视角、距离和角度观察作品的细节,甚至改变作品的某些元素。此类体验让观众对艺术作品的理解更加深刻,同时赋予了艺术作品新的生命力和互动方式。

AR 技术(图 11-36)则将艺术作品带入现实世界,并通过将虚拟内容与现实环境融合,打破了传统的艺术展示方式。在 AR 技术的帮助下,艺术作品可以"走出"画框或屏幕,出现在观众的现实空间中。观众不再仅仅依赖静态展示的展品,而是可以通过智能设备（如智能手机、平板电脑、AR 眼镜等）将虚拟元素叠加到现实世界中，实现与艺术作品的动态互动。

图 11-36　AR 技术

例如，AR 技术可以将经典的绘画作品通过手机或 AR 眼镜投射到观众的真实环境中，观众可以通过不同视角、距离和位置来观察作品。画作中的人物、景物或元素可能会根据观众的位置和动作而发生变化，或者产生额外的动态效果。这种虚拟与现实的结合，使观众能够在不同的空间和角度下体验艺术作品的多样性。例如，观众在家中通过手机扫描一个艺术画框，便可以看到一幅静止的画作转化为动态的场景，甚至可以与这些艺术作品中的元素进行互动。AR 技术使艺术作品可以自由地嵌入观众的日常环境中，这不仅增加了艺术作品的展示场景，还突破了物理空间的限制。AR 技术可以让作品根据周围环境进行自适应调整，作品不再是一直在画廊或博物馆的展示墙上，而是能够在任何地方、任何时间与观众互动。观众不再是被动的接受者，而是主动的参与者，能够直接影响艺术作品的呈现形式。这种变化不仅让艺术变得更加生动、立体，也让观众体验到前所未有的互动感。

通过 VR 和 AR 技术，艺术作品不再仅仅是静态的观看对象，而是可以与观众进行多维度、多层次的互动。观众可以进入虚拟艺术世界，成为作品中的一部分，或者通过触摸、手势、语音等方式与作品中的元素互动。艺术作品的创作过程也可以变得更加透明和开放。观众不仅是欣赏者，而且是创作者，能参与创作的各个环节。无论是通过 VR 中的"创作工具"画画，还是在 AR 中修改一幅作品，观众都能体验到从创作到欣赏的完整艺术过程。这种互动不仅不再局限于艺术作品的表现形式，还延伸到了创作的主题、情感和故事的传达方式。AI 和机器学习的结合，使艺术作品可以根据观众的情绪、反馈或行为进行实时调整。VR 中的艺术作品可以根据观众的反应改变故事的走向，或者根据观众的情感状态调整音乐和视觉效果，艺术的表现因此具有前所未有的灵活性和个性化。

随着 VR 和 AR 技术的普及，艺术将变得更加普及且易于参与。观众不再需要亲自到场观看艺术展览。VR 艺术展览和 AR 艺术作品的传播方式使艺术能够跨越时间和空间的限制，让更多人能够参与和欣赏艺术。同时，随着互联网的发展,这些VR和AR艺术作品将能够全球共享,观众可以通过互联网随时随地进入虚拟世界,体验世界各地的艺术作品。未来,随着这些技术的不断发展和应用,艺术将变得更加开放、多元和全球化,艺术创作和艺术体验的边界将变得更加模糊。VR和AR技术的融合将会是艺术互动的新时代,为观众带来无限可能。

现代通信技术的进步给艺术带来了前所未有的机遇。艺术的创作不再仅仅依赖传统的手工技巧和表现形式。科技与艺术的结合催生了具有多样化、个性化、互动性的艺术表现方式,为艺术的发展开辟了无限可能。在这个数字化、网络化、智能化的新时代,艺术将变得更加开放、包容,并具有更强的全球化特征。随着技术的不断创新,艺术无疑将变得更加丰富多彩,成为全球文化交流与共享的重要纽带。

本 章 小 结

在艺术的历史进程中,通信技术的进步和发展始终与艺术形式的创新与传播息息相关。自文艺复兴时期起,艺术不仅仅是个体创作的产物,它与社会、科技的变革紧密相连。文艺复兴时期,艺术家们回归古典美学,通过对人体、自然和空间的精准刻画,推动了绘画、雕塑和建筑等领域的重大发展。正是在这一时期,印刷技术的突破性进展让艺术理论和创作手法得以广泛传播,使艺术的影响力扩展到更广泛的社会层面,促进了艺术风格和观念的交融。随着通信技术的不断进步,艺术的表达与传播经历了革命性的变化。音乐作为最早受通信技术影响的艺术形式之一,从早期的广播到数字化音乐的出现,通信技术打破了地域、时间和形式的限制,使音乐的创作与欣赏不再局限于某一特定空间。互联网的普及和流媒体平台的兴起,极大地丰富了音乐的传播途径和消费方式,还促进了电影艺术的不断发展。进入21世纪,生成式AI等前沿技术的加入使音乐和电影艺术的创作进一步突破了传统的界限。这种技术的渐进式发展使音乐和电影不再只是传统意义上的艺术。音乐和电影逐渐融合了数字技术、互动性、人工智能等多元化的创新形式,进入一个全新的时代。

通信技术与艺术的结合推动了艺术形式的不断演化,并变得更加丰富。从文艺复兴时期的艺术复兴到现代数字化艺术的崛起,通信技术为艺术创作提供了新的媒介与工具,也为艺术传播开辟了更广阔的天地。它不仅促进了艺术形式的多样性,也让艺术的影响力和感染力得到了前所未有的扩大。艺术与技术的互动,拓展了人类对美的理解和对创造的想象力,也为未来的艺术创新注入了源源不断的动力。

第 12 章　现代通信技术与生态

12.1　现代环境保护发展趋势

随着全球工业化、城市化进程的飞速推进，生态环境问题日益严重，如何保护生态环境已经成为全球面临的重大挑战。本章将深入探讨环境保护意识的发展历程以及现代通信技术与环境保护的深度融合趋势等。

12.1.1　环境保护意识的发展

20世纪50年代中期，毛泽东同志发出"绿化祖国"的伟大号召，确定了"全面规划，合理布局，综合利用，化害为利，依靠群众，大家动手，保护环境，造福人民"的32字环境保护工作方针；20世纪70年代末至20世纪80年代，保护环境被写入宪法，新中国第一部生态环境保护单项法律《中华人民共和国环境保护法（试行）》颁布实施；进入21世纪，政府在生态文明建设方面加大了政策支持，强调可持续发展的重要性，强调发展不应以牺牲环境为代价，而应在经济、社会和环境之间实现平衡。通过推动执行可持续发展理念，中国的空气质量有所改善，水资源的管理也得到加强，可再生能源的比例逐年上升。2012年，中国共产党第十八次全国代表大会提出"生态文明"建设的理念，并将其作为国家发展的战略目标，进一步提升了全民的环保意识。在这一背景下，公众参与环境保护的热情日益高涨。环保组织、志愿者活动以及各种社会运动如雨后春笋般涌现。同时，教育系统也开始重视环境教育，鼓励学生从小树立环保意识。随着环境保护意识的提高，人们逐渐认识到，单纯依赖经济增长的模式已不可持续，必须通过科技与环保的协同创新，推动更为绿色、智能的可持续发展模式。

12.1.2　现代通信技术与生态环境的融合发展趋势

21世纪初期，信息化浪潮席卷全球，移动通信、互联网和卫星通信等新兴技术迅速崛起。通信技术的应用逐渐扩展到环境监测和资源管理等领域。物联网技术的出现使环境监测变得更加高效。同时,以太阳能和风能等可再生能源为基础的通信设施逐渐增多,这不仅减少了对化石燃料的依赖,也降低了碳排放;在21世纪第二个十年,大数据和人工智能技术的发展带来了前所未有的环境管理能力。智能城市的概念逐渐兴起,利用通信技术优化资源配置,提高了城市的可持续发展能力。许多企业也开始关注自身的环境足迹,并借助通信技术提升环保形象。绿色供应链管理成为企业发展的新趋势。从2020年至今,5G的大规模商用与未来通信技术标准6G的研发成为焦点。5G不仅提高了通信速度,还具备更低的延迟和更大的连接能力。这让更多的设备可以接入互联网,为实现更广泛的环境监测和管理提供了基础。现代通信技术与生态环境的融合发展经历了从基础应用到深度融合的过程。未来,随着科技的不断进步和社会的共同努力,二者的结合将为实现更高水平的可持续发展提供强有力的支持与保障。

12.2 现代通信技术在环境治理中的应用

12.2.1 智能监测与数据采集

传感器技术在环境监测中发挥着至关重要的作用。随着技术的不断进步,各类传感器(图12-1)被广泛应用于大气、水体、土壤等环境要素的监测。这些传感器能够实时采集环境数据,为科学研究和政策制定提供可靠的依据。例如:水质传感器可以监测水体中的pH值、溶解氧、重金属和其他污染物,这对保障饮用水安全至关重要;土壤传感器则可以帮助农业管理者监测土壤湿度和营养成分以优化施肥和灌溉策略,实现可持续农业发展。近年来,无线传感器网络(WSN)的发展使环境

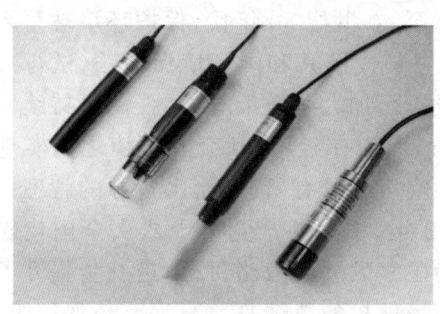

图12-1 传感器示例

监测的范围扩大和实时性增强。传感器通过无线网络将数据发送到中央服务器,相关部门可以通过数据分析系统实时掌握环境变化。这种技术的应用有助于快速响应环境事件,制定应急措施,从而有效保护生态环境。

大数据分析技术的应用(图12-2)为环境信息管理带来了革命性的变化。随着信息技术的飞速发展,环境监测中产生的数据量呈爆炸式增长,这些数据源于传感器、无人机、卫星遥感等。通过大数据分析,可以从中提取有价值的信息,为管理决策提供科学依据。大数据分析能帮助识别环境问题的根本原因,分析污染物的来

源和扩散路径。例如,结合历史数据和实时监测数据进行分析,研究人员可以发现某一地区的污染物浓度异常升高的原因,从而追踪其可能的源头。这种分析不仅能提高环境治理的针对性,还能优化资源配置,减少治理成本。

图 12-2　大数据分析统计图

无人机和卫星遥感技术在环境监测中展现出强大的应用潜力。无人机具备灵活性和高效性,其能够在人们难以到达的地区进行飞行,实时获取高分辨率的图像和数据。例如,在森林火灾监测中,无人机可以快速评估火灾范围和受影响区域,为应急救援提供关键数据。卫星遥感技术则为大范围环境监测提供了强有力的支持。通过卫星获取的遥感影像,可以对地表变化、植被覆盖、水体资源等进行长期监测。如图 12-3 所示。这些数据的积累可以帮助研究人员分析气候变化对生态环境的影响,评估自然灾害的影响程度。

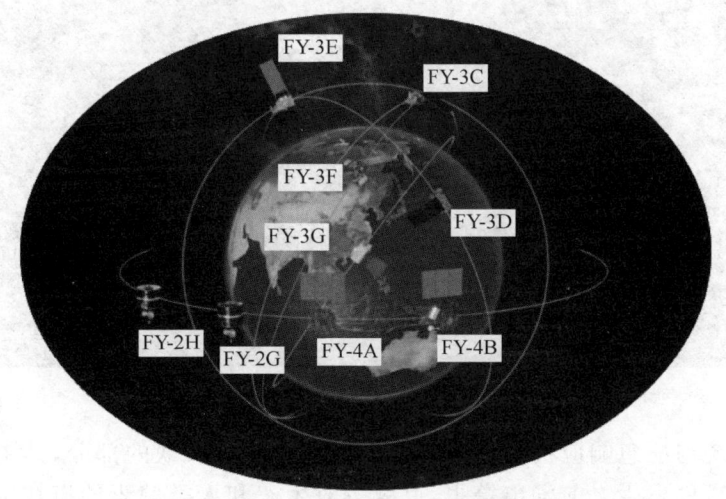

图 12-3　无人机与卫星遥感

12.2.2 污染源监控与管理

在环境治理中,实时监控系统的构建至关重要。这种系统不仅能够提供对环境状态的实时反馈,还能及时识别潜在的环境问题,从而为决策者提供科学依据。实时监控系统通常由多个组成部分构成,包括传感器、数据采集设备、数据传输网络和数据处理平台。布置在各个关键区域的传感器可以实时采集空气质量、水质、土壤污染等多维度的环境数据。这些数据通过无线网络或有线网络传输至数据处理平台,经过分析与处理后,平台将生成实时监测报告。通过实时监控系统,相关部门能够迅速发现污染事件并采取应对措施。这种快速反应能力大大减少了环境污染对公众健康的危害,也提高了政府在环境治理过程中的效率与透明度。

污染数据的可视化与智能化管理(图 12-4)是现代环境治理的重要组成部分。随着信息技术的进步,数据的收集与处理已经不再是单一的过程,而是可以通过可视化工具进行展示与分析,帮助决策者更直观地理解环境状况。可视化技术利用图表、地图和仪表盘等形式,将复杂的数据以易于理解的方式展现出来。智能化管理则是在数据可视化的基础上,结合人工智能和机器学习等技术,对环境数据进行深度分析和预测。通过分析历史数据,智能化管理系统可以识别出污染的趋势和规律,帮助决策者制定合理的环境保护策略。例如,智能化管理系统可以预测某地区在特定气象条件下可能出现的污染情况,从而提前采取预防措施。这种前瞻性使环境治理不再是被动响应,而是主动管理。

图 12-4　农村污水处理厂集中监控系统界面

预警系统与应急响应机制是现代环境治理中不可或缺的部分,其主要目的是在环境污染事件发生之前发出警报,以减少对生态和人类健康的潜在威胁。预警系统通常基于实时监测数据,并通过数据分析和模型预测来识别污染事件的可能性。应急响应机制是预警系统的重要组成部分,它包括事件发生后的快速反应流程、责任部门的划分、应急预案的制定等。在受到污染事件威胁时,应急响应机制能够迅速启动,动员各方资源进行处理。通过演练和培训,相关人员能够熟悉应急预案,提高应对突发事件的能力。这种有效的预警与应急响应机制能够最大限度地减少环境污染对社会的影响,提高公众的安全感。

12.2.3 环境信息传播与公众参与

环境信息平台的建设(图12-5)是现代环境治理的重要组成部分,它为数据共享、信息交流和决策支持提供了良好的基础。通过整合各类环境监测数据、政策法规、研究成果等信息,环境信息平台为政府、企业和公众提供了一个透明的环境治理机制。公众通过平台可以实时访问环境监测数据,了解周围环境的状况。这不仅提高了公众对环境问题的关注度,还增加了公众参与环境治理的积极性。许多平台还设有反馈机制,允许公众提出建议和意见,从而增强了政府与公众之间的互动。政策制定者能够根据平台对环境数据的分析结果更好地识别环境问题的根源,从而制定出更加科学的治理政策。这种以数据为导向的决策方式不仅提高了政策的有效性,还提高了治理措施的科学性。

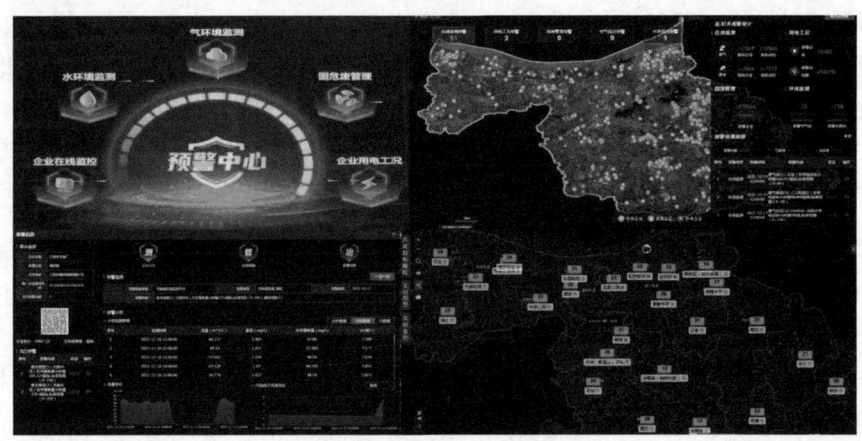

图12-5 环境信息平台建设

社交媒体不仅是信息传播的工具,更是公众参与和社会动员的重要平台。随着智能手机和互联网的普及,越来越多的人通过社交媒体平台获取环境信息,分享个人经历,并参与到环境保护的活动中。许多环保组织通过社交媒体发布活动信息,鼓励公众参与植树、清理海滩、节能减排等活动。社交媒体的数据分析功能为环境治理提供了新的视角。通过分析社交媒体上的讨论话题和公众情绪,决策者可以更好地了解公众对环境问题的关注点,从而制定出更加符合民意的政策。这种数据驱动的治理模式有助于提高环境治理的科学性和有效性。

12.3　现代通信技术推动各行业低碳转型

在全球气候变化和资源枯竭的背景下,各个行业的低碳转型已成为实现可持续发展的重要途径。现代通信技术作为推动这一转型的关键力量,正在深刻改变各个领域的运营方式,本节将探讨现代通信技术在服务行业低碳转型中的多重推动作用。

12.3.1　无纸化办公

无纸化办公通过减少纸张使用和信息传递的碳足迹,实现了资源的高效利用。随着电子邮件、云存储和在线协作工具的普及,企业能够在全球范围内实时共享文件和信息,显著地降低了对纸质文档的依赖。研究结果表明,传统办公环境中,纸张的生产、运输和废弃处理过程会消耗大量的能源和水资源,并产生大量的温室气体;而无纸化办公有效减少了这些环境负担。此外,无纸化办公还促进了企业的可持续发展形象,增强了社会责任感。在当前社会对环保日益重视的背景下,企业通过实施无纸化办公能够有效提升其市场竞争力,并为环境保护贡献力量。因此,无纸化办公不仅是一种经济选择,更是一种生态责任的体现。

12.3.2　线上教育

线上教育通过互联网平台实现了学习资源的数字化和远程共享,显著降低了教育过程中的碳排放。与传统教育模式相比,线上教育减少了学员的通勤需求,降低了交通工具的使用频率,从而有助于减少空气污染和温室气体排放。此外,线上教育还为传统学校的节能减排提供了新的思路。通过减少实体教室的需求,降低了建筑能耗和资源消耗。因此,线上教育作为一种新型的学习方式,不仅改变了教育的模式,更为服务行业的低碳转型提供了可持续发展的新路径。

12.3.3　智慧家居

智慧家居是现代通信技术在服务行业低碳转型中的一项创新应用。通过物联网、大数据和人工智能等技术,构建智能化的家庭环境,提高能源利用效率和居住舒适度。智慧家居可以实时监测和控制家中的电器设备,如智能温控、智能照明和智能家电等,从而实现能源的优化管理。研究结果表明,智能温控系统能够根据居住者的生活习惯和环境变化自动调节室内温度,减少空调和取暖设备的能耗,降低碳排放;智能照明系统能够根据自然光照强度自动调节灯光亮度,降低电力消耗;

智慧家居平台能够通过大数据分析,帮助用户了解家庭能耗情况,制定节能方案。

12.4 现代通信技术对生态环境造成的负面影响

在信息时代,现代通信技术为我们的生活带来了前所未有的便利。然而,科技的进步并非没有代价。随着数据传输的激增,巨大的能源消耗随之而来,同时电子垃圾不断增加,海量信息的传播造成了信息污染。本节将探讨这些负面影响,以期引发人们对可持续通信发展的思考。

12.4.1 能源消耗

现代通信技术的飞速发展伴随着巨大的能源消耗。根据国际能源署(IEA)的数据可知,全球信息通信技术(ICT)行业在2020年的电力消费约占全球总电力消费的10%,预计到2030年,这一比例将进一步上升,可能达到20%。数据中心作为现代通信的核心,其能耗尤为突出。全球数据中心的年用电量在2021年达到了2 000太瓦时(TWh),相当于全球某些国家的总用电量。移动通信网络同样面临巨大的电力需求。根据GSMA(全球移动通信系统协会)的报告可知,移动网络的电力消耗在2021年达到了约600 TWh,预计到2025年这一数字将增加到900 TWh。随着5G的推广,网络基础设施的能耗将进一步增加,进而导致碳排放上升。因此,如何在提升通信技术效率的同时减少能源消耗已成为当今社会亟待解决的问题。

12.4.2 电子污染

随着通信设备的普及和更新换代,大量的电子垃圾不断增加,给环境带来了严重的污染问题。据统计,全球每年产生的电子垃圾超过5 000万吨,而其中只有约20%得到了适当的处理和回收,大部分被随意丢弃或者填埋,导致其中的有害物质如铅、汞、镉等渗入土壤和地下水,对生态系统造成严重破坏。此外,电子设备的运行也对环境产生了不可忽视的影响。电子设备在运行过程中会释放出电磁辐射,可能对周围的生态环境和生物造成危害。

12.4.3 信息污染

信息污染是指由于信息过载、虚假信息和不必要的信息传播,对个人、社会和生态环境造成的负面影响。在社交媒体和网络平台上,虚假信息和错误观点的传播使人们对环境保护的实际情况产生误解。另外,当虚假信息充斥在公众视野中时,环保组织和政策制定者的声音可能被淹没,难以达到传播和倡导的效果。在这种情况下,公众对环境保护的参与度和支持度会降低,从而影响环境政策的落实和可持续发展。

12.5　现代通信技术与生态环境融合发展的挑战与展望

　　现代通信技术的迅猛发展为社会带来了巨大的便利,但同时也带来了诸多生态环境挑战。为实现可持续发展,通信技术必须与生态环境保护相融合。本节将探讨现代通信技术在促进绿色能源应用,通信设备回收与再利用,相关规范体系建设以及未来发展趋势等方面的挑战与展望,为推动通信行业的绿色转型提供理论支持和实践指导。

　　现代通信技术的广泛应用导致出现巨大的能源需求,尤其是在数据中心和通信基站等基础设施中。因此,推动绿色能源的应用成为通信行业实现可持续发展的重要途径。目前,许多通信企业已经开始探索可再生能源的使用。例如,某些大型数据中心已实现了100%依靠风能和太阳能来满足其能源需求。此外,5G的推广也为绿色能源的应用提供了契机。5G基站在能效方面有显著提高,能够通过智能化管理系统优化能源使用,减少整体能耗。通信设备的快速更新换代导致产生了大量的电子垃圾,给环境带来了严峻的挑战。为了实现可持续发展,通信行业需建立有效的通信设备回收与再利用机制。当前,许多通信企业已意识到这一问题,并开始实施通信设备回收计划。例如,某些运营商推出了设备以旧换新的项目,以便进行再制造和再利用。这种做法不仅减少了资源浪费,还降低了新设备生产所需的能源消耗。

　　现代通信技术的绿色与可持续发展离不开相关规范体系的建设。随着通信行业的快速发展,现行的法律法规和标准体系迫切需要更新与完善,以适应新的技术和市场情况。首先,国家和地区应制定明确的政策,引导通信企业在设计、生产和运营中遵循绿色原则。例如,建立环境影响评估制度,确保新技术和设备在投入使用前经过生态影响评估。此外,相关标准和认证体系也需要逐步完善。例如,完善针对绿色通信设备能效等级、材料选择和回收处理等方面的标准,以促进行业内部的良性竞争。其次,国际间的合作与规范交流至关重要。由于通信技术的全球性,国际标准的制定和推广可以确保技术发展与环境保护相统一。行业协会、标准化组织和科研机构应共同努力,推动国际间的标准对接,实现资源共享和经验交流。只有在政策、标准和市场的多重推动下,才能形成有效的绿色通信生态,促进通信行业的可持续发展。

　　未来,通信行业应继续推动绿色能源的应用,探索更多可再生能源的使用场景,如利用太阳能、风能等清洁能源为通信基站和数据中心供电。同时,通信设备的回收与再利用机制应进一步完善,以推动循环经济的发展,减少电子垃圾对环境的负面影响。在规范体系建设方面,应加强国际合作,推进全球统一的绿色通信标准,确保通信技术的全球发展与环境保护相协调。此外,随着人工智能、物联网等新兴技术的广泛应用,通信行业应积极探索这些技术在节能减排、资源优化等方面的潜力,推动通信技术的绿色转型。现代通信技术与生态环境的融合发展不仅是技术进步的必然要求,也是实现可持续发展的重要途径。通过绿色能源的应用,通信设备回收与再利用机制的完善,以及相关规范体系的建设,通信行业将能够在推动社会进步的同时,减少对生态环境的负面影响,为全球可持续发展贡献力量。

本 章 小 结

随着人工智能和物联网技术的不断进步,通信设备的智能化管理将成为未来的发展趋势,智能化管理不仅可以提高设备的能效,还可以实现动态调节,降低能源消耗。同时,绿色技术的研发将是未来通信领域的重要方向。研发新一代高能效的通信设备和材料,将有助于减少环境负担。此外,公众意识的提高和政策支持将为通信行业的绿色转型创造良好的环境。未来,企业在追求经济效益的同时,必须更加重视社会责任和环境保护,积极参与绿色发展。通过科技创新、政策引导和社会参与,现代通信技术有望在促进可持续发展中发挥更为重要的作用,为生态环境的保护贡献力量。